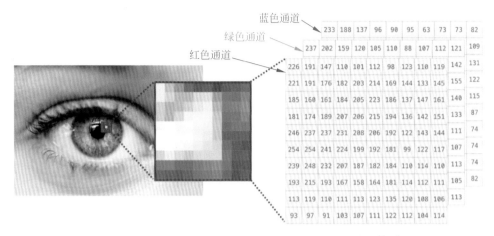

	233	188	137	96	90	95	63	73	73	82
237	202	159	120	105	110	88	107	112	121	109
226	191	147	110	101	112	98	123	110	119	142	131
221	191	176	182	203	214	169	144	133	145	155	122
185	160	161	184	205	223	186	137	147	161	140	115
181	174	189	207	206	215	194	136	142	151	133	87
246	237	237	231	208	206	192	122	143	144	111	74
254	254	241	224	199	192	181	99	122	117	107	74
239	248	232	207	187	182	184	110	114	110	113	74
193	215	193	167	158	164	181	114	112	111	105	82
113	119	110	111	113	123	135	120	108	106	113	
93	97	91	103	107	111	122	112	104	114		

蓝色通道
绿色通道
红色通道

图 2-4　彩色图像文件片段

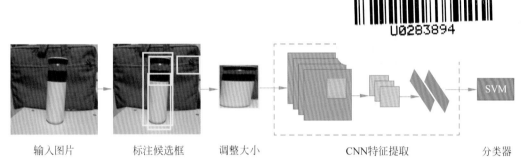

输入图片　　标注候选框　　调整大小　　　　CNN特征提取　　　　分类器

图 3-4　R-CNN 具体步骤

(a) 原图　　　　　　　　　　　(b) 非真实感渲染

图 5-8　非真实感渲染

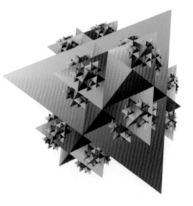

图 5-10　分形艺术作品

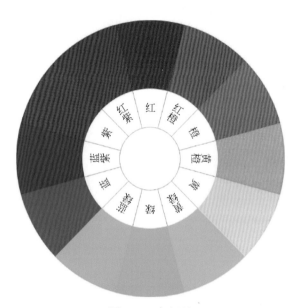

图 5-15　色相环

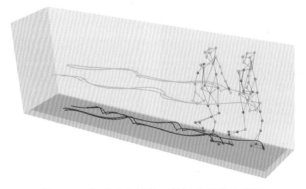

图 5-34　使用动作捕捉系统记录的步态序列

(a) 虚拟现实飞行体验

(b) VR体验南极洲

(c) 北京故宫博物院虚拟旅游

(d) 秘鲁马丘比丘

图 6-12　VR 在虚拟旅游中的应用

(a) 原始彩色图像

(b) 通道R

(c) 通道G

(d) 通道B

图 8-4　RGB 图像组成方式

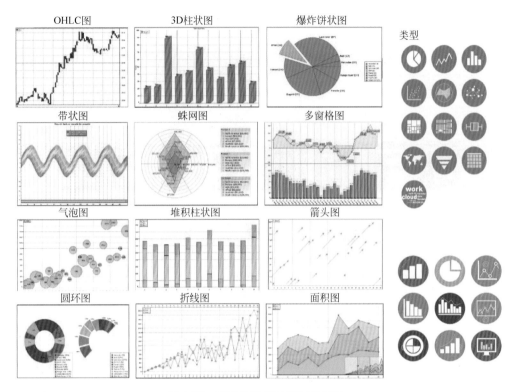

图 9-18 不同类型的二维图表展示

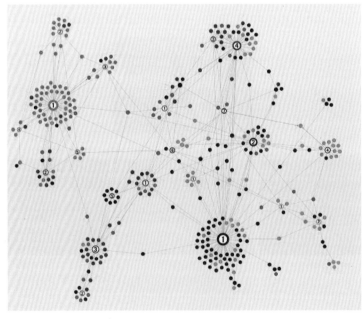

图 9-20 节点链接图

21 世纪高等学校数字媒体专业系列教材

数字媒体技术概论

融媒体版

严 明 主编

清华大学出版社

北京

内 容 简 介

　　本书从融媒体技术的发展需求出发，全面梳理数字媒体领域的主要技术及其前沿知识。全书共12章，分别介绍数字媒体技术的不同知识点，主要包括数字媒体信息的获取、处理、存储、传播、安全、交互等相关的理论、方法和技术。此外，结合融媒体这一典型应用场景，对数字媒体技术的应用进行详细的介绍。

　　本书知识点全面、系统性强，可作为高等院校相关专业入门级课程的教材或教学参考书，也可供数字媒体从业人员和融媒体行业技术人员参考。

图书在版编目(CIP)数据

　数字媒体技术概论：融媒体版/严明主编. —北京：清华大学出版社，2023.3(2025.1重印)
　21世纪高等学校数字媒体专业系列教材
　ISBN 978-7-302-62770-8

　Ⅰ. ①数…　Ⅱ. ①严…　Ⅲ. ①数字技术－多媒体技术－高等学校－教材　Ⅳ. ①TP37

　中国国家版本馆CIP数据核字(2023)第031775号

责任编辑：付弘宇　薛　阳
封面设计：刘　键
责任校对：焦丽丽
责任印制：宋　林

出版发行：清华大学出版社
　　　网　　　址：https://www.tup.com.cn，https://www.wqxuetang.com
　　　地　　　址：北京清华大学学研大厦A座　　　邮　　编：100084
　　　社　总　机：010-83470000　　　　　　　邮　　购：010-62786544
　　　投稿与读者服务：010-62776969，c-service@tup.tsinghua.edu.cn
　　　质量反馈：010-62772015，zhiliang@tup.tsinghua.edu.cn
　　　课件下载：https://www.tup.com.cn,010-83470236
印　装　者：艺通印刷(天津)有限公司
经　　　销：全国新华书店
开　　　本：185mm×260mm　　印　张：17.5　　插　页：2　　字　　数：434千字
版　　　次：2023年3月第1版　　　　　　　　　　　　　印　　次：2025年1月第7次印刷
印　　　数：11501～14500
定　　　价：59.00元

产品编号：092531-02

数字媒体技术主要研究与数字媒体信息的获取、处理、存储、传播、管理、安全、输出等环节相关的理论、方法、技术与系统。它包括计算机技术、通信技术和信息处理技术等各类信息技术，所涉及的关键技术主要包括数字媒体信息的获取与输出技术、数字媒体存储技术、数字媒体处理技术、数字传播技术、数字媒体管理与安全等。"文化为体，科技为媒"是数字媒体的精髓。

经过近十几年的快速发展，数字媒体技术已经深深融入人们的生活当中。一个典型的应用场景就是媒体融合，主要以各种先进技术引领和驱动媒体的融合发展。利用5G、大数据、云计算、物联网、区块链、人工智能等信息技术革命成果，加强新技术在数字媒体传播领域的研究和应用，推动关键核心技术自主创新。通过媒体融合来深化主流媒体体制机制改革，建立适应全媒体生产传播的一体化组织架构，构建新型采编流程，形成集约高效的内容生产体系和传播链条。

为了适应技术的快速发展，并促进数字媒体技术相关专业的建设，编者结合自己的专业特长和科研成果，并参考大量国内外最新的研究成果，编写了本书。本书从融媒体技术的发展需求出发，全面梳理数字媒体领域的主要技术及其前沿知识。全书共分为12章，各章内容安排如下：第1章主要介绍融媒体技术的概念、发展、研究领域、特点及相关应用；第2章主要介绍数字图像及视频技术，包括数字图像和视频的基础知识、关键技术及其相关应用；第3章主要介绍计算机视觉技术及应用，包括计算机视觉的概念、关键技术及其实际应用；第4章主要介绍数字音频技术及应用，包括数字音频的基础知识、心理声学模型以及数字语音相关的知识；第5章主要介绍计算机图形和动画技术，包括计算机图形学的概念、色彩基础知识、真实感图形学和计算机动画相关知识；第6章主要介绍虚拟现实技术及应用；第7章主要介绍数字游戏开发的相关知识；第8章主要介绍数字媒体压缩技术，包括数据压缩的基本原理、关键技术和相关标准；第9章主要介绍媒体大数据与可视化技术；第10章主要介绍媒体存储及网络传输技术，包括存储的基本概念、融媒体数据中心、云计算、网络传输技术及三网融合；第11章主要介绍融媒体安全技术及应用，包括密码学基础知识、数字水印和生物认证技术；第12章主要介绍人机交互技术及交互设计的相关知识。

本书在已有的慕课内容上进行了拓展，力求做到通俗易懂，读者可以扫描本书封底的"文泉课堂"二维码，观看全部章节的视频讲解。本书力求让读者了解并掌握数字媒体技术的前沿知识，为后续数字媒体技术专业相关课程的学习打下良好的认识基础，培养在数字媒体领域深入学习并从事相关研究的兴趣。因此，本书特别适合作为高等院校数字媒体技术及相关专业的入门教材，也可以作为高等院校学生、数字媒体从业人员及融媒体行业相关人员的重要参考书。

　　本书的编写得到了中国传媒大学信息与通信工程学院的大力支持。沈萦华、张岳、于瀛、雷玲等老师提出了很多宝贵的修改意见,李水晶、袁慧敏、娄兴睿、王林青、吴芳、罗聪等同学为部分章节整理了相关的图表和内容,并精心设计了课后习题。本书的部分内容不仅参考了相关的学术论文,还参考了网络文章,在此一并表示感谢。

　　本书尽量结合数字媒体技术的最新发展及研究成果,但是数字媒体技术发展迅猛,并且涉及面很广、知识点分散,加上编者水平有限,书中难免有不足之处,恳请广大读者和同行批评指正。

　　本书配有 PPT 课件、教学大纲和 400 分钟教学视频。读者扫描封底“文泉课堂”二维码、绑定微信账号,即可观看视频;关注封底“书圈”微信公众号,即可下载课件与大纲。关于本书及资源使用中的问题,可以发邮件至 404905510@qq.com 联系本书编辑。

编　者

2023 年 1 月

目 录

第1章　融媒体技术基础

　　随着移动互联网、第五代移动通信技术（5th Generation Mobile Communication Technology，5G）、云计算、大数据等技术的发展和传播媒体的变迁，人类社会已经进入融媒体时代。不同媒体形式间的深度融合，对于当前的媒体发展来说至关重要。媒体融合是国际传媒大整合背景下的新作业模式，简单地说，就是把报纸、电视台、电台和互联网网站的采编作业有效结合起来，资源共享，集中处理，衍生出不同形式的信息产品，然后通过不同的平台传播给受众。这种新型的整合作业模式已逐渐成为国际传媒业的新潮流。

1.1　融　媒　体

　　根据使用主体及受众群体的变化，媒体的发展主要经历了精英媒体、大众媒体、个人媒体三个阶段。这三个阶段与媒体传播发展的三个时期一一对应，分别代表着农业时期、工业时期和信息时期。随着互联网和移动通信技术的快速发展，以个人为中心的新的媒体形式已经成为主流。随着2014年中央全面深化改革领导小组第四次会议审议通过《关于推动传统媒体和新兴媒体融合发展的指导意见》，我国媒体融合发展进入快车道。特别是在移动网络、人工智能、大数据等技术的推动下，融媒体已经在媒体传播的各个环节得到了快速发展。融媒体的快速发展不仅有助于广电行业的转型升级，同时也推动了诸如游戏娱乐、教育培训、工业制造等行业的融合发展。

　　一个典型的融媒体端到端架构如图1-1所示。它主要包含媒体类型的融合、传输网络的融合和用户终端的融合三个方面。

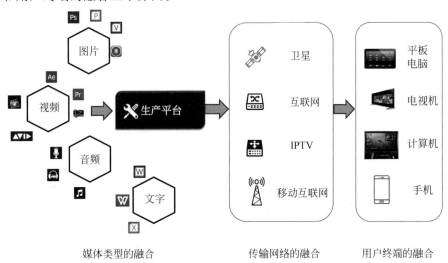

媒体类型的融合　　　　　传输网络的融合　　　　用户终端的融合

图1-1　融媒体端到端架构示意图

2

　　(1) 媒体类型的融合：随着数字媒体制作技术的发展，媒体类型不再是单一的，往往包含多种媒体类型，如文字、图片、视频、音频等。不同类型的媒体通过数字化生产平台融合在一起，为用户带来更加丰富的媒体信息。此外，通过建立媒体内容库，还可以通过交互系统与用户进行互动。

　　(2) 传输网络的融合：传输网络从各自独立的专业网络向综合性网络转变。电信、广播电视和互联网三网融合发展，网络性能得以提升，资源利用水平进一步提高。

　　(3) 用户终端的融合：随着智能移动设备的普及，传统的电视大屏逐渐被移动小屏替代，如今已经进入多种终端设备融合发展的阶段。

1.1.1　相关概念

　　随着数字技术和网络技术的快速发展，以互联网为代表的新媒体正以强大的技术优势和介质优势，为报刊杂志、广播、电视等传统媒体(如图 1-2 所示)带来巨大的发展机遇。媒体的表现形式也发生了翻天覆地的变化，很多与媒体相关的新名词不断涌现，下面分别对主要的媒体概念进行简单介绍。

(a) 电视　　　　　　　(b) 报刊杂志　　　　　　(c) 广播

图 1-2　主要的传统媒体

　　1) 媒体

　　"媒体"(Media)一词来源于拉丁语"Medius"，意为两者之间。媒体是信息传播的媒介，它主要指人们用来传递信息与获取信息的工具、渠道、载体、中介物或技术手段，也可以指传输文字、声音、图像、视频等信息的工具和手段。媒体主要有两层含义：一是承载信息的载体，如文字、声音、图形、图像、视频等；二是指存储、呈现、处理、传递信息的实体，如磁带、磁盘、光盘、报纸、电视、网络等。

　　2) 数字媒体

　　数字媒体主要指以二进制数的形式记录、处理、传播、获取信息的载体。这些载体包括数字化的文字、图形、图像、声音、视频和动画等感觉媒体，表示这些感觉媒体的表示媒体(数字编码的文件)等以及存储、传输、显示表示媒体的实物媒体。数字媒体技术通过现代计算和通信手段，综合处理文字、声音、图形、图像等信息，使抽象的信息变得可感知、可管理和可交互。

　　2005 年 12 月 26 日，由科技部牵头制定的《2005 中国数字媒体技术发展白皮书》发布，定义了"数字媒体"这一概念：数字媒体是数字化的内容作品以现代网络为主要传播载体，通过完善的服务体系，分发到终端和用户进行消费的全过程。这一定义强调数字媒体的传播方式是通过网络，而将光盘等媒介排除在数字媒体的范畴之外。

3）新媒体

"新媒体"一词是英文"New Media"的直接翻译，新媒体作为传播媒介的一个专有术语，最早由美国的戈尔德马克在1967年提出。新媒体是利用数字技术，通过计算机网络、无线通信网络、卫星等渠道以及计算机、手机、数字电视机等终端，向用户提供信息和服务的传播形态，如图1-3所示。从空间上来看，"新媒体"特指当下与"传统媒体"相对应的，以数字压缩和无线网络技术为支撑，利用其大容量、实时性和交互性，可以跨越地理界线，最终得以实现全球化的媒体。新媒体诞生以后，媒介传播的形态就发生了翻天覆地的变化，诸如地铁阅读、写字楼大屏幕等，都是将传统媒体的传播内容移植到了全新的传播空间。

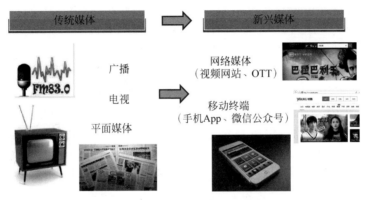

图1-3　传统媒体到新媒体的转变

4）全媒体

"全媒体"译自英文"Omnimedia"，为前缀"omni"和单词"media"的合成词，前缀"omni"的意思是"所有的；全；全部"。2008年，全媒体开始在新闻传播领域崭露头角。在当年的北京奥运会期间，手机、电视成为重要的传播形式，中央电视台的转播也采用"全媒体"模式对外传播。许多媒体从业者纷纷提出"全媒体战略"或"全媒体定位"。报纸、电视、广播、出版、广告等行业的全媒体发展呈现出两种方式：一是扩张式的全媒体，即注重手段的丰富和扩展，如新兴的"全媒体出版""全媒体广告"；二是融合式的全媒体，即在拓展新媒体手段的同时，注重多种媒体手段的有机结合，如已经探索一年多的"全媒体新闻中心""全媒体电视""全媒体广播"。近年来，随着全媒体的不断发展，出现了全程媒体、全息媒体、全员媒体、全效媒体等概念，信息无处不在、无所不及、无人不用，使舆论生态、媒体格局、传播方式发生深刻变化。

5）融媒体

"融媒体"的英文是"Media Convergence"，也译为"媒体融合"。它最早由尼古拉斯·尼葛洛庞帝提出，美国麻省理工大学浦尔教授在其著作《自由的技术》中提到，媒介融合是指各种媒介呈现多功能一体化的趋势。"融媒体"首先是个理念，这个理念以发展为前提，以扬优为手段，把传统媒体与新媒体的优势发挥到极致，使单一媒体的竞争力变为多媒体共同的竞争力。融媒体不是一个独立的实体媒体，而是把广播、电视、互联网的优势相互整合，相互利用，使其功能、手段、价值得以全面提升的一种运作模式。

媒体融合势必成为未来传媒业的主流，培养新一代的媒体融合人才已经成为许多国内外高校的重点目标之一。美国密苏里大学等都在积极推进名为"媒体融合"的教学。从

2005 年开始,密苏里大学新闻学院就增设了"媒体融合"本科专业。中国传媒大学媒体融合与传播国家重点实验室于 2019 年 11 月正式成立,围绕"媒体融合的服务模式""媒体融合传播与未来形态""媒体信息智能处理"三个主要研究方向开展科研攻关,持续助推高新科技在媒体融合与传播领域的迭代升级,加快推进高新科技驱动媒体融合与传播模式创新的步伐。

1.1.2　媒体分类

"媒体"一词根据使用的上下文不同有多种含义,为了使表达更加准确清晰,国际电信联盟(International Telecommunication Union,ITU)远程通信标准化组(Telecommunication Standardization Sector of ITU,ITU-T)在 1993 年 3 月发布的 I.374 标准中,将媒体分为以下 5 类。

(1) 感觉媒体(Perception Medium):指直接作用于人的感觉器官,使人产生直接感觉的媒体。如引起听觉反应的声音、音乐,引起视觉反应的图像、视频等。

(2) 表示媒体(Representation Medium):指传输感觉媒体的中介媒体,即用于数据交换的编码。如图像编码(联合图像专家组(Joint Photographic Experts Group,JPEG)、运动图像专家组(Moving Picture Experts Group,MPEG)等)、文本编码(美国信息交换标准码(American Standard Code for Information Interchange,ASCII)、GB2312 等)和声音编码(MP3 等)等。

(3) 表现媒体(Presentation Medium):也称为"显示媒体",指进行信息输入和输出的媒体。如键盘、鼠标、扫描仪、话筒、摄像机等输入媒体及显示器、打印机、音箱等输出媒体。

(4) 存储媒体(Storage Medium):指用于存储表示媒体的物理介质。如硬盘、软盘、磁盘、光盘、云存储等。

(5) 传输媒体(Transmission Medium):指传输表示媒体的物理介质。如电缆、光缆、无线电波等。

此外,如果按时间属性分,媒体可分成静止媒体(Still Media)和连续媒体(Continuous Media)。静止媒体是指内容不会随着时间而变化的媒体,如文本和图片;而连续媒体是指内容随着时间而变化的媒体,如音频、视频、动画等。如果按来源属性分,则可分为自然媒体(Natural Media)和合成媒体(Synthetic Media)。

1.2　融媒体技术及其发展

我国近 10 亿网民构成了全球最大的数字社会。据第 47 次《中国互联网络发展状况统计报告》统计,截至 2020 年 12 月,我国的网民总体规模已占全球网民的 1/5 左右。"十三五"期间,我国网民规模从 6.88 亿增长至 9.89 亿,5 年间增长了 43.7%。从图 1-4 中可以看出,截至 2020 年 12 月,我国网民规模为 9.89 亿,较 2020 年 3 月新增网民 8540 万,互联网普及率达 70.4%,较 2020 年 3 月提升 5.9 个百分点。截至 2020 年 12 月,我国手机上网的网民规模为 9.86 亿,较 2020 年 3 月新增 8885 万,网民总体中使用手机上网的比例为 99.7%。

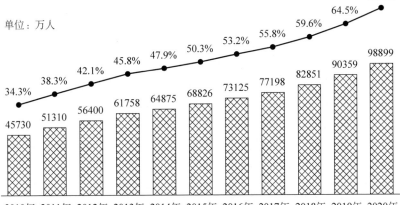

(a) 网民规模和互联网普及率

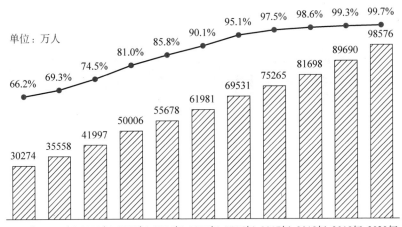

(b) 手机网民规模及其占整体网民比例

图 1-4 我国网民总体规模及手机上网的网民规模

互联网(特别是移动互联网)在我国的快速普及极大地推动了媒体融合的进程。从2014年融媒体概念正式被提出以后,最近几年陆续出台了相关的规定来促进融媒体的健康快速发展,融媒体也上升到了国家战略层面。此外,融媒体产业涉及整个媒体产业链上的不同环节,从媒体内容的生产、传输、存储到终端用户的消费等,都取得了快速的发展。预计在未来10年里,融媒体产业都将以较快的速度发展并推动整个社会的经济增长。

1.2.1 融媒体概念发展

我国把2014年定义为"融媒体元年",图1-5为人民日报社编撰的《融合元年——中国媒体融合发展年度报告(2014)》正式出版发行现场照片。2014年8月18日,中央全面深化改革领导小组第四次会议审议通过了《关于推动传统媒体和新兴媒体融合发展的指导意见》

(以下简称《意见》)。《意见》指出,推动媒体融合发展,要按照积极推进、科学发展、规范管理、确保导向的要求,推动传统媒体和新兴媒体在内容、渠道、平台、经营、管理等方面深度融合,着力打造一批形态多样、手段先进、具有竞争力的新型主流媒体,建成几家拥有强大实力和传播力、公信力、影响力的新型媒体集团,形成立体多样、融合发展的现代传播体系。要一手抓融合,一手抓管理,确保融合发展始终沿着正确的方向推进。习近平总书记在此次会上指出"推动传统媒体和新兴媒体融合发展,要遵循新闻传播规律和新兴媒体发展规律"。要强化互联网思维,坚持传统媒体和新型媒体优势互补、一体发展,坚持以先进技术为支撑、内容建设为根本,坚持传统媒体和新兴媒体在内容、渠道、平台、经营、管理等方面的深度融合,为业界指明了互联网形态下实现媒体融合的现实路径。

图 1-5   人民日报社媒体融合元年座谈会

2016 年 2 月,习近平总书记在党的新闻舆论工作座谈会上指出,党的新闻舆论工作是党的一项重要工作,是治国理政、定国安邦的大事。习近平总书记强调,要完善体制机制、推动融合发展,抓住融为一体、合而为一这个关键,推动各种媒介资源、生产要素有效整合,实现内容、渠道、平台、经营、管理的深度融合,尽快从"相加"迈向"相融",打造一批新型主流媒体。

2017 年 1 月 5 日,时任中共中央政治局委员、中央书记处书记、中共中央宣传部部长刘奇葆出席"推进媒体深度融合工作座谈会",强调推进媒体深度融合,要重点突破采编发流程再造这个关键环节,以"中央厨房"即融媒体中心建设为龙头,创新媒体内部组织结构,构建新型采编发网络。要加强全媒体人才培养,加强媒体融合政策保障,推动形成中央媒体为引领、省级媒体为骨干的融合传播布局。刘奇葆在媒体深度融合工作座谈会中进一步强调,移动传播载体发展迅速,新闻客户端、微博账号、微信公众号、手机报、移动电视、网络电台等不断涌现,形态丰富多样。目前来看,新闻客户端功能比较完备,信息容量大,方便易用。传统媒体进入移动传播领域,需要关注新闻客户端发展,打造移动传播矩阵,创新移动新闻产品,紧盯移动技术前沿,打造媒体品牌优势,强化用户意识,最大限度吸引用户。

2018 年 4 月,中共中央宣传部发布的《关于加强县市融媒体中心建设的意见》指出,2018 年至 2020 年全面推进县市融媒体中心建设,实现融媒体中心在全国各县市的全覆盖。迫切要求县市媒体强化改革创新意识,以融媒体中心建设作为突破口,拓展服务领域,理顺体制机制,加快实现转型升级,提高传播力、引导力、影响力、公信力,在党的新闻事业发展、党和国家工作全局中更好地发挥作用。

2018年8月21日至22日，全国宣传思想工作会议在北京召开，中共中央总书记、国家主席、中央军委主席习近平出席会议并发表重要讲话。习近平总书记着眼全党的工作全局，为新形势下如何完成宣传思想工作的使命任务指明了方向。他在讲话中指出，要扎实抓好县级融媒体中心建设，更好地引导群众、服务群众。建设县级融媒体中心已成为全国县级媒体改革的方向，会议的召开标志着宣传思想文化工作站在了新的历史起点。中共中央宣传部召开媒体深度融合现场推进会和县级融媒体中心建设现场推进会，要求2020年底基本实现在全国的全覆盖，2018年先行启动600个县级融媒体中心建设。

2018年9月20日至21日，中共中央宣传部在长兴召开县级融媒体中心建设现场推进会，明确了加强县级融媒体中心建设是加强和改进基层宣传思想工作、推动县级媒体转型升级的战略工程，并对在全国范围推进县级融媒体中心建设做出部署安排，要求2020年底基本实现在全国的全覆盖。

2019年1月15日，中共中央宣传部和国家广播电视总局联合发布了《县级融媒体中心建设规范》《县级融媒体中心省级技术平台规范要求》，为县级融媒体中心建设及省级融媒体平台技术要求提出操作指南和建设规范。

2019年1月25日，习近平总书记在十九届中央政治局第十二次集体学习时的讲话中，强调全媒体不断发展，出现了全程媒体、全息媒体、全员媒体、全效媒体，信息无处不在、无所不及、无人不用，导致舆论生态、媒体格局、传播方式发生深刻变化，新闻舆论工作面临新的挑战。我们要因势而谋、应势而动、顺势而为，加快推动媒体融合发展，使主流媒体具有强大传播力、引导力、影响力、公信力，形成网上网下同心圆，使全体人民在理想信念、价值理念、道德观念上紧紧团结在一起，让正能量更强劲、主旋律更高昂。

2019年4月9日，中共中央宣传部新闻局和国家广播电视总局科技司联合发布了《县级融媒体中心运行维护规范》《县级融媒体中心网络安全规范》《县级融媒体中心监测监管规范》，作为县级融媒体中心建设系列标准，为融媒体中心建设提供依据。

2020年6月30日下午，中共中央总书记、国家主席、中央军委主席、中央全面深化改革委员会主任习近平主持召开中央全面深化改革委员会第十四次会议并发表重要讲话。会议审议通过了《关于加快推进媒体深度融合发展的指导意见》。会议强调，推动媒体融合向纵深发展，要深化体制机制改革，加大全媒体人才培养力度，打造一批具有强大影响力和竞争力的新型主流媒体，加快构建网上网下一体、内宣外宣联动的主流舆论格局，建立以内容建设为根本、先进技术为支撑、创新管理为保障的全媒体传播体系，牢牢占据舆论引导、思想引领、文化传承、服务人民的传播制高点。

2020年9月26日，中共中央办公厅、国务院办公厅印发《关于加快推进媒体深度融合发展的意见》，并发出通知，要求各地各部门结合实际认真贯彻落实。从重要意义、目标任务、工作原则三个方面明确了媒体深度融合发展的总体要求，要求深刻认识到全媒体时代推进这项工作的重要性紧迫性，坚持正能量是总要求、管得住是硬道理、用得好是真本事，坚持正确方向，坚持一体发展，坚持移动优先，坚持科学布局，坚持改革创新，推动传统媒体和新兴媒体在体制机制、政策措施、流程管理、人才技术等方面加快融合步伐，尽快建成一批具有强大影响力和竞争力的新型主流媒体，逐步构建网上网下一体、内宣外宣联动的主流舆论格局，建立以内容建设为根本、先进技术为支撑、创新管理为保障的全媒体传播体系。

2020年11月26日,国家广播电视总局印发《关于加快推进广播电视媒体深度融合发展的意见》的通知。通知在总体要求和目标任务中指出:力争用1~2年时间,新型传播平台和全媒体人才队伍建设取得明显进展,主流舆论引导能力、精品内容生产和传播能力、信息和服务聚合能力、先进技术引领能力、创新创造活力大幅提升;用2~3年时间,在重点领域和关键环节的改革创新取得实质突破。通知在技术层面指出:强化先进技术创新引领,加快升级传播体系,加快大数据创新应用,提升核心技术能力,保持对新技术的战略主动。

2022年2月2日,国家广播电视总局扎实推进广播电视媒体融合发展工作。组织全国地市级以上广电媒体制订并修改完善三年行动计划,明确融合发展时间表、任务书和路线图;制订广电总局层面推进广电媒体深度融合发展的年度工作方案,提出工作举措,建立工作台账,逐一推进落实。

1.2.2 融媒体产业发展

随着互联网的快速发展,融媒体产业链也得到了快速发展,主要的融媒体产业链如图1-6所示。清华大学新闻与传播学院、社会科学文献出版社、央视市场研究、中国广视索福瑞媒介研究、中国新闻史学会传媒经济与管理委员会联合发布的《传媒蓝皮书:中国传媒产业发展报告(2021)》中指出,2020年中国传媒产业总产值规模达25 229.7亿元,较2019年增长6.51%。

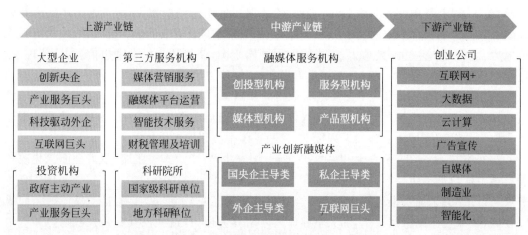

图1-6　融媒体产业链

据统计,2021年我国报纸阅读率为24.6%,较2020年的25.5%下降了0.9个百分点;期刊阅读率为18.4%,较2020年的18.7%下降了0.3个百分点。由于移动互联网的快速发展,人们的阅读习惯已经发生了改变,平面媒体迎来了前所未有的挑战。为了对抗移动互联网带来的冲击,平面媒体将数字化转型作为一个契机。大型报业集团已开始向数字化、智能化深度转型。2017—2021年,数字化阅读(网络在线阅读、手机阅读等)的比例逐年上升。2021年我国数字化阅读方式的接触率为79.6%,较2020年的79.4%增长了0.2个百分点。

近年来,中央级媒体发挥领跑带头作用,加大融合力度,"爆款"频出。地方各级媒体发展也各具特色,亮点不断。伴随着媒体融合深入推进,传统媒体开始植入互联网基因,坚持以用户为中心,内容为本,移动优先,不断推出引爆全网的优质新闻作品,新闻舆论工作气象一新。2018年3月开始,中央广播电视总台按照"台网并重、先网后台"的思路,持续推动"三台三网"加速融合,三端共同发力,实现传播效果最大化。截至2022年10月,新媒体平台"央视频"累计下载量超过4亿,"央视新闻"客户端的用户规模超过8亿。特别是中央广播电视总台"党的二十大"相关报道取得巨大成功,截至2022年10月24日,总触达规模达252.01亿人次,并首次实现全球所有(233个)国家和地区全覆盖。

1.3 融媒体技术的研究领域

融媒体是在互联网、大数据、人工智能、云计算、移动通信等技术推动下的产物,在融合形势下,媒体形式、生产平台和传播方式都发生了很大变化。在融媒体中,完全覆盖了图像、图形、文本、语音、视频等多种媒体信息,然而"融媒体"体现的不是"跨媒体"时代的媒体间的简单连接,而是全方位融合——网络媒体与传统媒体乃至通信的全面互动、网络媒体之间的全面互补、网络媒体自身的全面互融。因此,融媒体技术的研究领域非常广泛,不仅包含常见的数字媒体相关技术,还包括移动网络传播及智能媒体等新兴技术领域。

1.3.1 媒体信息处理技术

媒体信息处理的对象主要包括融媒体中心信息服务平台中的视频、音频、文档、图片等相关文件数据类型,主要处理内容包括视频数据处理、图像数据处理、音频数据处理和文档数据处理。在融媒体信息处理中,还可以添加文字识别技术、语音解析技术和虚拟现实/增强现实(Virtual Reality/Augmented Reality,VR/AR)等技术,从而让媒体信息处理变得更加精细完善。

伴随着多媒体技术应用的日益普及,传输、处理和存储包含文本、图形、图像、音频、视频在内的多媒体数据就需要首先对媒体信息进行处理。音视频信号采用数字化表示后数据量十分庞大,例如,1s视频的彩色数字图像数据量高达150Mb左右,对它们进行数据压缩是数字媒体系统中的关键技术。该技术的主要任务是在保证声音和图像质量的情况下,尽量减少所需要的数据量。由于在声音、图像等数据中存在着大量的冗余数据,减少这些冗余可达到压缩的效果。另外,利用人的听觉和视觉的心理特点,也可用较少的数据表达同样主观效果的声音和图像信息。音频/视频信号压缩技术简单来说是指对音频/视频信号进行压缩编码的技术,数据压缩手段可以减少信息的数据量,以压缩形式存储和传输,既节约了存储空间,又提高了通信干线的传输效率,同时也可让计算机实时处理音频、视频信息,以保证播放高质量的视频、音频节目。

以图1-7为例,客观世界中的物体可以给人产生视觉上的感受,人眼看到影像后会在大脑中产生相应的视觉知识。同样,各种采集设备(如摄像机)采集到相关的信息后,需要对数据进行相应的处理才能将其转换成有用的信息以便于计算机识别。这就需要依据相应的标准对图像/视频数据进行压缩处理,然后通过相应的解码过程才能在输出设备上显示这些视觉信息。当然,为了保护这些媒体数据的版权和安全,还需要对媒体内容进行数字版权保护等措施。

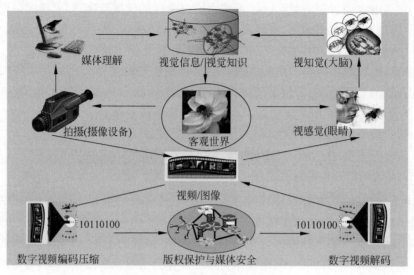

图 1-7　图像/视频信息处理流程

1.3.2　融媒体网络传播技术

从图 1-1 可以看出,在融媒体网络中包含多种网络传输方式,如互联网、有线电视网络、移动通信网络等。特别是 5G 移动通信技术的快速发展为媒体融合带来了机遇,在 5G 时代,媒体的信息传播更加迅速,媒体间的信息共享更加紧密。融媒体网络传输技术在 5G 网络低延时、高传输速率、高可靠性等优势的帮助下迎来了新的发展。目前,广播和电视技术正逐渐朝着超高清的趋势发展,5G 网络变得越来越受欢迎,成为继微波和光纤之后另一种炙手可热的无线传输技术,它完全符合当前 4K 或 8K 分辨率(4K 一般指 3840 像素×2160 像素的分辨率,8K 一般指 7680 像素×4320 像素的分辨率,而高清视频一般指 1920 像素×1080 像素的分辨率,因此,4K 或 8K 也称为超高清)的视频传输需求,很大程度上缩减了人员配置,减少了拍摄成本,可以节约资金以投入到更重要的环节,使节目制作有更多可行的手段。

中央广播电视总台在 2019 年与华为公司和国内三大运营公司(中国移动、中国联通、中国电信)共同合作,成功进行了数次 5G 网络超高清电视传输测试。在三大运营商的帮助下,将当年春节联欢晚会的直播信号通过 2.6GHz 频段的 5G 网络传输到主会场、广东香港澳门分会场和郑州分会场三个场馆。这次成功的试验与深圳分会场的转播应用一样,对后续 5G 网络超高清视频传输的应用具有启发和借鉴的研究意义,有效促进了 5G 技术在生产生活中的应用。

主会场的 5G 信号已经覆盖各类设备,如审计室入口、一号厅入口和外宾接待入口放置的移动电话、无线转换器等设备均使用 5G 上行网络,并将信号传送到央视频、央视新闻等终端媒体,实现 5G＋VR 直播。传输网络架构如图 1-8 所示。

两个分会场均有两台 4K 超清摄像机同时工作,将两路视频信号通过 12G 标准数据接口(Standard Data Interface,SDI)输入 5G＋4K 便携式无线传输系统(简称 5G 背包),用 H.265 模式压缩编码转换为带宽为 40Mbps 的 4K 视频 IP 信号,再上传到本地 5G 基站,通

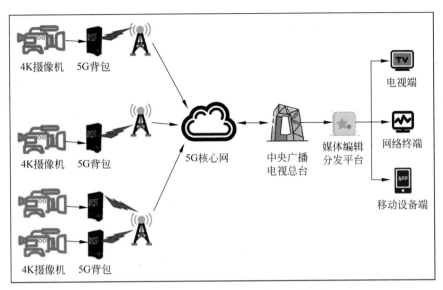

图 1-8　5G 网络超高清电视传输网络架构

过本地专线的 5G 核心网进行传输,解码后传输给 4K 转播车,由分会场导演对视频数据流进行管控并发送给春晚电视直播系统。观众们在使用接入 5G 核心网的新媒体设备(如 VR 终端)时,就可以实时观看春晚 4K 超高清直播,享受到身临其境的体验。

1.3.3　智能媒体技术

随着各种技术的发展,融媒体领域面临以下主要挑战。

(1)海量内容处理:融媒体业务每天新增大量短视频节目生产及二次制作,现有生产工具面临时效性挑战。

(2)复杂场景支撑:智能应用从单点转向支撑业务流程,需要建立管理平台来支持"采编存管播发"全业务场景。

(3)多模态智能化:传统媒资及融媒体库中含有大量内容,运营标签不足且不统一,影响内容运营与检索应用。

(4)内容风控智能:媒体内容引入与输出量快速提升,有大量多类型内容需要审核,现有审核方式存在效率低、操作成本高的缺点及漏审风险。

近年来飞速发展的人工智能技术已经逐渐渗透到媒体传播的各个环节,一个典型的智能媒体技术业务架构如图 1-9 所示。它主要包含智能媒体管理、智能媒体应用、智能媒体开发、智能媒体引擎、智能媒体训练等模块。首先,依托智能媒体平台,覆盖智能生产、内容结构化、智能编解码、智能审核等多方面的相关应用,端到端输出贴合媒体业务的结果,促进人工智能在"采编存管播发"全链路的落地。其次,支持对多类型视频进行"音视图文"的多维度分析,可识别字幕、标签、语音等信息,支持视频拆分、文本纠错、视频超分、视频修复等,单智能应用融合几十种算法引擎,输出结果全面,准确率高。此外,基于数据标注、机器学习、人工智能应用服务三大平台,打通从数据采集、模型训练、算法部署与编排、人工智能应用开发和接入的全流程。平台采用容器和微服务技术,具备松耦合、资源池化、高扩展性质,提供标准应用程序接口(Application Programming Interface,API)调用管理,促进媒体生态共建。最后,支持为媒体客户提供人工智能应用及能力、业务计量、用户管理、运维管理等功能,为业务系统提供统一的 API 接口进行对接验证、能力调用与业务管理,为算法应用提供应用管理、人工智能服务化的能力。

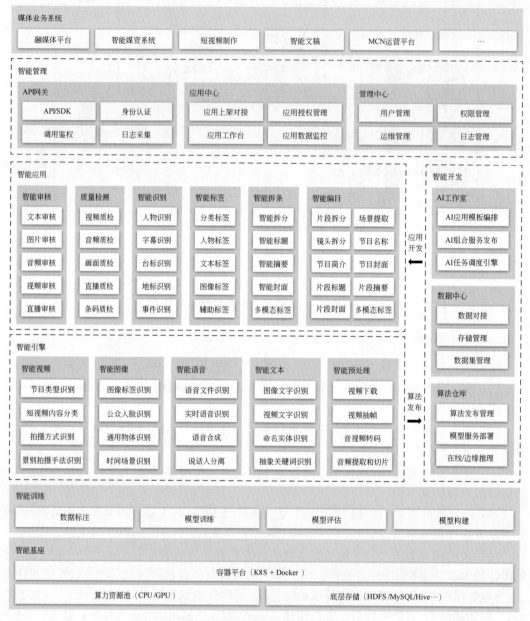

图 1-9　智能媒体技术业务架构

1.4　融媒体技术的特点及应用

新技术变革了原有的媒体制作传播流程。大数据为新闻内容生产提供了海量的源泉,通过人工智能技术对数据进行分析,自动生成文字、影音内容,并可辅助编辑进行内容策划;

智能算法代替了传统的编辑进行内容推送;基于手机终端的使用信息实时反馈到媒体人工智能中,评估用户偏好,完善用户画像,实现更准确的效果反馈和调整,从而使得融媒体具有相应的技术特点及应用。

1.4.1 融媒体技术的特点

除了现有的数字媒体所具有的数字化、多样性、集成性等技术特点以外,融媒体主要有以下技术特点。

1) 传播方式多样化

由于数字方式不像模拟方式需要占用相当大的电磁频谱空间,传统模拟方式因频道"稀缺"导致的垄断将会被打破。不再是传统的自上而下的传播方式,而是大量用户生产内容,更加强调社交属性。

2) 传播内容海量化

内容供应商将一部分生产内容的功能分出来,进行节目的社会化生产,这不仅使数字媒体的节目数量大大增加,节目内容更加丰富,而且也增加了一些个性化很强的增值业务,使传播的内容更丰富多彩。

3) 传播渠道交互化

使得受众这一传统概念得到越来越细的划分,能在大众传播的基础上进行更分众化、精确化的传播。传播渠道不再局限于以往的单一方式,而是同时在广播电视、互联网、电子报刊、移动客户端等多渠道同步发布。

4) 用户需求个性化

数字媒体不再是"点对面"的广播式传播,而是"点对点"的交互式传播,效率高,易满足受众个性化需求。

5) 传播手段智能化

随着大数据、人工智能等技术的发展,数字媒体不仅能够对观众的收视行为及收视效果进行更为精确的跟踪和分析,还能实现媒体信息的个性化精准推荐。

6) 传播速度实时化

融媒体时代对信息的时效性要求极高。一切信息传播都要与时间赛跑,谁能够第一时间发布新闻事件,谁就能够拥有传播的优势。传统媒体需要新闻记者赶到现场进行采访后才能传播,但是在融媒体时代,在新闻记者还没有获得"爆料"之前,得益于移动互联网及智能终端的发展,亲眼看到、听到的网友就通过多种媒体渠道对事件进行了传播。

1.4.2 融媒体技术的应用

融媒体是在数字媒体技术的基础上,将各种新兴技术应用在与媒体相关的行业上。媒体融合是由多个行业共同形成的产业生态,主要指传统媒体、互联网和以移动互联网应用为代表的新媒体,还包括在旅游、公安、交通、教育、金融、医疗、休闲娱乐、气象、展览等垂直行业中的应用,在具体的应用中充分体现出数字媒体技术的融合应用。

1) 全媒体传播

当前,媒体融合产业生态以主流媒体为核心,以中央、省、市、县四级媒体机构中设立的融媒体中心为主要构成,同时涵盖社会各行各业企事业单位中设立的融媒体中心。

2020 年 1 月 14 日,在"2020 年春节联欢晚会创新应用启动仪式"上,中央广播电视总台、三大运营商与华为公司携手,为 2020 年春晚提供 5G+超高清的"硬核"技术,利用 5G、8K、4K 和 VR 等新技术为春晚观众带来全新观看体验。在网络覆盖方面,5G 网络全面覆盖中央广播电视总台 2020 年春晚主会场与分会场;在高品质传输方面,采用 5G+8K 技术实现多机位拍摄,制作 8K 版春晚。同时,基于移动拍摄和景观等机位的 4K 信号也接入春晚制作系统,为春晚全 4K 智能直播提供强大支撑;在 VR 应用方面,总台首创的虚拟网络交互制作模式也在春晚首次应用,用户可以通过央视频客户端和央视新闻客户端观看 2020 年春晚 VR 直播和多视角全景式直播。

2020 年 1 月 27 日 20 点,"央视频"应用程序(Application,App)联合中国电信以网络直播的形式开始对武汉火神山、雷神山医院的施工现场分别进行了 24 小时不间断的高清直播,如图 1-10 所示,通过固定机位、无剪辑、无串场、原生态的慢直播形式,让"宅"在家中的广大网友当起了"云监工"。对于两家医院的建设工地,网友可以选择近景和全景两种视角。除了收看直播,网友还可以在直播画面下了解最新的疫情数据并在评论区聊天互动。

图 1-10　雷神山医院建设高清直播图

2) 旅游融媒体

融媒体技术与旅游行业的结合将助力智慧旅游的发展,开拓更加广阔的旅游市场。中央在 2018 年提出"新基建"概念,将 5G、大数据中心、人工智能等技术作为新型基础设施建设。新一代信息技术将成为旅游行业的基础设施,推动旅游行业与数字经济深度融合。目前旅游业的融媒体技术应用十分广泛,覆盖行业内多个环节,如 4K 超高清直播、VR 沉浸式体验、智能游记服务、无人机人流监管等,融媒体技术在旅游服务、旅游监管、旅游传播等方面表现亮眼。

2020 年疫情期间,旅游行业出现了"云旅游"的新玩法。马蜂窝发布的《文旅生态洞察 2020——旅游直播时代》报告显示,"云旅游"的方式有视频、VR、图文等。600 岁的故宫也顺应时代潮流,开启了史上第一次网络直播。"云游故宫"的奇妙之旅,仅在新华网客户端的直播间就有 3492 万人次访问,有近 6 万条留言。"云游故宫"的界面展示如图 1-11 所示。

融媒体技术除了用于线上"云旅游"之外,也可以提升线下旅游服务的体验。例如,通过

图 1-11 "云游故宫"界面展示

VR/AR 的导览形式,增强旅游体验的沉浸感,丰富智慧导览的形式,从而提升景区的文化传播效果。例如,故宫博物院内展示文物时提供了二维码,扫一扫就可看到 AR 效果的"真实"文物。通过这些智慧导览中的玩法,以更加具有沉浸感的形式将景区文化传播给游客,从而满足游客在景区游览中的深度观赏需求。

3)智慧交通

融媒体技术在交通中提供的服务主要包括智慧驾驶服务、智慧管理服务、车载信息服务等。无人驾驶车辆能够在各类数字媒体技术助力下实现封闭、半封闭场景下安全可靠的无人驾驶运营,如在 2020 年 10 月 30 日举办的第四届全球未来出行大会上发布的无人驾驶小巴"蓝胖胖",它搭载双屏交互、高清摄像头、激光雷达以及定位系统等设备,能够自主进行游客接送与充电,为游客提供安全可靠的通行服务,游客可在车内交互娱乐。各类交通工具不仅可以及时采集、回传数据,而且能够在多项技术辅助下快速处理信息,并再次回传到交通融媒体终端,在交通工具、服务中心、云端形成传播闭环,助力交通行业发展智能信息服务。通过对各类海量交通数据进行智能处理,助力智慧交通管理。

4)公共安全

基于融媒体技术的公共安全监测平台可以实现全方位立体化巡防。2020 年 1 月 10 日,在中国电信天翼云 5G 网络、人工智能(Artificial Intelligence,AI)算法、大数据应用等技术的助力下,广州市公安局天河区分局率先打造出国内首个智慧融媒体警务平台,借助 5G 网络高速率、高带宽、低时延的特点,可将拍摄的高清视频实时回传到智慧警务平台,再通过大数据、AI 识别等功能自动判断异常情况,反馈到指挥中心,由指挥中心根据视频情况快速反应。例如,在人群中寻找犯罪嫌疑人时,将高清视频回传到智慧警务平台,AI 识别会自动分析并识别人群中的犯罪嫌疑人,反馈给公安系统指挥中心,指挥中心再根据实时视频,快速组织和增派警力实时抓捕。

5)远程医疗

数字媒体技术在远程医疗中发挥着巨大的作用,不仅可以通过高清视频传输进行远程问诊,还能利用 VR 技术进行远程手术。在虚拟环境中,可以建立虚拟的人体模型,借助于跟踪球、头盔显示器(Helmet-Mounted Display,HMD)、感觉手套,可以很容易了解人体内部各器官的结构。近年来,VR 技术的出现为虚拟实验的发展带来了新的生机。由于它采用了 3D 数字化、多传感交互以及高分辨显示的科学可视化技术,能够生成三维逼真的虚拟场景,并能使用户与场景进行实时交互,感知和操作虚拟对象,因而能够提供比现有虚拟实验更佳的性能和更好的手术预演效果。VR 技术不仅可以为医生提供大规模微创手术练习,还可以帮助他们克服对敏感感官不适的心理障碍。

本 章 小 结

本章首先介绍了融媒体及数字媒体的相关概念以及媒体的不同分类方法;然后,通过介绍融媒体概念及相关产业的现状来展示融媒体的发展趋势;接着,详细介绍融媒体涉及的主要研究领域,包括媒体信息处理技术、融媒体网络传播技术和智能媒体技术;最后,总结融媒体技术的特点,并对它的主要应用领域进行简单介绍。

本 章 习 题

1. 简述数字媒体的定义。通过数字媒体的定义简述数字媒体与传统媒体的主要区别并举例说明。

2. 融媒体这个概念最早由尼古拉斯·尼葛洛庞帝提出,它不是一个独立的实体媒体。它主要指一种什么样的模式?

3. 国际电信联盟远程通信标准化组将媒体分为哪几类?

4. 举例说明哪些媒体类型是静止媒体,哪些是连续媒体。

5. 举例说明互联网、大数据、人工智能、云计算、移动通信等新兴技术在融媒体中的应用,可以选择一种技术或几种技术的组合。

6. 简述融媒体技术中常用的网络传输方式。

7. 简述数字媒体及融媒体技术的主要特点。

8. 举例说明融媒体技术在日常生活或学习中的应用,并简述其优点和缺点。

第2章 数字图像及视频技术

在计算机技术不断发展进步的背景下,数字图像及视频技术迎来了空前发展,与此同时也提高了数字图像及视频技术在传媒行业中的价值。数字图像处理作为一门学科大约形成于 20 世纪 60 年代初期。早期图像处理的主要目的是改善图像的质量,它以人为对象,以改善人的视觉效果为目的。数字图像处理中,输入的是质量低的图像,输出的是改善质量后的图像,常用的图像处理方法有图像增强、复原、编码、压缩等。数字视频是内容随时间变化的一组动态图像,所以视频又叫作运动图像或活动图像。由于人眼的视觉暂留特性,当连续图像之间的时间间隔达到 1/24 秒时,人们看到的就是连续不闪烁的画面,因此常见的视频帧率有 24 帧/秒或 30 帧/秒。

2.1 数字图像基础知识

2.1.1 图像和数字图像的定义

1) 图像

图像就是所有具有视觉效果的画面,包括纸介质上的,底片或照片上的,电视、投影仪或计算机屏幕上的。历史上第一张照片是由约瑟夫·尼塞福尔·涅普斯在 1826 年左右拍摄的,如图 2-1 所示。这张照片使用的是照相制版法,在一只小盒子里面放一片白蜡板,上面有感光盐涂层,附有镜头。涅普斯从他在索恩河畔沙隆的乡间住所的楼上窗口,拍摄了他的第一张照片,该照片曝光时间约为 8 小时。照相制版法只能得到唯一的一张照片,所以这张照片没有复制品,现在它是得克萨斯州大学奥斯汀分校的永久收藏品之一。

图 2-1 历史上第一张照片

2) 数字图像

数字图像又称数码图像或数位图像,它是二维图像用有限数字、数值像素的表示。数字图像由数组或矩阵表示,其光照位置和强度都是离散的。将模拟图像数字化可以得到数字图像,它以像素为基本元素并且可以用数字计算机或数字电路存储和处理。模拟图像数字化的过程如图 2-2 所示。

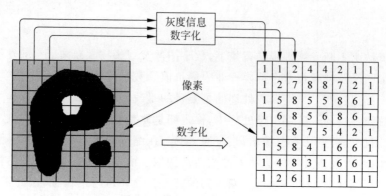

图 2-2　模拟图像数字化过程

如果图像是黑白图像(也称为灰度图像),则每像素可以由 0(黑色)到 255(白色)之间的单个数表示,一个黑白图像文件片段如图 2-3 所示。

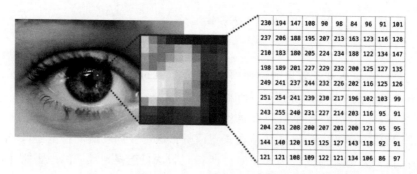

图 2-3　黑白图像文件片段

如果图像是彩色图像,则每像素由三个数分别表示三个颜色通道:红色、绿色和蓝色,也就是三原色的构成。在这种情况下,需要三维数组来表示彩色图像,一个彩色图像文件的片段如图 2-4 所示。

3) 图像和数字图像的关系

一幅图像可以定义为一个被采样和量化后的二维函数 $f(x,y)$,其中 x 和 y 是空间(平面)坐标,任意一对空间坐标 (x,y) 处的幅值 f 称为图像在该点处的强度或灰度。当 x、y 和灰度值 f 都是有限的离散量时,称该图像为数字图像。一幅数字图像通常被表示为采样点的值所组成的二维(灰度图像的存储)或三维矩阵(彩色图像的存储)。分辨率为 $M \times N$ 的二维数字图像的像素矩阵如图 2-5 所示。注意,区别于数学中的二维直角坐标系方向,在数字图像的坐标系约定中,通常将二维直角坐标系沿着顺时针旋转 90°,也就是说,图像的垂直向下的方向为 x 轴的正方向,水平向右的方向是 y 轴的正方向,图像的左上角位置是图像坐标系的原点。

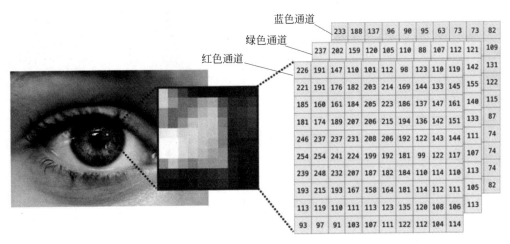

图 2-4　彩色图像文件片段

$$
\begin{array}{cccc}
f(0,0) & f(0,1) & \cdots & f(0,M{-}1) \\
f(1,0) & f(1,1) & \cdots & f(1,M{-}1) \\
\cdots & \cdots & \cdots & \cdots \\
f(N{-}1,0) & f(N{-}1,1) & \cdots & f(N{-}1,M{-}1)
\end{array}
$$

图 2-5　二维数字图像的像素矩阵

通常,数字图像由有限数量的元素组成,每个元素都有一个特定的位置和数值,这些元素被称为像素。像素是广泛用于表示数字图像元素的术语。图 2-6 显示了原图像采样得到具体像素的示意图。在计算机内通常用二维数组来表示数字图像的矩阵,把像素按不同的方式进行组织或存储,就得到了不同的图像格式,把图像数据存储成文件就得到图像文件。

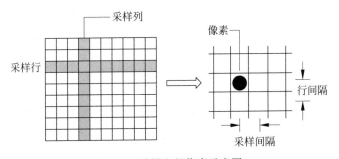

图 2-6　采样取得像素示意图

2.1.2　数字图像的历史

历史上第一张数字相片的诞生时间远比人们想象得要早。1957 年,早在柯达数码相机出现的 20 年前,罗素·基尔施(Russell Kirsch)就用数码扫描的方法,将他儿子的胶片照扫描成图 2-7 中这张正方形的数字相片。

数字成像是在 20 世纪 60 年代和 20 世纪 70 年代发展起来的,主要是为了避免胶卷相机的操作缺点,被用于相关的科学和军事任务。随着数字成像技术在随后的几十年中变得越来越便捷,它取代了旧的成像方法。

20世纪60年代初,在美国为海军飞机的机载无损检测开发便携式设备时,位于加利福尼亚州埃尔塞贡多的自动化工业公司的弗雷德里克·G.威特和詹姆斯·F.麦克纳尔蒂(美国无线电工程师)共同发明了世界上第一台实时生成数字图像的设备。这种设备生成的图像是荧光透视数字射线照片,在荧光镜的荧光屏上检测到方波信号以创建数字图像。

随着20世纪60年代金属氧化物半导体(Metal Oxide Semiconductor,MOS)集成电路和20世纪70年代初微处理器的引入以及相关计算机内存存储、显示技术和数据压缩算法的进步,数字图像技术得到了快速发展。

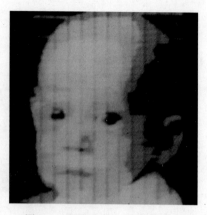

图 2-7　历史上第一张数字相片

微处理器技术的进步推动了用于图像捕获设备的电荷耦合器件(Charge Coupled Device,CCD)的发展,并在20世纪末逐渐取代了摄影和摄像中模拟胶片和磁带的使用。随着计算机计算能力的提高,计算机生成的数字图像可以达到接近真实照片的精细程度。

2.1.3　数字图像的获取

1) 手机和数码相机

手机已经逐步取代了数码相机成为了人们日常获取数字图像的主要方式。通过手机中内置的相机和数码相机拍摄得到的是联合图像组(Joint Picture Group,JPG)这种通用照片格式,以这种格式存储的数码照片可以在计算机和智能手机的图片浏览器中正常显示。智能手机拍摄得到的数字图像如图2-8所示。2001年,夏普公司发布了第一部带有相机的智能手机夏普J-SH04,搭载的是11万像素的CCD摄像头。2019年,小米公司发布了第一台带有1亿像素摄像头的手机,从此拉开了1亿像素的帷幕,之后三星公司也相继发布了带有1亿像素摄像头的手机。不过,即使到了2022年,仍然是以4000万像素、6000万像素的摄

图 2-8　智能手机拍摄的数字图像

像头为主流,例如,苹果公司 2022 年 9 月发布的手机 iPhone 14 采用的还是 1200 万像素的双摄像头或三摄像头。短短十几年时间,从 11 万像素到 1 亿像素,手机获取数字图像的成像质量越来越好,甚至今后有可能完全取代传统数码相机。

2)电子设备屏幕截图

通过手机和计算机系统中自带的截图功能,可以方便及时地将当前屏幕上的内容保存成 JPG 格式的数字图像。

3)软件中导出数字图像

微软公司的 PowerPoint 可以将 PPT 格式的文件导出成 JPEG、PNG、GIF、JPG 等不同格式的数字图像。Adobe Acrobat 可以将 PDF 格式的文件导出成 JPEG、TIFF、PNG 等不同格式的数字图像。Photoshop 的 PSD 格式的文件也可以方便地导出成不同格式的数字图像。

4)绘图软件创建数字图像

使用 Windows 系统自带的画图软件,既可以自己绘制图像然后保存成数字图像格式,也可以在文件栏选择"来自扫描仪"选项,直接得到位图(Bitmap,BMP)格式的图片。

2.2　数字图像处理的关键技术

2.2.1　图像增强

增强图像中的有用信息,目的是改善图像的视觉效果。针对给定图像的应用场合,有目的地强调图像的整体或局部特性,将原来不清晰的图像变得清晰或强调某些人们通常感兴趣的特征,扩大图像中不同物体特征之间的差别,抑制通常不感兴趣的特征,使图像质量得到改善,丰富信息量,加强图像判读和识别效果,满足某些特殊分析的需要。增强图像可以说是一个失真的过程,图像增强的主要方法有以下几种。

1)图像反转

图像反转广泛应用在许多场景之中,例如,显示医学图像和用单色正片拍摄屏幕。其主要思路是将产生的负片用作投影片。转换方程如下:

$$G(x,y)=L-F(x,y) \tag{2-1}$$

其中 L 是灰度图像中最大强度值,即 255。图像反转效果如图 2-9 所示。

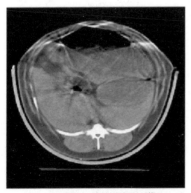
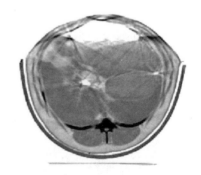

(a)原始X射线医学图像　　　　　　　　　(b)反转后的图像

图 2-9　图像反转

2）动态范围压缩

有时,处理后的图像的动态范围远远超过显示设备的显示能力,在这种情况下,只有图像最亮的部分在显示屏上可见,需要对图像进行动态范围压缩。转换公式如下:

$$s = c\log_2(1 + |r|) \tag{2-2}$$

其中 c 是度量常数,是对数函数执行所需的压缩。r 表示当前像素的灰度,s 为转换后该像素的灰度。例如,将下面图像的[0,255]压缩到[0,150],其中

$$c = \frac{150}{\log_2(1+255)} \tag{2-3}$$

动态范围压缩效果如图 2-10 所示。

(a) 原始人物图像　　　　　　　　　　(b) 动态范围压缩后的图像

图 2-10　图像压缩动态范围

3）对比度拉伸

低对比度的图像可能是由于光照不足,图像传感器缺乏动态范围,甚至在图像采集过程中透镜孔径设置错误。对比度拉伸背后的想法是增加图像处理中灰度的动态范围。转换公式如下:

$$G(x,y) = g_1 + \frac{g_2 - g_1}{f_2 - f_1} \times [F(x,y) - 1] \tag{2-4}$$

其中[f_1, f_2]为灰度在新范围[g_1, g_2]上的映射,这里 f_1 为图像的最小强度值,f_2 为图像的最大强度值。该函数增强了图像的对比度,显示了均匀的强度分布。对比度拉伸效果如图 2-11 所示。

(a) 原始航拍图像　　　　　　　　　　(b) 对比度拉伸后的图像

图 2-11　图像对比度拉伸

2.2.2　图像去噪

图像噪声是指存在于图像数据中不必要的或多余的干扰信息。噪声的存在严重影响了图像的质量,因此在图像增强处理和分类处理之前,必须予以纠正。

噪声可以根据不同的分类标准分为多种类型。如果按照噪声组成来分,可以将噪声分为加性噪声、乘性噪声和量化噪声。$f(x,y)$表示原始图像,$g(x,y)$表示图像信号,$n(x,y)$表示噪声。

(1)加性噪声。

此类噪声与输入图像信号无关,含噪声的图像可表示为

$$f(x,y) = g(x,y) + n(x,y) \tag{2-5}$$

信道噪声及光导摄像管的摄像机扫描图像时产生的噪声就属于这类噪声。典型的加性噪声有高斯噪声。

(2)乘性噪声。

此类噪声与图像信号有关,含噪声的图像可表示为

$$f(x,y) = g(x,y) + n(x,y) \times g(x,y) \tag{2-6}$$

飞点扫描器在扫描图像时的噪声、电视图像中的相关噪声、胶片中的颗粒噪声均属于此类噪声。

(3)量化噪声。

此类噪声与输入图像信号无关,由于在量化过程存在量化误差,这种误差反应到接收端就产生了量化噪声。

如果按照噪声密度分布来分,噪声可以分为高斯噪声、椒盐噪声、均匀噪声、泊松噪声等类型。

(1)高斯噪声。

这类噪声服从高斯分布,即某个强度的噪声点个数最多,离这个强度越远噪声点个数越少,且这个规律服从高斯分布。高斯噪声是一种加性噪声,即噪声直接加到原图像上,因此可以用线性滤波器滤除。

(2)椒盐噪声(脉冲噪声)。

这类噪声类似把椒盐撒在图像上,因此得名。它是一种在图像上出现很多白点或黑点的噪声,如电视里的雪花噪声等。椒盐噪声可以认为是一种逻辑噪声,用线性滤波器滤除的结果不好,一般采用中值滤波器滤波可以得到较好的结果。胡椒噪声是指随机用0、−1替换像素,属于低灰度噪声。盐噪声是指随机用1替换像素,属于高灰度噪声。椒盐噪声是指胡椒噪声和盐噪声两种噪声同时出现,从而呈现出黑白杂点。

(3)均匀噪声。

这类噪声是指功率谱密度(信号功率在频域的分布状况)在整个频域内是常数的噪声。所有频率具有相同能量密度的随机噪声称为白噪声。

(4)泊松噪声。

概率密度函数服从泊松分布的噪声。

(5)瑞利噪声。

概率密度函数服从瑞利分布的噪声。

（6）指数噪声。

概率密度函数服从指数分布的噪声。

（7）伽马噪声。

概率密度函数服从伽马分布的噪声。

图像增加了各种类噪声后的效果如图 2-12 所示。

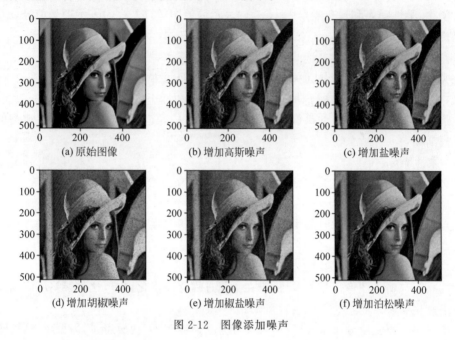

(a) 原始图像   (b) 增加高斯噪声   (c) 增加盐噪声

(d) 增加胡椒噪声   (e) 增加椒盐噪声   (f) 增加泊松噪声

图 2-12　图像添加噪声

减少数字图像中噪声的过程称为图像去噪。现实中的数字图像在数字化和传输过程中常受到成像设备与外部环境噪声干扰等影响，称为含噪图像或噪声图像。图像去噪主要有均值滤波、方框滤波、中值滤波等方法。

（1）均值滤波。

均值滤波也称为线性滤波，其采用的主要方法为邻域平均法。用当前像素周围 $N \times N$ 像素取值的均值来代替当前像素值，并遍历图像所有像素。其基本算法是，对于待处理的当前像素 (x, y)，选择一个模板（或称卷积核、掩模），该模板由其近邻的若干像素组成，求出模板中所有像素的均值，再把该均值赋予当前像素 (x, y)，作为处理后的图像在该点上的灰度 $g(x, y)$，即

$$g(x, y) = \frac{1}{m} \sum f(x, y) \tag{2-7}$$

其中，m 为该模板中包含当前像素在内的像素总个数。当采用的卷积核宽度和高度越大时，参与运算的像素数量越多，去噪效果越好，但是会造成图像失真越严重。

（2）方框滤波。

与均值滤波不同，方框滤波可自由选择采用计算邻域像素值还是其均值作为滤波结果。

（3）中值滤波。

中值滤波法是一种非线性平滑技术，其原理与均值滤波基本相同，只是将每像素的灰度值设置为该像素某邻域窗口内的所有像素灰度值的中值。由于中值滤波需要对像素值进行

排序,因此其需要的运算量较大。但在处理过程中噪声成分很难被选上,所以它可以有效地去除噪声。

(4)双边滤波。

双边滤波在去噪处理时不仅考虑距离信息,还要考虑色彩信息,故其能够有效保护图像的边缘信息。

(5)高斯滤波。

高斯滤波是一种线性平滑滤波,适用于消除高斯噪声,广泛应用于图像处理的减噪过程。通俗地讲,高斯滤波就是对整幅图像进行加权平均的过程,每像素的值都由其本身和邻域内的其他像素值经过加权平均后得到。高斯滤波的具体操作是,用一个模板扫描图像中的每像素,用模板确定的邻域内像素的加权平均灰度值去替代模板中心像素的值。

一维高斯分布公式如下:

$$G(x) = \frac{1}{\sqrt{2\pi}\sigma} e^{-\frac{x^2}{2\sigma^2}} \tag{2-8}$$

一维高斯分布的图像如图 2-13 所示。

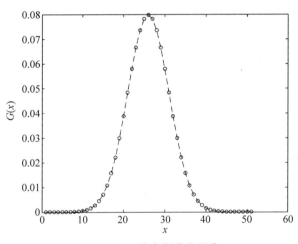

图 2-13　一维高斯分布图像

二维高斯分布公式如下:

$$G(x,y) = \frac{1}{2\pi\sigma^2} e^{-\frac{x^2+y^2}{2\sigma^2}} \tag{2-9}$$

二维高斯分布即高斯滤波器的三维透视图如图 2-14 所示。

(6)二维卷积。

当想用特定的卷积核实现卷积操作时,可以使用二维(2 Dimensional,2D)卷积来完成。

(7)维纳滤波。

维纳滤波是一种基于最小均方误差准则、对平稳过程最优的估计器。这种滤波器的输出与期望输出之间的均方误差最小,因此,它是一个最佳滤波系统。它可用于提取被平稳噪声所污染的信号。

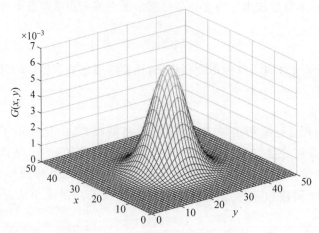

图 2-14   高斯滤波器的三维透视图

（8）傅里叶滤波。

傅里叶滤波采用的主要技术是快速傅里叶变换（Fast Fourier Transform，FFT），它通过对图片信号在频域里进行滤波，从而达到去噪效果。

部分滤波去噪方法的效果如图 2-15 所示。

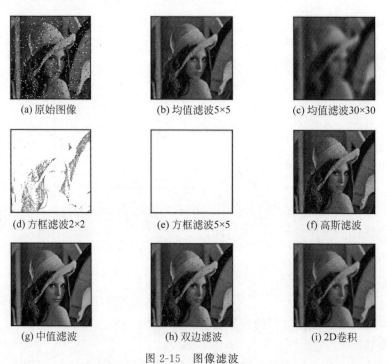

图 2-15   图像滤波

2.2.3　空间域上图像的几何变换

1）平移变换

图像是由像素组成的，而像素的集合就相当于一个二维的矩阵，每像素都有一个具体的位置,也就是像素都有一个坐标。假设像素原来的位置坐标为(x_0, y_0),经过平移量$(\Delta x, \Delta y)$后,坐标变为(x_1, y_1),如图 2-16 所示。

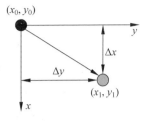

图 2-16　像素平移的示意图

用数学式子可以表示为

$$\begin{cases} x_1 = x_0 + \Delta x \\ y_1 = y_0 + \Delta y \end{cases} \tag{2-10}$$

矩阵乘法运算表示为

$$\begin{pmatrix} x_1 \\ y_1 \\ 1 \end{pmatrix} = \begin{pmatrix} 1 & 0 & \Delta x \\ 0 & 1 & \Delta y \\ 0 & 0 & 1 \end{pmatrix} \begin{pmatrix} x_0 \\ y_0 \\ 1 \end{pmatrix} \tag{2-11}$$

式中,矩阵$\begin{pmatrix} 1 & 0 & \Delta x \\ 0 & 1 & \Delta y \\ 0 & 0 & 1 \end{pmatrix}$称为平移变换矩阵,$\Delta x$ 和 Δy 分别为 x 和 y 方向的平移量,$\begin{pmatrix} x_0 \\ y_0 \\ 1 \end{pmatrix}$为$\begin{pmatrix} x_0 \\ y_0 \end{pmatrix}$的齐次坐标形式,相当于从二维升至三维。

由上述叙述可知,只需构造平移变换矩阵,然后将这个矩阵作用于(矩阵左乘)原图像的每像素,即可实现图像平移的效果。图像先向右平移 100 像素,再向下平移 100 像素的效果如图 2-17 所示。

(a) 原图像　　　　　　　　　　　　(b) 平移后的图像

图 2-17　图像平移

2) 旋转变换

一般情况下,旋转操作会有一个旋转中心,这个旋转中心一般为图像的中心,旋转之后图像的大小一般会发生改变。图像像素原来的坐标为(x_0, y_0),顺时针旋转 θ 角度后得到(x_1, y_1),用数学公式表达如下所示:

$$\begin{cases} x_1 = x_0 \times \cos\theta + y_0 \times \sin\theta \\ y_1 = -x_0 \times \sin\theta + y_0 \times \cos\theta \end{cases} \tag{2-12}$$

矩阵乘法运算表示为

$$\begin{pmatrix} x_1 \\ y_1 \\ 1 \end{pmatrix} = \begin{pmatrix} \cos\theta & \sin\theta & 0 \\ -\sin\theta & \cos\theta & 0 \\ 0 & 0 & 1 \end{pmatrix} \begin{pmatrix} x_0 \\ y_0 \\ 1 \end{pmatrix} \tag{2-13}$$

以图像中心为旋转中心,逆时针旋转30°后的效果如图 2-18 所示。

(a) 原图像

(b) 旋转后的图像

图 2-18　图像旋转

3) 缩放变换

图像中每像素的位置可以看作一个点,也可以看作二维平面上的一个矢量。图像缩放,本质上就是将每像素的矢量进行缩放,也就是将矢量 x 方向和 y 方向的坐标值缩放,即(x,y)变成了($k_x \times x$,$k_y \times y$)。一般情况下 $k_x = k_y$,但是很多时候也不相同,例如,将 100×100 的图像变成 200×300 的图像。

表示成矩阵乘法的形式如下:

$$\begin{pmatrix} x_1 \\ y_1 \\ 1 \end{pmatrix} = \begin{pmatrix} k_x & 0 & 0 \\ 0 & k_y & 0 \\ 0 & 0 & 1 \end{pmatrix} \begin{pmatrix} x_0 \\ y_0 \\ 1 \end{pmatrix} \tag{2-14}$$

式中 $\begin{pmatrix} k_x & 0 & 0 \\ 0 & k_y & 0 \\ 0 & 0 & 1 \end{pmatrix}$ 称为缩放矩阵。

可以注意到,原始图像中有 $100 \times 100 = 10\,000$ 像素,而变换后的图像是 $200 \times 300 = 60\,000$ 像素。即使把原始图像的 10 000 像素全部映射到新图像上的对应点上,新图像上仍然有 $60\,000 - 10\,000 = 50\,000$ 像素没有与原图像进行对应,那么这 50 000 像素的灰度值从何而来呢? 把上面的矩阵表达式做一下转换,两边左乘缩放矩阵的逆矩阵后得到

$$\begin{pmatrix} k_x & 0 & 0 \\ 0 & k_y & 0 \\ 0 & 0 & 1 \end{pmatrix}^{-1} \begin{pmatrix} x_1 \\ y_1 \\ 1 \end{pmatrix} = \begin{pmatrix} x_0 \\ y_0 \\ 1 \end{pmatrix} \tag{2-15}$$

通过上面的操作,可以将新图像中的任一像素(x_1,y_1)与原图像中的像素(x_0,y_0)对应起来,称为后向映射。后向映射比前向映射更有效,因为它可以找到新图像中每像素在原图像中对应的像素。

将 512×512 大小的图像缩小成 190×400 大小的图像,效果如图 2-19 所示。

2.2.4　频率域上图像的变换

1) 傅里叶变换

傅里叶变换是一种线性积分变换,用于信号在时域和频域之间的变换,在物理学和工程

(a) 原图像

(b) 缩小后的图像

图 2-19　图像缩小

学中有许多应用。因其基本思想首先由法国学者约瑟夫·傅里叶系统地提出，所以以其名字来命名以示纪念。实际上傅里叶变换就像通过化学分析来确定物质的基本成分一样，信号来自自然界，也可对其进行分析，以确定其基本成分。

类似光学中的分色棱镜把白光按频率分成不同颜色，傅里叶变换将信号分成不同的频率成分，被称为数学棱镜。傅里叶变换的作用效果如图 2-20 所示。对应到数字图像中，高频信

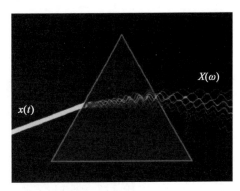

图 2-20　傅里叶变换作用类似于数学棱镜

号往往是图像中的边缘信号和噪声信号，而低频信号包含图像轮廓及背景等信号。

傅里叶变换公式如下：

$$F(\omega) = \int_{-\infty}^{\infty} f(t) e^{-i\omega t} dt \tag{2-16}$$

一个数字图像进行傅里叶变换后得到的频谱图如图 2-21 所示。

(a) 原图像

(b) 傅里叶变换后的频谱图

图 2-21　图像傅里叶变换

2）离散余弦变换

离散余弦转换（Discrete Cosine Transformation，DCT）是与傅里叶变换相关的一种变换，它类似于离散傅里叶变换，但是只使用实数。离散余弦变换相当于一个长度大概是它两

倍的离散傅里叶变换,这个离散傅里叶变换是对一个实偶函数进行的(因为一个实偶函数的傅里叶变换仍然是一个实偶函数),在有些变形中需要将输入或者输出的位置移动半个单位(DCT 有 8 种标准类型,其中 4 种是常见的)。

离散余弦变换,尤其是它的第二种类型,经常被信号处理和图像处理使用,用于对信号和图像(包括静止图像和运动图像)进行有损数据压缩。这是由于离散余弦变换具有很强的"能量集中"特性:大多数的自然信号(包括声音和图像)的能量都集中在离散余弦变换后的低频部分,而且当信号具有接近马尔可夫过程的统计特性时,离散余弦变换的去相关性接近于 K-L 变换——它具有最优的去相关性的性能。

离散余弦变换的公式如下:

$$F(u,v) = \frac{2}{\sqrt{MN}} \sum_{x=0}^{M-1} \sum_{y=0}^{N-1} f(x,y)C(u)C(v)\cos\frac{(2x+1)ux}{2M}\frac{(2y+1)vx}{2N} \qquad (2-17)$$

式中,$x,u=0,1,2,\cdots,M-1$;$y,v=0,1,2,\cdots,N-1$。

数字图像离散余弦变换的效果如图 2-22 所示。

(a) 原图   (b) 阈值为10的DCT

(c) 阈值为100的DCT   (d) 阈值为200的DCT

图 2-22   图像离散余弦变换

2.3   数字视频基础知识

2.3.1   视频定义

根据维基百科的定义,视频是一种电子媒体,是用于记录、复制、播放、广播和显示运动的视觉媒体。视频最初是为机械电视系统开发的,很快被阴极射线管(Cathode Ray Tube,CRT)系统取代,后来又被几种类型的平板显示器所取代。视频系统在显示分辨率、宽高比、刷新率、色彩功能和其他质量方面有所不同,存在模拟和数字变体,并且可以在各种媒体上进行传输,包括无线电广播、磁带、光盘、计算机文件和网络流媒体。

2.3.2 视频的历史

1）模拟视频阶段

视频技术最初是为机械电视系统开发的,视频最初只是一种现场技术。查尔斯·金斯堡(Charles Ginsburg)领导着 Ampex 研究团队,开发了第一台实用的磁带录像机(Videotape Recorder,VTR)。1951 年,第一台 VTR 通过将摄像机的电信号写入磁性录像带来捕获电视摄像机的实时图像。

录像机在 1956 年的售价为 50 000 美元,而录像带的价格为每卷轴 300 美元。但是,价格多年来逐渐下降;1971 年,索尼开始在消费市场上销售盒式磁带录像机(Video Cassette Recorder,VCR)唱盘和磁带。

2）数字视频阶段

在创建的数字视频中使用数字技术。由于早期的数字未压缩视频需要不切实际的高比特率,因此它最初无法与模拟视频竞争。DCT 编码使实用的数字视频成为可能,这是 20 世纪 70 年代初开发的有损压缩过程。在 20 世纪 80 年代后期,DCT 编码被应用于运动补偿的 DCT 视频压缩。H.261 是第一个实用的数字技术视频编码标准。

后来,数字视频的质量变得更高,并且最终成本要比早期的模拟技术低得多。在 1997 年数字化视频光盘(Digital Video Disk,DVD)发明以及 2006 年蓝光光盘发明之后,录像带和记录设备的销量直线下降。随着计算机技术的进步,即使是廉价的个人计算机和智能手机也可以捕获、存储、编辑和传输数字视频,从而进一步降低了视频制作成本,使节目制作人和广播公司可以转向无磁带制作。数字广播的出现以及随后的数字电视过渡正在将模拟视频降级为世界上大多数地区的传统技术。随着具有更高动态范围和色域的高分辨率摄像机以及具有更高色深的高动态范围数字中间数据格式的使用,现代数字视频技术正在与数字电影技术融合。

2.3.3 视频流的特征

1）帧速率

每单位时间视频的静态图片数被称为帧速率,范围从旧的机械相机的每秒 6 或 8 帧到新的专业相机的每秒 120 或更多帧。逐行倒相(Phase Alternating Line,PAL)标准(欧洲、亚洲、澳大利亚等)和顺序存储彩电制式(Sequential Colour and Memory,SECAM)(法国、俄罗斯、非洲的部分地区等)指定 25 帧/秒,而美国国家电视系统委员会(National Television System Committee,NTSC)标准(美国、加拿大、日本等)指定 29.97 帧/秒。电影胶片以每秒 24 帧的较慢帧速率拍摄,这使将电影动态影像转换为视频的过程稍微复杂化了。实现运动图像的舒适视错觉的最小帧速率约为 16 帧/秒,要达成最基本的视觉暂留效果大约需要 10 帧/秒的速度。

2）隔行扫描与逐行扫描

视频可以隔行或逐行进行扫描。在逐行扫描系统中,每个刷新周期会按顺序更新每一帧中的所有扫描线。当显示本地逐行广播或记录的信号时,结果是图像的静止部分和运动部分的最佳空间分辨率。隔行扫描是为了减少早期机械和 CRT 视频显示器中的闪烁而又不增加每秒完整帧数的一种方法。与逐行扫描相比,隔行扫描保留了细节,同时需要较低的带宽。

在隔行扫描视频中,每个完整帧的水平扫描线被视为连续编号,并捕获为两个场:由奇数行组成的奇数场(上场)和由偶数行组成的偶数场(下场)。模拟显示设备会重现每一帧,从而有效地将帧速率提高一倍,直至可感知的整体闪烁。当图像捕获设备一次捕获一个场,而不是在捕获后将整个帧分割成一个帧时,运动的帧速率也会有效地加倍,从而使图像的快速运动部分更平滑,在隔行 CRT 显示屏上查看时更加逼真。NTSC、PAL 和 SECAM 都是隔行扫描格式。

当在逐行扫描设备上显示本机隔行扫描信号时,总空间分辨率会因简单的行加倍而降低,除非出现特殊信号处理,否则不会出现图像移动部分中的闪烁或"梳"效应等伪影。去隔行扫描过程可以优化来自 DVD 或卫星源的隔行扫描视频信号在逐行扫描设备(例如液晶显示器(Liquid Crystal Display,LCD)电视、数字视频投影仪或等离子面板)上的显示。但是,去隔行扫描不能产生与真正的逐行扫描源素材相当的视频质量。

3) 长宽比

长宽比在图像中也称图像的纵横比,是其宽度除以它的高度所得的比例,通常用两个数表示,中间用冒号分隔,如 16:9。对于 $x:y$ 的宽高比,图像的宽度为 x 个单位,高度为 y 个单位。广泛使用的宽高比包括电影摄影中的 1.85:1 和 2.39:1、电视中的 4:3 和 16:9 以及静态照相机摄影中的 3:2。

长宽比描述了视频屏幕和视频像素的宽度和高度之间的比例关系。所有流行的视频格式都是矩形,因此可以通过宽度和高度之比来描述。传统电视屏幕的宽高比为 4:3,或约为 1.33:1。高清晰度电视使用的宽高比为 16:9,即大约 1.78:1。完整的 35 毫米带有声带的胶卷镜框的纵横比(也称为学院比例)为 1.375:1。

① 4:3 标准。4:3 是历史最久的比例,它在电视机发明之初就已经存在,现今仍在使用,并且用于许多计算机显示器上。在美国电影方面,20 世纪 50 年代好莱坞电影进入了宽屏(1.85:1)时代,标榜更高的视觉享受,以挽回从电影院流向电视的观众。

② 16:9 标准。16:9 是高清晰度电视的国际标准,用于澳洲、日本、加拿大和美国,还有欧洲的卫星电视和一些非高清的扩展清晰度电视(Extended Definition Television,EDTV)。如今许多数字摄影机都能够拍摄 16:9 的画面。宽屏 DVD 将 16:9 的画面压缩为 4:3 用作资料存储,并依照电视的处理能力做出应变。如果电视支持宽屏,那么将影像还原就可以播放,如果不支持,就由 DVD 播放器将画面剪裁再送至电视上。

③ 14:9 标准。该标准最早源自英国,曾在英国、爱尔兰、法国、俄罗斯等国家使用,作为当地模拟电视的传输格式,目前大多已被淘汰。

以对角线表示的 5 种标准比例 16:9、16:10、3:2、4:3、5:4 如图 2-23 所示。

4) 颜色模型和深度

颜色模型通常指某个三维颜色空间中的一个可见光子集,它包含某个色彩域的所有色彩。一般而言,任何一个色彩域都只是可见光的一个子集,任何一个颜色模型都无法包含所有的可见光。常见的颜色模型主要有下面几种表示形式:典型的颜色亮度信息 YIQ 模式被用于 NTSC 电视;亮度色度参量 YUV 模式被用于 PAL 电视;YDbDr 色彩空间被用于 SECAM 电视;YCbCr 色彩空间被用于数字视频;色调饱和度亮度(Hue Intensity Saturation,HIS)是从人的视觉系统出发的一种色彩模型;红绿蓝(Red Green Blue,RGB)被用于彩色阴极射线管等彩色光栅图形显示设备中;青色、洋红、黄色、黑色(Cyan Magenta

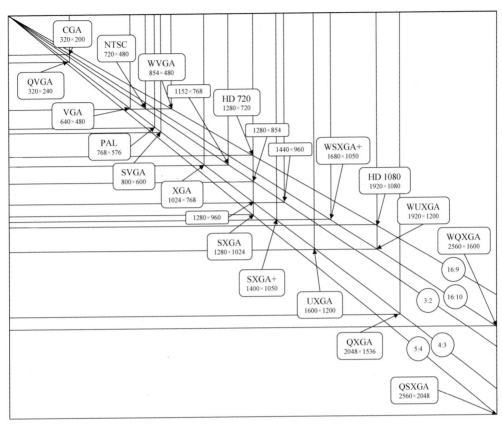

图 2-23　以对角线表示的 5 种标准比例 16 ∶ 9、16 ∶ 10、3 ∶ 2、4 ∶ 3、5 ∶ 4

Yellow Black,CMYK)作为印刷色彩模型被应用于印刷工业。

　　像素可以代表不同颜色的数量取决于每像素的位数表示的颜色深度。减少数字视频中所需数据量的常用方法是通过色度二次采样(例如 4 ∶ 4 ∶ 4、4 ∶ 2 ∶ 2 等)。因为人眼对颜色的细节不如对亮度敏感,所以保留了所有像素的亮度数据,而色度数据是针对一个像素块中多像素的平均值,并且所有像素均使用相同的值。例如,使用 2 像素块(4 ∶ 2 ∶ 2)可使色度数据降低 50%,使用 4 像素块(4 ∶ 2 ∶ 0)可使色度数据降低 75%。此过程不会减少可能显示的颜色值的数量,但是会减少颜色变化不同点的数量。

　　5) 视频质量

　　视频质量是量化一段视频通过视频传输或处理系统时画面质量变化(通常是下降)程度的方法。视频处理系统可能会在视频信号中引入一定量的失真或伪像,从而使用户对系统的感知产生负面影响。对于视频制作和分发中的许多利益相关者来说,保证视频质量是一项重要的任务。

　　视频质量可以用诸如正式度量来测量峰值信噪比(Peak Signal to Noise Ratio,PSNR)或者针对主观视频质量采用专家观察评估。ITU-R BT.500-13 建议书中描述了许多评价主观视频质量的方法。其中标准化方法之一是双刺激减损量表(Double Stimulus Impairment Scale,DSIS)。在 DSIS 中,每个专家意见未受损伤参考视频后跟一个受损的相同视频的版本。然后,专家使用从"感觉不到损伤"到"损伤很烦人"的不同等级对受损视频进行评分。

　　峰值信噪比是一个工程术语,表示信号的最大可能功率与影响其表示保真度的破坏噪声功率之间的比率。由于许多信号具有非常宽的动态范围,因此 PSNR 使用分贝作为单位,通常用对数量进行表示。PSNR 也常用于量化有损压缩图像和视频的重建质量。

6) 数字视频压缩方法

未经压缩的视频可提供最高的质量,但同样具有很高的数据速率。在多种用于压缩视频流的方法中,最有效的方法是使用图片组(Group of Picture,GOP)减少空间和时间冗余。广义上讲,通过记录单个帧之间的差异来减少空间冗余,此任务称为帧内压缩,与图像压缩密切相关。同样,可以通过记录帧之间的差异来减少时间冗余,此任务称为帧间压缩,包括运动补偿和其他技术。最常见的现代压缩标准是 MPEG-2(用于 DVD、蓝光和卫星电视)和MPEG-4(用于移动电话和互联网)。

7) 立体视频

可以使用几种不同的方法来显示三维(3 Dimensional,3D)电影和其他应用程序的立体视频。

① 两个通道:通过使用两个视频投影仪上彼此偏轴成 90° 的偏光滤镜,可以同时查看两个频道。戴上带有匹配偏振滤光镜的眼镜可以分别看到这些偏振的通道。

② 浮雕 3D:其中一个通道覆盖两个颜色编码的图层,这种左和右分层技术有时用于DVD 上 3D 电影的网络广播或最近的立体浮雕。简单的红色或青色塑料眼镜提供了离散查看图像以形成内容立体视图的方法。

③ 交替遮挡:使用与视频同步的 LCD 快门眼镜交替为每个眼睛的左眼和右眼帧提供一个通道,以交替遮挡每只眼睛的图像,使得适当的眼睛可以看到正确的帧。这种方法在计算机虚拟现实应用程序中最常见,但是将有效视频帧速率降低到原来的 2/1。

2.3.4 视觉暂留

物体在快速运动时,当人眼所看到的影像消失后,人眼仍能继续保留其影像 $0.1\sim0.4s$ 的图像,这种现象被称为视觉暂留现象。

视觉暂留现象是光对视网膜所产生的视觉在光停止作用后仍保留一段时间的现象,其具体应用主要有电影的拍摄和放映。视觉暂留是动画、电影等视觉媒体形成和传播的依据。视觉实际上是通过眼睛的晶状体成像,感光细胞进行感光,并且将光信号转换为神经电流传回大脑而引起的。感光细胞需要依靠一些感光色素,而感光色素的形成需要一定时间,这就形成了视觉暂留的机理。

视觉暂留现象很早就被中国人运用,走马灯便是历史记载中最早的视觉暂留运用。宋代时就已经有了走马灯,当时称"马骑灯",一个展示春节习俗的走马灯样子如图 2-24 所示。法国人保罗·罗盖在 1828 年发明了留影盘,它是一个被绳子在两面穿过的圆盘,盘的一面画了一只鸟,另一面画了一个空笼子。当圆盘旋转时,鸟在笼子里出现了,这证明了当眼睛看到一系列图像时,图像会在人眼中保留一段时间。

2.3.5 主要视频编码标准

国际标准化组织(International Organization for Standardization,ISO)、国际电工技术委员会(International Electrotechnical Commission,IEC)与 ITU 是制定视频编码标准的三大组织,他们制定的视频编码标准主要有 MPEG 系列和 H.26X 系列。此外,中国自主知识产权的数字音视频编解码技术标准(Audio Video Standard,AVS)也已经得到了广泛的应

图 2-24　春节期间的走马灯

用。国际上主要的视频编码标准如表 2-1 所示。

表 2-1　常用的视频编码标准

标准	制定的机构与发布日期	标准编号	标　　题	典型应用
MPEG-1	ISO/IEC (1992.11)	ISO/IEC 11172	用于数据速率高达 1.5Mbps 的数字存储媒体的活动图像和伴音编码	数字视频存储、VCD
MPEG-2.	ISO/IEC (1994.11)	ISO/IEC 13818	活动图像和伴音信息的通用编码	数字电视、DVD
MPEG-4	ISO/IEC (1999.5)	ISO/IEC 14496-2	视音频对象编码	因特网、流媒体
H. 264/AVC	ITU-T/ISO (2003.3)	ISO/IEC 14496-10	MPEG-4 的第 10 部分或者先进的视频编码	数字电视、IPTV、可视电话、网络视频点播、数字视频存储
HEVC/H. 265	ITU-T (2013)	ISO/IEC	高效视频编码	支持 4K 和全高清
DV	SMPTE (1999.7)	SMPTE314M	基于 DV 的 25Mbps、50Mbps 视频压缩格式	录像机
AVS	国家标准化管理委员会 (2006.2)	GB/T 20090.2-2006	信息技术　先进音视频编码　第 2 部分：视频	数字电视、IPTV、可视电话、网络视频点播、数字视频存储

　　MPEG 系列由 ISO 下属的运动图像专家组开发。MPEG 视频编码包括 MPEG-1（VCD）、MPEG-2(DVD)、MPEG-4、MPEG-4 AVC；音频编码主要包括 MPEG Audio Layer 1/2、MPEG Audio Layer 3(MP3)、MPEG-2 AAC、MPEG-4 AAC 等。

　　H. 26X 系列由国际电信联盟（ITU）主导，侧重网络传输。ITU-T 的视频标准包括 H. 261、H. 263、H. 264，主要应用于实时视频通信领域，如视频会议，而 MPEG 系列主要应用于视频存储、广播电视、互联网或无线网络的流媒体等。两个组织也共同制定了一些标准，H.262标准等同于MPEG-2的视频编码标准，而H.264标准则被纳入MPEG-4的第10部分。

DV的英文全称是Digital Video，它是由索尼、松下、JVC等多家厂商联合提出的一种家用数字视频格式。数码摄像机主要就是使用这种格式记录视频数据的。它可以通过计算机的IEEE 1394端口传输视频数据到计算机，也可以将计算机中编辑好的视频数据回录到数码摄像机中。这种视频格式的文件扩展名一般是.avi，所以人们习惯地叫它为DV-AVI格式。

AVS音视频编码是由中国主导制订的新一代编码标准，视频压缩效率比MPEG-2增加了一倍以上，能够使用更小的带宽传输同样的内容。AVS已经成为国际上三大视频编码标准之一，它已经在国家广播电视总局正式全面推广，并在广电行业中普及。

2.4 数字视频关键技术

2.4.1 运动特征提取

一段视频数据不同于一系列的任意图片沿时间轴简单的堆叠，组成视频的图像在时间轴上有很强的相关性，充分利用这种相关性，可以更好地对视频数据进行压缩或检索。要分析视频的运动特征，首先要提取视频序列中的运动矢量，它是对物体或摄像机在三维场景中的运动所造成的在二维图像平面上投影变化的一种估计，运动矢量估计在计算机视觉和视频压缩中有着重要的作用。

从视频序列计算运动矢量的方法中，基于块匹配的相关性技术是最直观且被广泛应用的方法，MPEG视频压缩标准采用的也是这种块匹配方法。在块匹配技术中，假设每个块的灰度模式在连续的帧中几乎保持不变，且局部的纹理包含了足以互相区分的信息，这样可以通过在一定大小的窗口中搜索出唯一匹配的灰度块来得到图像序列的运动矢量。块匹配算法计算出的运动矢量的效果如图2-25所示。块匹配算法的最大不足是计算的复杂性，计

图 2-25 块匹配算法计算出的运动矢量

算一个帧的运动矢量场需要进行 N^2 次匹配搜索。如果搜索限定在距离原块为 M 的范围之内，总的时间复杂度为 $N^2 \cdot (2M+1)^2$，这样大的计算量即使在高性能的计算机上也要有相当长的时间。目前，已经提出了许多方法来提高块匹配算法的性能，如窗口亚采样法、快速搜索算法、查找表法等。目前研究最多的是快速搜索算法，如二维对数法、三步法、新三步法、四步法、菱形法等。

在 20 世纪 80 年代早期建立的光流分析法也是运动估计的重要方法。从光流基本等式求解光流场是一个不适定问题，各国的研究者均在探索求解该不适定问题的方法，其间出现了许多算法，例如，在光流场上附加整体平滑约束，将光流场的计算问题转化为一个变分问题。目前，光流场计算技术的研究大致有以下几个方向：研究解决光流场计算不适定问题的方法，研究光流场计算基本公式的不连续性，研究直线和曲线的光流场计算技术，研究由光流场重建物体三维运动和结构。根据运动矢量场，可以进一步提取更高层次的运动特征，例如，建立全局运动模型对摄像机运动进行估计，运动对象分割并对物体运动模型进行估计，对运动物体进行长时轨迹跟踪，对物体变形或流体运动的分析，等等。

2.4.2 视频修复

利用 AI 视频转换技术，可以将老旧低清视频画质修复与重生，使得视觉感知清晰度得到提升，从而提升视频画质质量。图 2-26 展示了一段被人工智能修复的 100 年前北京街景影像片段的截图。有了 AI 的帮助，那些原本卡顿、清晰度差的黑白画面被还原了色彩，1920 年的北京城变得流畅而生动，颇有生活气息。人工智能视频修复为公众呈现了一次遇见古人的时空穿梭之旅。

图 2-26　人工智能视频修复

这段影像由加拿大摄影师拍摄而成，而给它重新上色修复的是中国一位年轻的独立游戏开发者大谷。原本色彩单调、轮廓模糊的人影，变得面目清晰、动作流畅，再加上后期逼真的音效，生动再现了当时的历史风貌。

传统的影像修复由艺术家们手绘，一帧一帧影像重新上色，比较耗时费力，一段影片往往需要几十到数百人同时奋战几十天。而人工智能做的是类似的步骤,不过运算效率更高。一段 10 分钟的视频,使用 AI 技术仅需用几天时间便可相继完成上色、修复帧率、扩大分辨率等操作,最终呈现出流畅的彩色画面。

新中国成立 70 周年时,《开国大典》等经过 AI 和人工修复的献礼片惊艳了公众,许多观众看后热泪盈眶,修复后的画面如图 2-27 所示。修复版的电影《开国大典》让人们目睹三大战役胜利到开国大典的历史过程。通过人工智能深度学习的方式,老片中常见的噪点、色偏、模糊、抖动、划痕等"小伤小痛"得以被批量化修复。但是,一些老片画面由于损失严重或存在大片污渍,人工智能无法通过时间、空间信息"脑补",在这种情况下,必须依靠有经验的修复专家来完成。因此,专业修复师对影片《开国大典》进行了修补,总共修复了 1082 个镜头。虽然修复历时仅 40 天,但这是 600 人每天工作 20 小时之后的结果。可见,有些场景中,人工智能实际上不能完全代替手工劳动,人机共同协作才能产生最好的结果。

图 2-27　修复版《开国大典》

2.4.3　视频检索

随着计算机技术和网络技术的发展、信息高速公路的建设以及多媒体的推广应用,各种视频资料源源不断地产生,随之建立起了越来越多的视频数据库,出现了数字图书馆、数字博物馆、数字电视、视频点播、远程教育、远程医疗等许多新的服务形式和信息交流手段。

在传统的数据库系统中,信息的检索一般以数值和字符型为主,而在多媒体数据库中集成了图像、视频、音频等非格式化信息。它们具有数据量大、信息不定长、结构复杂等特点。每种媒体数据都有一些难以用字符和数字符号描述的内容线索,如图像中某一对象的形状颜色和纹理、视频中的运动、声音的音调等。当用户要利用这些线索对数据进行检索时,首先要将其人工转化为文本或关键词形式,这种转换带有一定的主观性,且极其费时,因而仅仅基于关键词的检索已不能满足用户的检索要求。数据库及其他信息系统不仅要能对图像、视频和声音等媒体进行存储以及基于关键字的检索,而且要对多媒体数据内容进行自动语义分析、表达和检索。

视频检索就是要从海量的视频数据中找到所需的视频片段。根据所给出的例子或特征描述,系统就能够自动地找到所需的视频片段。根据提交视频内容的不同,视频检索一般分为镜头检索和片段检索。

目前,视频检索的多数研究还集中在镜头检索上,而片段检索方面的研究则刚刚开始。实际上,从用户的角度分析他们对视频数据库的查询通常会是一个视频片段而很少会是单个的物理镜头。从信息量的角度分析,由几个镜头组成的视频片段有比单个镜头更多的语义,它可以表示用户感兴趣的事件。因此查询的结果也比较有意义。

由于视频拍摄的多样性和后期编辑的复杂性,片段的相似性有多种可能。片段检索分为以下两种类型:精确检索和相似性检索。一个完整的视频检索系统的关键技术主要有关键帧提取、图像特征提取、图像特征的相似性度量、查询方式以及视频片段匹配等方法。

视频检索是一门交叉学科,以图像处理、模式识别、计算机视觉、图像理解等领域的知识为基础,从认知科学、人工智能、数据库管理系统及人机交互、信息检索等领域,引入媒体数据表示和数据模型,从而设计出可靠、有效的检索算法、系统结构以及友好的人机界面。

国内外已研发出了多个基于内容的视频检索系统,主要有以下几种。

(1)图像内容查询系统(Query By Image Content,QBIC)是由 IBM Almaden 研究中心开发的,是"基于内容"检索系统的典型代表。此系统主要利用颜色、纹理、形状、摄像机和对象运动等描述视频内容,并以此实现其检索。QBIC 提供了对静止图像及视频信息基于内容的检索手段,允许用户使用例子图像、构建草图以及颜色和纹理模式、镜头和目标运动等信息对大型图像和视频数据库进行查询。在视频数据分析方面包括了镜头检测、运动估计、层描述、代表帧生成等多种视频处理手段。

(2)Visual Seek 系统是美国哥伦比亚大学电子工程系与电信研究中心图像和高级电视实验室共同研发的、一种在互联网上使用的"基于内容"的检索系统。它实现了互联网上的"基于内容"的图像/视频检索,提供了一套供人们在网页上搜索和检索图像及视频的工具。

(3)Video Q 是由美国哥伦比亚大学研究开发的一套全自动的基于内容的视频查询系统。它扩充了传统关键字和主题导航的查询方法,允许用户使用视觉特征和时空关系来检索视频。

(4)清华大学开发的视频节目管理系统(Tsinghua Video Find It,TVFI)可提供视频数据入库、基于内容的浏览、检索等功能,并提供多种数据访问模式,包括基于关键字查询、示例查询、按视频结构浏览及按用户自定义类别进行浏览等。

基于内容的视频分析和检索研究的目的是通过对视频内容进行计算机处理、分析和理解,建立结构和索引,以实现方便有效的视频信息获取。它根据视频的内容以及上下文关联,在大规模视频数据中进行检索。基于内容的视频检索包括很多技术,如视频结构的分析(镜头检测技术)、视频数据的自动索引和视频聚类等。

目前,在基于内容的视频检索技术的研究方面,除了识别和描述图像的颜色、纹理、形状和空间关系外,其他主要集中在视频镜头分割、特征的提取和描述(包括视觉特征、颜色、纹理和形状及运动信息和对象信息等)、关键帧提取和结构分析等方面。基于内容的视频检索的系统框图如图 2-28 所示。

40

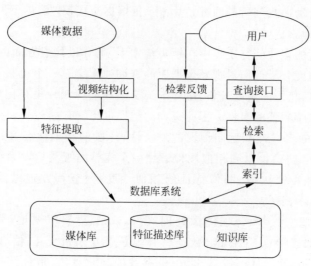

图 2-28　基于内容的视频检索的系统框图

2.5　图像及视频技术的应用

2.5.1　OCR 文字识别

光学字符识别(Optical Character Recognition,OCR)是指对文本资料的图像文件进行分析识别处理,获取文字及版面信息的过程。

OCR 的概念是在 1929 年由德国科学家 Tausheck 最先提出来的,并申请了专利。后来美国科学家 Handel 也提出了利用技术对文字进行识别的想法。中国最早的 OCR 商业应用是由科学家王庆人教授在南开大学开发出来的,并在美国市场投入商业使用。日本在 20 世纪 60 年代开始研究 OCR 理论,开发了邮政编码识别系统。最早对印刷体汉字识别进行研究的是 IBM 公司的 Casey 和 Nagy,1966 年他们发表了第一篇关于汉字识别的文章,该文章采用模板匹配法识别了 1000 个印刷体汉字。20 世纪 70 年代初,日本的学者开始研究汉字识别,并做了大量的工作。我国研究汉字识别的起步比较晚,20 世纪 70 年代末才开始 OCR 的研究工作。20 世纪 90 年代以后,随着平台式扫描仪的广泛应用以及我国信息自动化和办公自动化的普及,大大推动了 OCR 技术的进一步发展,使 OCR 的识别正确率、识别速度满足了广大用户的要求。

OCR 的处理过程主要包括五个步骤:输入、前期处理、中期处理、后期处理、输出。其中,前期处理包括二值化、图像降噪、倾斜矫正;中期处理包括版面分析、字符切割、字符识别、版面还原。OCR 的处理过程的框图如图 2-29 所示,主要有以下步骤。

(1)输入:输入数字图像,对于不同的图像格式,有着不同的存储格式、不同的压缩方式。

(2)二值化:如今数码摄像头拍摄的图片,大多数是彩色图像,彩色图像所含信息量巨大,较为不适用于 OCR 技术。对于图片的内容,可以简单地分为前景与背景,为了让计算机更快更好地进行 OCR 相关计算,需要先对彩色图进行处理,使图片只剩下前景信息与背

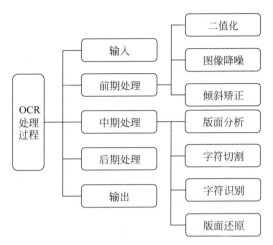

图 2-29 OCR 的处理过程

景信息。二值化也可以简单地理解为"黑白化"。

（3）图像降噪：对于不同的图像，噪点的定义可能不同，根据噪点的特征进行去噪的过程称为降噪。

（4）倾斜矫正：由于一般用户在拍照文档时，难以拍摄到完全符合水平平齐与竖直平齐的图片，因此拍出来的图片会不可避免地产生倾斜，这就需要使用图像处理软件对其进行校正。

（5）版面分析：将文档图片分段落、分行的过程称为版面分析，由于实际文档的多样性和复杂性，此步骤目前仍待优化。

（6）字符切割：由于拍照、书写条件的限制，经常造成字符粘连、断笔，直接使用此类图像进行 OCR 分析将会极大限制 OCR 性能。因此需要进行字符切割，也就是将不同字符之间分割开。

（7）字符识别：早期以模板匹配为主，后期以特征提取为主。文字的位移、笔画的粗细、断笔、粘连、旋转等因素极大地影响特征提取难度。

（8）版面还原：人们希望识别后的文字仍然像原始文档图片那样排列，段落、位置、顺序不变地输出到 Word 文档、PDF 文档等，这一过程称为版面还原。

（9）后期处理：根据特定的语言上下文的关系，对识别结果进行校正。

（10）输出：将识别出的字符以某一格式的文本输出。

2.5.2 多媒体通信

多媒体通信技术是多媒体技术与通信技术的有机结合，突破了计算机、通信、电视等传统产业间相对独立发展的界限，是计算机、通信和电视领域的一次革命。多媒体通信技术在计算机的控制下，对多媒体信息进行采集、处理、表示、存储和传输。多媒体通信系统的出现大大缩短了计算机、通信和电视之间的距离，将计算机的交互性、通信的分布性和电视的真实性完美地结合在一起，向人们提供全新的信息服务。多媒体通信主要应用场景如下。

1）视频通话

视频通话，又称视频电话，分为通过互联网协议（Internet Protocol，IP）线路和通过普通电话线路两种方式。视频通话通常指基于互联网和移动互联网端,通过手机之间实时传送人的语音和图像的一种通信方式。

日常中常用的视频通话软件有苹果公司的 FaceTime 和带有视频通话功能的微信。国内应用比较广泛的是微信。根据 2021 年腾讯公司发布的最新数据显示,微信月活跃用户超 12.4 亿,已达全国人口的 88%。2012 年 7 月,微信 4.2 版本首次加入视频通话功能,并成为当今时代人们的一种生活方式。

2) 远程教学

在全球新型冠状病毒大流行大背景下,居家上课、远程教学成为一股新的潮流。学生和教师通过登录在线会议软件完成线上教学任务,降低了在疫情严重期间返校复课带来的病毒感染风险。新冠肺炎疫情期间,远程教学、在线教育等需求量激增,并推动在线教育行业爆发式增长。2021 年 2 月 3 日,中国互联网络信息中心发布的第 47 次《中国互联网络发展状况统计报告》显示,截至 2020 年 12 月,我国在线教育用户规模达 2.43 亿,占网民整体的 34.6%。

3) 远程医疗

2020 年 9 月 9 日,借助 5G 和全息投影技术,身在海南的中国人民解放军总医院(301 医院)功能神经外科主任医师凌至培"瞬移"到江苏泰州,穿越 2500 千米为患者出诊。此前的一场远程手术早已让凌至培名声大噪。2019 年 3 月 16 日,凌至培主导完成了世界首例 5G 远程手术,在三亚对北京的患者进行"脑起搏器"植入。2019 年 6 月 27 日,北京积水潭医院院长田伟顺利完成了全球首例骨科手术机器人多中心远程手术。

远程医疗的发展,拉近了病人与医生之间的距离,使医生在无须患者亲临的情况下,对患者的病情做出及时的诊断,节省了患者的就诊时间。通过远程医疗,患者在极短的时间内便可获得医生的诊断意见,有利于接诊医院和患者把握最佳诊治时机。

随着科技的发展和通信工具的进步,业界认为,远程医疗将逐渐取代传统的、患者必须亲临的就诊方式,使患者在足不出户的情况下,即可得到专业的诊断和治疗。

2.5.3 遥感影像

遥感与现场观测不同,是在不与物体发生实际接触的情况下获取关于物体或现象的信息。这个术语特别适用于获取有关地球和其他行星的信息。遥感应用于许多领域,包括地理学、土地测量和大多数地球科学学科(例如水文学、生态学、气象学、海洋学、冰川学、地质学);它还有军事、情报、商业、经济、规划和人道主义等应用。

在目前的用法中,"遥感"一词一般是指使用卫星或基于飞机的传感器技术来探测地球上的物体并对其进行分类。遥感可分为"主动"遥感(当卫星或飞机向物体发射信号并由传感器检测到其反射时)和"被动"("无源")遥感(当传感器检测到太阳光的反射时),如图 2-30 所示。

无源传感器收集由物体或周围区域发射或反射的辐射。反射的阳光是无源传感器测量最常见的辐射源。无源遥感器的例子包括胶片摄影、红外线、电荷耦合器件和辐射计。另一方面,它主动收集发射能量以扫描物体和区域,然后传感器检测和测量从目标反射或反向散射的辐射。雷达和激光雷达是主动遥感的例子,它们被用来测量发射和返回之间的时间延迟,确定物体的位置、速度和方向。

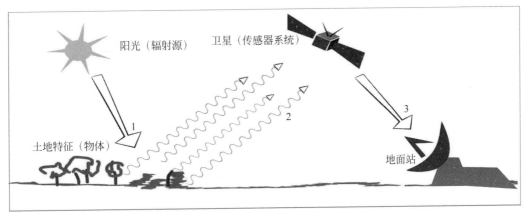

(a) 使用无源传感器系统进行遥感

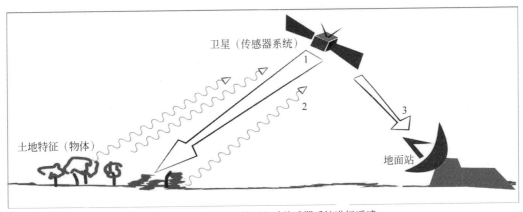

(b) 使用主动传感器系统进行遥感

图 2-30 无源遥感和主动遥感

　　遥感使收集危险或无法进入区域的数据成为可能。遥感应用包括监测亚马逊河流域森林砍伐,北极和南极地区的冰川,测深沿海和海洋深处,冷战期间危险边境地区的数据收集。遥感还取代了昂贵且缓慢的地面数据收集,确保在此过程中区域或物体不受干扰。

　　轨道平台从电磁波谱的不同部分收集和传输数据,结合更大规模的空中或地面传感和分析,为研究人员提供足够的信息来监测厄尔尼诺现象和其他自然长期和短期现象等趋势。其他用途包括地球科学的不同领域,如自然资源管理,土地使用和保护,石油泄漏检测和监测以及国家安全和边境地区的高空、地面和离地信息采集。

　　用计算机处理的遥感图像必须是数字图像。以摄影方式获取的模拟图像必须用图像扫描仪等进行模/数(Analog/Digital,A/D)转换;以扫描方式获取的数字数据必须转存到一般数字计算机都可以读出的通用载体上。计算机图像处理要在图像处理系统中进行。图像处理系统由硬件(计算机、显示器、数字化仪、磁带机等)和软件(具有数据输入、输出、校正、变换、分类等功能)构成。图像处理内容主要包括校正、变换和分类。

2.5.4　安防监控

　　随着经济的发展和人们生活水平的提高,视频监控在生活中的应用范围越来越广,人们对新形势下视频处理技术的应用和发展问题尤为关注。

数字视频和数字图像比传统的图像和视频分辨率更高,处理更方便,更加易于操作和整理。但由于部分设备性能不足、客观条件限制等因素,在实际的视频监控应用中,仍会出现视频图像模糊不清、关键信息捕捉不到等问题。而在视频图像处理的过程中,由于操作技术问题或者客观因素等,给视频图像处理技术的应用带来一些负面影响,降低了处理技术的水平和质量。随着人们对监控图像质量的要求越来越高,提升监控图像的实用价值已经成为社会向整个安防监控行业提出的新要求。在这样的形势下,催生出了数字视频在安防监控领域的四大技术。

视频图像处理过程会涉及对视频图像数据的采集、传输、处理、显示和回放等过程,这些过程共同形成了一个系统的整体周期,可以连续性地运作。在视频图像处理技术范围内最主要的就是图像的压缩技术和视频图像的处理技术等。目前,市场上主流的视频图像处理技术包括智能分析处理、视频透雾增透、宽动态处理、超分辨率处理等,下面分别介绍以上 4 种处理技术。

1) 智能视频分析处理技术

智能视频分析处理技术是解决视频监控领域大数据筛选、检索技术问题的重要手段。目前国内智能视频分析处理技术可以分为两大类:一类是通过前景提取等方法对画面中的物体移动进行检测,通过设定规则来区分不同的行为,如拌线、物品遗留、周界等;另一类是利用模式识别技术对画面中所需要监控的物体进行针对性的建模,从而达到对视频中的特定物体进行检测及相关应用,如车辆检测、人流统计、人脸检测等。

2) 视频透雾增透技术

视频透雾增透技术一般指将因雾和水气灰尘等导致朦胧不清的图像变得清晰,强调图像中某些感兴趣的特征,抑制不感兴趣的特征,使得图像的质量改善,信息量更加丰富。由于雾霾天气以及雨雪、强光、暗光等恶劣条件会导致视频监控图像出现图像对比度差、分辨率低、图像模糊、特征无法辨识等问题,增透处理后的图像可为图像的下一步应用提供良好的条件。

3) 数字图像宽动态范围的算法

数字图像处理中的宽动态范围是一个基本特征,在图像和视觉恢复中占据了重要的位置,关系着最终图像的成像质量。其动态范围主要是由保护信号量和平均噪声比值决定的,其中动态范围可以从光能的角度进行定义。

数字的信号处理会受到曝光量中曝光效果、光照度和强度的影响和作用。动态范围与图案的深度息息相关,如果图像动态范围宽,则在图像处理时亮度变化较为明显,但如果动态范围较窄,在亮度转化时,亮暗程度的变化并不明显。目前图像的宽动态范围在视频监控、医疗影像等领域应用较为广泛。

4) 超分辨率重建技术

提高图像分辨率最直接的办法就是提高采集设备的传感器密度。然而高密度的图像传感器价格相对昂贵,在一般应用中难以承受;另一方面,由于成像系统受其传感器阵列密度的限制,目前已接近极限。

解决这一问题的有效途径是采用基于信号处理的软件方法对图像的空间分辨率进行提高,即超分辨率(Super-Resolution,SR)图像重建,其核心思想是用时间带宽(获取同一场景的多帧图像序列)换取空间分辨率,实现时间分辨率向空间分辨率的转换,使得重建图像的视觉效果超过任何一帧低分辨率图像。

本 章 小 结

  数字图像和视频技术已经成为数字时代最基础的技术之一。本章首先介绍数字图像的相关基础知识,并对常见的数字图像处理关键技术进行讲解,如图像增强、图像去噪、图像变换等;接着,介绍数字视频的基本知识以及主要的视频编码标准,并总结数字视频的关键技术;最后,对常见的数字图像和视频技术的应用进行总结和介绍,如文字识别、多媒体通信、遥感影像和安防监控等。

本 章 习 题

1. 什么是数字图像?
2. 简述图像增强的目的和图像增强的主要方法。
3. 简述常见的颜色模型。
4. 数字图像处理中常见的噪声有哪几类?
5. 数字图像去噪有哪些常见的方法?
6. 简述 OCR 的主要原理。
7. 简述多媒体通信常见的应用场景。
8. 调研并总结遥感影像技术的主要应用领域。
9. 简述安防监控中使用的主要图像视频技术。
10. 视频的主要标准有哪些?
11. 简述图像及视频技术的应用。
12. 简述数字视频处理的关键技术。

第3章 计算机视觉技术及应用

视觉是一个生理学词汇。光作用于视觉器官,使其感受细胞兴奋,其信息经视觉神经系统加工后便产生视觉。通过视觉,人和动物感知外界物体的大小、明暗、颜色、动静,获得对机体生存具有重要意义的各种信息,至少有80％的外界信息经视觉获得,因此视觉是人和动物最重要的感觉。计算机视觉是一个跨学科的科学领域,它主要研究计算机如何从数字图像或视频中获得高水平的理解。从工程学的角度来看,它试图理解和自动化人类视觉系统可以完成的任务。计算机视觉任务包括获取、处理、分析和理解数字图像的方法以及从现实世界中提取数据以产生数字或符号信息。这种图像理解可以看作借助几何、物理、统计学和学习理论构建的模型将符号信息从图像数据中分离出来。

3.1 计算机视觉的定义与发展

3.1.1 计算机视觉的定义

顾名思义,计算机视觉是用计算机来看世界的科学。使用摄像机和计算机来代替人眼和人脑来观察分析图像和视频,对其中的目标进行识别、跟踪、测量。计算机视觉通过将图像与其中的多维数据建立起联系从而获取更多的信息。计算机视觉是一门综合性的工程学科,它包含了计算机科学、信号处理、物理学、应用数学、统计学、生物学、认知科学等多种学科。

随着智能时代的到来,计算机以及智能化产品将越来越深入地渗透到我们的生活中。计算机的功能日益强大,同时所需要的技术也更加复杂了。为了解决计算机使用起来复杂而死板的规则,使计算机能够更加便捷地被使用,需要让它来适应我们的习惯和需求,而不是我们用死记硬背的方式来使用它。计算机视觉最终的目标是让计算机像人类的大脑一样通过视觉观察和理解世界,并主动地适应环境,当然要想实现这个远大的目标还需付出巨大的努力。

3.1.2 计算机视觉的发展

计算机视觉经历了漫长的发展。从20世纪中期开始,计算机视觉经历了从二维图像到三维图像再到视频的不断探知,算法也从简单的神经网络发展到深度学习。

20世纪50年代,神经生物学家David Hubel和Torsten Wiesel在对猫的视觉实验中发现了视功能柱结构,移动边缘对视觉的初级皮层神经元有敏感刺激。对视觉神经的研究为计算机视觉奠定了基础。在同一阶段,Russell和他的同学研制了第一台数字图像扫描仪,这个仪器可以将图片转化为灰度值,从此数字图像处理迎来了开端。

20世纪60年代,Lawrence Roberts的《三维固体的机器感知》开创了以理解三维场景为目的的计算机视觉,其中对积木的边缘、角点、线条、平面等分析给人们带来了极大的启发。1966 年,麻省理工学院人工智能实验室启动了夏季视觉项目,设计一个可将前景和背景自动分割并实现非重叠物体提取的平台,虽然没能成功地实现这个平台,但也标志着计算机视觉正式作为一个科学领域。1969 年,贝尔实验室研发出用于光子转化的电脉冲电荷耦合器件,能够应用于高质量的数字图像采集任务中。计算机视觉于这个阶段正式投入了市场应用。

20 世纪 70 年代,麻省理工学院人工智能实验室正式开设计算机视觉课程,并提出了计算机视觉理论,此理论和积木世界的分析方式有较大的不同,成为了计算机视觉下一阶段发展的重要理论框架。

20 世纪 80 年代,计算机视觉从理论走向了应用。1980 年,日本科学家 Kunihiko Fukushima 提出了一个名为 Neocognitron 的人工卷积网络。这个网络是第一个神经网络,它是卷积神经网络(Convolutional Neural Network,CNN)中卷积层和池化层的灵感来源。1982 年,David Marr 所著《视觉》一书的问世,标志着计算机视觉成为一门独立学科。同年,日本 COGEX 公司生产了世界第一套工业光学字符识别系统 Dataman。1989 年,法国的 Yann LeCun 在 Neocognitron 的基础上应用了一种后向传播风格,并在几年后发布了 LeNet-5 网络。卷积神经网络已经成为图像识别中的重要组成部分。

20 世纪 90 年代,人们开始致力于研究特征识别。1997 年,伯克利教授 Jitendra Malik 发表一篇论文,试图使用机器对图像进行自动分割。1999 年,David Lowe 发表了《基于局部尺度不变特征的物体识别》一文。同年,Nvidia 公司提出了图形处理单元(Graphic Processing Unit,GPU)的概念,用于为执行复杂的属性计算而设计的数据处理芯片,GPU 的到来为多种行业的发展提供了动力。

21 世纪初,计算机视觉的发展走向了高潮。2001 年,Paul Viola 和 Michael Jones 研发了第一个可以实时工作的人脸检测框架。2005 年,方向梯度直方图的方法被提出并应用于行人检测,是计算机视觉、模式识别很常用的一种特征检测方法。2006 年,空间金字塔算法提出并用于进行图像匹配、识别和分类。同年,PASCAL VOC 提供了开源的数据库以及对数据进行注释的工具,并举办了年度竞赛,使得更多的研究人员加入图像识别的研究中来。同年,Geoffrey Hilton 提出了深度置信网络,并为多层神经网络赋予了深度学习这个新名字。2009 年,可变形零件模型(Deformable Parts Model,DPM)算法诞生,它是在深度学习大范围发展以前最好的目标识别算法,此算法在行人检测任务中达到了十分优异的效果,研究出这个算法的 Felzenszwalb 教授也被 VOC 授予终身成就奖。

21 世纪 10 年代,深度学习在计算机视觉中被广泛使用。2009 年,李飞飞教授发布了一篇名为 *ImageNet：A Large-Scale Hierarchical Image Database* 的论文,并发布了 ImageNet 数据集,此数据集从 2010 年到 2017 年共参与了 7 届 ImageNet 挑战赛。它改变了人们对数据集的认识,发现了数据集和算法一样重要,推动了计算机视觉和深度学习的发展。2012 年,Alex Krizhevsky 创造了 AlexNet,它是第一个在 ImageNet 数据集上表现极为出色的算法,它使机器识别的错误率从 25% 下降到 16%,真正地展示了 CNN 的优点。2014 年对抗网络诞生,是计算机视觉领域的一大突破。2016 年 Facebook 的 DeepFace 人脸识别算法达到了 97.35% 的准确率,几乎与人眼不分上下。2017 年,特征金字塔网络提出,可以从图像中提取出更加深层的语义信息。随着计算机视觉和深度学习的紧密结合以及计算机算力的不断发展,各种视觉任务达到了更好的完成结果。计算机视觉更多地进入了人们的实际生活应用中。

3.1.3 计算机视觉相关学科

有许多学科都与计算机视觉的知识十分相似,像数字图像处理、模式识别、图像理解等。它们之间联系紧密,计算机视觉是在图像处理和模式识别等相关学科的基础上发展来的,它的最终目标是实现图像理解。

1) 图像处理

图像处理技术是指将图像用计算机进行分析,转化为另一幅包含更多特征的图像。常用的图像处理技术包括图像压缩、增强复原、匹配和识别等。图像处理后的结果可以作为下一步图像结果的分析,也可以作为处理的最终结果,计算机视觉中常用图像处理作为特征提取的手段。

2) 模式识别

模式识别是指用计算机根据不同图像中特征的不同,将图像划分为不同的类别。模式识别也可以称为模式分类,可以分为有监督的分类和无监督的分类,模式还可以分为抽象和具体两种形式。模式识别主要研究生物如何感知物体以及如何在给定的任务下用计算机实现模式识别这两个方面。模式识别与统计学、心理学、语言学、计算机科学等多种学科都有联系,与图像处理、计算机视觉等研究有交叉关系。

3) 图像理解

图像理解指的是给计算机一张图像,计算机不但能描述图像本身,还可以对图像内的物体做出解释,研究图像中有哪些目标,目标之间有什么样的关联,图像所处的场景是怎样的。图像理解以计算机视觉为载体来模拟人类视觉,是计算机视觉的最终目的。

计算机视觉所涉及的学科众多,上述的几种学科以及很多其他的学科都有着密切的关系,因此计算机视觉是一个极为复杂、研究领域极广的学科。

3.2 深度学习与计算机视觉

3.2.1 深度学习

深度学习是机器学习中的一个领域,它是通过对数据集或样本库进行深层次的理解与学习,对图像、视频、文字、声音等多个数据进行研究。深度学习在搜索技术、机器翻译、计算机视觉、自然语言处理、个性化推荐等多个领域都发挥了极大的作用。

深度学习从研究内容来看可以分为三类,分别是基于卷积计算的神经网络系统(常称为卷积神经网络)、基于多层神经元的自编码神经网络和深度置信网络。随着对深度学习研究的深入,科研人员逐渐将不同的方法和不同的训练步骤相结合,以达到更加优秀的训练结果。与传统的方法相比较,深度学习中设置了更多的参数模型,因此参与训练的数据量更大,模型的训练难度更大,但训练达到的效果会更好。

深度学习有以下几个优点。

(1) 学习能力强。

(2) 覆盖范围广,有较强的适应性,可以解决复杂问题。

（3）数据量越大，表现效果越好。

（4）多平台多框架兼容。

深度学习也存在以下缺点。

（1）由于所需算力和数据规模过大，难以在移动设备上使用。

（2）对硬件的要求高。

（3）使用困难，模型设计复杂。

（4）过于依赖数据，可解释性不高，当数据种类不平均时会产生较大误差。

深度学习的本质是人工神经网络，深度神经网络指的是具有一层及一层以上的隐含层的神经网络，通常用于对复杂的非线性系统进行建模，其中常用的几种网络结构如下。

1）CNN

CNN是为了完成生物视知觉仿造任务而构造的，是一种包含卷积计算且具备深度结果的前馈神经网络，可以用监督学习和非监督学习进行训练。CNN可以对数据进行平移不变的分类，因此也称为平移不变人工神经网络。CNN的网络架构如图3-1所示。

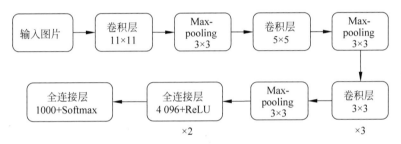

图 3-1　CNN 网络架构

2）深度信念网络

深度信念网络（Deep Belief Network，DBN）是一种包含多层隐藏层的概率生成模型，与传统的神经网络判别模型相对比，生成模型对数据和标签进行联合对比观察。DBN由多个限制玻尔兹曼机层构成，采用无监督逐层训练的方式进行训练，可以对训练的数据进行深层次的表达。DBN网络架构如图3-2所示。

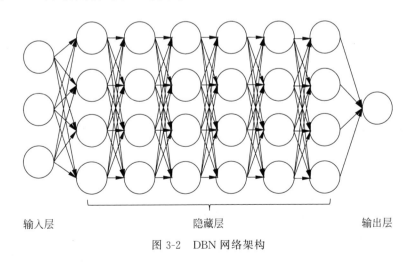

图 3-2　DBN 网络架构

3) 循环神经网络

循环神经网络(Recurrent Neural Network,RNN)是以序列数据为输入并在序列的方向上进行递归的递归式神经网络,网络内的循环单元按链式相连接。RNN 由于其记忆性的特点,在对序列数据进行学习时有一定的优势,常被应用在各种时间序列预测中。CNN 和 RNN 相结合的神经网络可以用来处理输入为序列的计算机视觉问题。RNN 网络架构如图 3-3 所示。

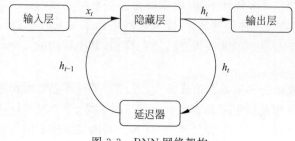

图 3-3   RNN 网络架构

4) 监督学习

监督学习是指参与训练的数据都带标签,且训练的误差是从上向下传输的训练过程。监督学习的第一步是对输入数据进行学习,得到各层的参数并进一步对多层模型的参数进行优化调整。监督学习第一步得到的初始值接近全局最优,因此取得的效果更好。

5) 无监督学习

无监督学习是指参与训练的数据不带标签,从底层开始一层一层向上的训练过程。由于人工给数据进行分类打标签的任务成本过高,因此需要计算机来帮助实现这一目标。首先用没有标签的数据训练第一层并学习到数据本身的结构,得到比输入的数据更加有表现能力的输出,并输入下一层中。学习到 $n-1$ 层时,将输出作为 n 层的输入,从而做到自下而上地训练,并得到各层的参数。

3.2.2　深度学习在计算机视觉中的应用

传统的视觉算法通常包含 5 个步骤,分别为特征感知、图像预处理、特征提取、特征筛选和推理预测与识别,并且传统的特征提取主要依靠人工完成,对于简单的任务来说效果好,但对于规模较大的数据集难以实现。

深度学习在处理信息量较为丰富的任务上有很好的表现,非常适合计算机视觉任务,大规模的数据集和深度学习网络的强大能力为计算机视觉提供了广阔的发展空间。随着深度学习的加入,计算机视觉从最初的图像变换、图像编码压缩、图像增强与复原、图像分割、图像描述等逐渐扩散到更加复杂的领域,生活中最为常见的图像分类、识别应用有人脸识别、指纹识别、车牌识别等。

1) 局部卷积神经网络

局部卷积神经网络(Region-CNN,R-CNN),是第一个将深度学习运用到目标检测上的算法,R-CNN 的目标检测准确度与其之前的算法相比较有了大幅度的提升,原作者在 PASCAL VOC 2012 数据集上进行测试,平均准确率(Mean Average Precision,MAP)为 53.7%,相较于 DPM 算法的 35.1% 提升了 18.6%。R-CNN 带来的成功让大家看到了

CNN 在计算机视觉领域上的无限潜能,越来越多的研究人员将 CNN 运用到目标检测的模型中去。

传统的目标检测一般先在图片上圈出所有可能是目标物体的区域框,然后对这些区域框进行特征提取并使用图像识别的方法分类,分类后的区域用非极大值抑制的方法进行输出。R-CNN 保存着传统的目标检测的思路,保留使用区域框进行特征提取、图像分类、非极大值抑制的方法,区别在于将传统的特征提取方法换成了深度卷积网络特征提取的方法。

R-CNN 的具体步骤如图 3-4 所示,可以分为以下几个步骤。

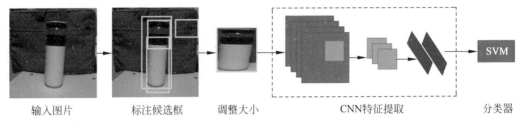

输入图片　　　标注候选框　　　调整大小　　　　CNN特征提取　　　　分类器

图 3-4　R-CNN 具体步骤

① 对输入的一张图片采用选择性搜索(Selective Search,SS)算法提取 2000 个类别独立的区域框。

② 将每个区域框调整为固定的大小,用 CNN 提取特征向量。

③ 对每个区域框进行支持向量机(Support Vector Machine,SVM)目标分类。

④ 训练一个边界框回归模型,对框的准确位置进行修正。

2) 常见数据集

数据集是深度学习中不可缺少的部分,深度学习的学习都是基于数据集内大量数据所携带的信息,训练用的数据集量越大,得到的训练结果可能会越好。计算机视觉所需要的数据集比较庞大,且个人收集起来十分复杂,因此网络上有许多公开的数据集可供研究人员学习使用。

下面列举几个常用的开源数据集。

① ImageNet:该数据库根据 WorldNet 层次结构进行组织,WorldNet 中有超过 100 000 个同义词集,其中 ImageNet 为每个同义词集提供 1000 个左右的图像进行说明。

② MS COCO:数据集包含 91 个对象类型的照片,照片中的目标清晰、易于识别,在 3 283 000 个图像中共有 2 500 000 个带标签的实例。

③ Cityscapes:用于做城市街景理解的数据集,数据集分为测试集和验证集,测试集无标注,包含 50 个城市的不同场景、不同背景、不同时间段的街景图片,其中 5000 个为精细标注,20 000 个为粗略标注。

④ KITTI:自动驾驶领域使用最广泛的数据集之一,可用于评测立体图像、光流、视觉测距、三维物体检测等任务,数据采集平台包括 2 个灰度摄像机、2 个彩色摄像机、一个 Velodyne 3D 激光雷达、4 个光学镜头以及 1 个 GPS 导航系统。一共细分为道路、城市、住宅、校园和人 5 类数据;包含市区、乡村高速公路的数据,每张图像最多 15 辆车及 30 个行人,而且还包含不同程度的遮挡。整个数据集由 389 对立体图像和光流图、39.2 千米视觉测距序列以及超过 200 000 个 3D 标注物体的图像组成。

3.3 计算机视觉关键技术

3.3.1 特征检测

在计算机视觉技术中,特征检测是十分基础而重要的技术。计算机视觉中的多种任务,如目标识别、图像分类、图像分割、立体视觉、三维重建等工作都是以特征检测为基础的,通过对特征的检测与提取从而完成后续任务。特征检测中的特征包括特征点、轮廓、边缘等,有明显的可以识别的与周围环境差异较大位置都是特征。

生活中随手拍摄的照片都可以用于特征检测,图 3-5(a)是一张手机拍摄的风景图片,图 3-5(b)是从图 3-5(a)中截取出的校徽部分并进行了放大。用眼睛可以轻易地分辨识别出图 3-5(b)是图 3-5(a)的哪一部分,而计算机视觉技术则是通过检测两张图像中的特征点,判断相同的特征点来进行匹配。特征点也可以称为兴趣点、角点,是图像的重要因素之一,指的是图像中关键、显而易见的点,如图像中某个部分的边角点、特殊形状物体的边缘端点等。经过特征检测后,图 3-5(a)中图像的特征点用圆圈圈出来,如图 3-6 所示,图片中的字、建筑物的边角点、树枝的末端、校徽内不同颜色的交界点等都是特征点。

(a)原始图片　　　　　　　　　　　　　(b)截取部分图片

图 3-5　截取部分图片用于特征检测示意图

图 3-6　特征点检测

特殊点可以用来寻找不同图像中特殊点相同的对应部分,下面通过特殊点的识别与匹配将图 3-5 中的两张图片匹配起来,如图 3-7 所示,可以看出两张图片中相同的特殊点用直线相连接,通过检测两张图像的特殊点,并对特殊点进行比对,相同特征的点即可对应连接

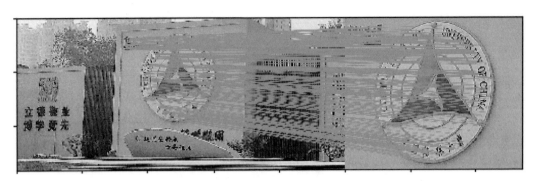

图 3-7　特征点匹配

匹配起来。

用于进行特殊点检测的算子称为特征描述算子,常用的特征描述算子有尺度不变特征检测、Harris 特征点检测、偏差和增益规范化检测等,下面重点介绍尺度不变特征检测。

尺度不变特征变换(Scale-Invariant Feature Transform,SIFT)是一种经典的局部特征描述算子,最初是由 David Lowe 于 1999 年发表的。

SIFT 的原理是将图像高斯模糊后,图像中不同区域点的变化不同,变化较小的点一般为平滑区域,变化较大的点则为特征点。将检测到的关键特征点作为中心,选择 16×16 的窗口,将这个区域平均分为多个 4×4 的子区域,每个 4×4 子区域分成 8 个区间,即可得到 $4 \times 4 \times 8 = 128$ 维度的特征向量。SIFT 算法主要可以分为 4 个步骤。

1) 尺度空间极值检测

尺度空间是在进行图像处理的模型内引入一个尺度的参数来使其拥有尺度不变性的特征,通过对空间内的各个尺度的图像进行处理,模拟人眼距离看到目标的远近差异的过程,对图像进行逐渐增长的模糊处理,图像的模糊程度与尺度成正比。用图像和高斯函数进行卷积得到图像的高斯尺度,如式(3-1)所示。

$$L(x,y,\sigma) = G(x,y,\sigma) * I(x,y) \tag{3-1}$$

$$G(x,y,\sigma) = \frac{1}{2\pi\sigma^2} e^{\frac{x^2+y^2}{2\sigma^2}} \tag{3-2}$$

其中 $L(x,y,\sigma)$ 是高斯尺度,σ 是尺度空间因子。

上文描述了尺度空间的定义,接下来通过高斯金字塔的方式来实现尺度空间的搭建。高斯金字塔是通过将图像逐层高斯滤波并进行降阶采样,得到的图像进行由大到小排列构成金字塔状,金字塔模型的最底下一层为原始的图像。首先对原始图像进行不同参数的高斯滤波,得到多张模糊程度不同的图像,然后进行降阶采样后得到上一层的图像,得到的图像作为再上一层的原始图像,重复进行操作直到满足层数需求。金字塔每层的图像进行多参数高斯模糊,因此塔每层都包含多张图像,每层的多张图像组合称为 Octave,这些图像的大小一致但模糊程度不同。

在 SIFT 特征点检测中选择了差分高斯金字塔代替高斯金字塔,可以有效地提高检测的效率。如图 3-8 所示为尺度空间极值检测中的工作流程。

在尺度空间内寻找极值点,每个监测点需要与以其为中心的周围 3×3 范围内的 8 像素

53

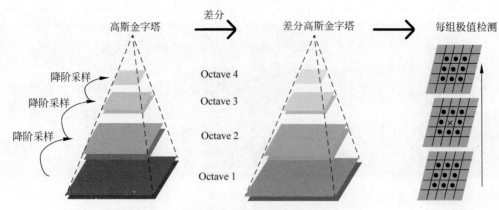

图 3-8　尺度空间极值检测

以及上下两层 3×3 区域内的 9×2 像素(共 26 像素)相比较,当它大于或小于相邻的像素时,则为极值点。

2) 精确特征点的位置

由于数字图像都为离散采样的图像,而实际的图像是连续的,并且还需要考虑在边缘位置的极值点,因此在上一步骤中检测出的极值点有可能出现偏差。因此要对差分高斯空间进行拟合处理,来精确特征点的位置。

通过设置阈值来判断极值点是否在边缘上,$\mathbf{H}(x,y)$ 为差分高斯金字塔中对 x 和 y 的二阶导数。

$$\mathbf{H}(x,y) = \begin{bmatrix} D_{xx} & D_{xy} \\ D_{xy} & D_{yy} \end{bmatrix} \tag{3-3}$$

$\mathrm{Tr}(\mathbf{H})$ 为矩阵 $\mathbf{H}$ 的迹,$\mathrm{Det}(\mathbf{H})$ 是行列式。

$$\mathrm{Tr}(\mathbf{H}) = D_{xx} + D_{yy} = \alpha + \beta \tag{3-4}$$

$$\mathrm{Det}(\mathbf{H}) = D_{xx}D_{yy} - (D_{xy})^2 = \alpha\beta \tag{3-5}$$

若极值点不满足下式,则舍去该点。

$$\frac{\mathrm{Tr}(\mathbf{H})^2}{\mathrm{Det}(\mathbf{H})} < \frac{(r+1)^2}{r} \tag{3-6}$$

3) 确定特征点的方向

通过对图像的每个关键点赋予一个方向,可以使得这个特征检测算子具有旋转不变性,也就是当目标发生方向的变化时,只要其他的特征都相对应,也可以识别出。

极值点的方向通过其周围的像素的梯度来确定,梯度的公式如下:

$$\mathrm{grad}(I(x,y)) = \left(\frac{\partial I}{\partial x}, \frac{\partial I}{\partial y}\right) \tag{3-7}$$

梯度的幅值为

$$m(x,y) = \sqrt{(L(x+1,y) - L(x-1,y))^2 + (L(x,y+1) - L(x,y-1))^2} \tag{3-8}$$

梯度的方向为

$$\theta(x,y) = \arctan\left(\frac{L(x,y+1) - L(x,y-1)}{L(x+1,y) - L(x-1,y)}\right) \tag{3-9}$$

用直方图来对特征点的方向进行统计,将 0 度到 360 度分为 36 个部分,每个部分表示 10 度,只要大于最大峰值 80％则认为是该特征点的辅助方向。

4）特征点的描述

经过上述步骤产生的特征点都是基于图片的点坐标的,如果想根据特征点与其他的图像进行对比,需要将特征点单独提取出来。通过对特征点周围进行分块,并计算梯度直方图,生成具有唯一性的方向向量来代表这部分的图像,从而产生 SIFT 特征向量。

3.3.2 图像分割

图像分割,顾名思义即为将想要识别的目标从图像中分割出来。图像分割是计算机视觉中十分重要的任务,它在实际生活中有广泛的应用,并发挥着核心的作用,例如,在行人检测、视频监控、自动驾驶、医学图像分析等方面,图像分割都扮演着不可或缺的角色。图 3-9 为图像分割的例子。

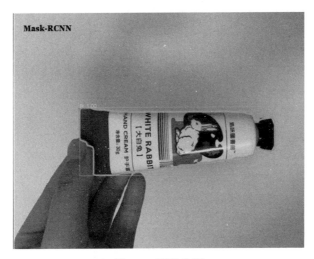

图 3-9　图像分割

图像分割可以分为两大类,一个是语义分割,另一个是实例分割。

1）语义分割

语义分割指的是将图像中的待识别目标分割出来,并对分割的目标进行分类。图像中一般都会同时存在多种物体,语义分割根据像素级别将图片分为多个部分,分割出不同类别的目标。

2）实例分割

实例分割指的是将图像中的待识别目标分割出来,对分割的目标分类后,还需要对分类后的目标进行区分,将每个不同的实例单独分割。相较于语义分割,实例分割将每一个目标作为一个待分割的实例。

实例分割并不是一个独立的任务,它是通过语义分割发展演变而来的。从最初的简单的算法开始,图像分割算法经过了多年的改变与进化,达到了越来越好的分割效果。图像分割部分算法发展历史如图 3-10 所示。

图像分割算法可以按照分割方式的不同分为以下 5 种。

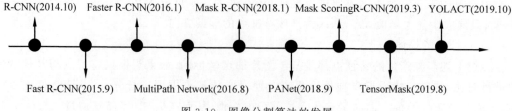

图 3-10　图像分割算法的发展

① 阈值分割方法。选取一个合适的像素值作为边界,将图像处理成对比度较高的、分割部分容易识别的方法。

② 区域增长细分方法。通过将属性相似的像素组合在一起形成一个区域,在区域内找到一个种子像素,将周围的属性与种子像素相似的像素合并到区域中。将这些新合并进来的像素作为新的种子像素继续合并,可以得到没有满足属性相似要求的像素。

③ 边缘检测分割方法。该方法主要通过图像的灰度值不同以及边缘的突出进行分割。

④ 基于聚类分割方法。通过将类的划分以物体间的相似性作为标准,使相似的类别尽可能相似,不相似的类别区别尽可能大。

⑤ 基于 CNN 的弱监督学习分割方法。对图像内待识别对象区域用部分像素进行标记。基于 CNN 的分割算法是图像分割任务中的研究热点,图 3-10 展示了基于 CNN 的图像分割的重要算法自 2014 年到 2019 年的发展。

3.3.3　R-CNN 系列算法

上文中已经介绍过 R-CNN 算法的细节,接下来介绍基于 R-CNN 的几种算法的演进。

Fast R-CNN 在 R-CNN 的基础上进行了一些变动,即在 R-CNN 的最后一个卷积层后添加感兴趣区域(Regions of Interest,ROI)的池化层。与 R-CNN 先提取特征值,然后 CNN 提取特征放入 SVM 分类器,之后做 bbox 回归的步骤不同,Fast R-CNN 将 bbox 回归与区域在神经网络内部合并成为多重任务模型,并使用 Softmax 代替了 SVM 分类器。Fast R-CNN 的改进有效地解决了 R-CNN 严重的速度问题,并且为 Faster R-CNN 做了铺垫。

Faster R-CNN 在 Fast R-CNN 的基础上使用了区域生成网络(Region Proposal Network,RPN)来生成候选框,让 RPN 和 Fast R-CNN 共享 CNN 特征,成为一个端到端的 CNN 对象检测模型。

Mask R-CNN 算法在 Faster R-CNN 的基础上创新了 ROI 对齐操作,引用全卷积网络(Fully Convolutional Network,FCN)生成 Mask,并且添加了用于语义分割的 Mask 损失函数,改变了算法损失函数的计算方法。

Mask Scoring R-CNN 解决了 Mask R-CNN 的一个重要的问题。Mask R-CNN 中使用了边框的分类置信度作为 Mask 的分数,但通过边框的分类置信度作为 Mask 准确率是不准确的,会导致预测结果相差较大。因此 Mask Scoring R-CNN 创新出了一种新方法,添加 MaskIoU Head 模块,将 Mask Head 操作后得到的预测分数与 ROI 特征输入卷积层和全连接层,从而得到模型的分数。

表 3-1 所示为这几种算法的对比。

表 3-1　几种基于 R-CNN 的算法对比

算 法 名 称	使 用 方 法	缺　　点	改　　进
R-CNN	① 选择性搜索 SS 提取候选区域（Region Proposal，RP）。 ② CNN 提取特征。 ③ SVM 分类。 ④ bbox 回归	① 训练步骤烦琐。 ② 训练所占空间大。 ③ 训练耗时长	MAP 为 66%
Fast R-CNN	① SS 提取 RP。 ② CNN 提取特征。 ③ Softmax 分类。 ④ 多任务损失函数边框回归	没有实现端到端训练测试	MAP 提升至 70%；测试耗时缩短
Faster R-CNN	① RPN 提取 RP。 ② CNN 提取特征。 ③ Softmax 分类。 ④ 多任务损失边框回归	计算量依旧比较大	测试精度和速度提升；实现端到端目标检测；迅速生成建议框
Mask R-CNN	① RPN 提取 RP。 ② ResNet-FPN 提取特征。 ③ ROI 对齐的方法来取代 ROI 池化。 ④ Mask 分支	边框分类置信度用来作为 Mask 准确率时不够精确	ROI 对齐能将像素对齐，满足了图像语义分割的准确度要求
Mask Scoring R-CNN	① RPN 提取 RP。 ② ResNet-FPN 提取特征。 ③ 加入 MaskIoU 分支		获得更加可靠的 Mask 分数

图像分割评分指标有很多，如下所示。

（1）平均正确率（Average Precision，AP），指的是所有类别的正确率。

$$AP = \int_0^1 p(r)\,dr \qquad (3\text{-}10)$$

（2）像素精度（Pixel Accuracy，PA），指标记正确的像素占全部像素的比例。

$$PA = \frac{\sum\limits_{i=0}^{k} p_{ii}}{\sum\limits_{i=0}^{k} \sum\limits_{j=0}^{k} p_{ij}} \qquad (3\text{-}11)$$

（3）均像素精度（Mean Pixel Accuracy，MPA），指在 PA 的基础上对标记正确像素占全部像素的比例做类平均。

$$MPA = \frac{1}{k+1} \sum\limits_{i=0}^{k} \frac{p_{ii}}{\sum\limits_{j=0}^{k} p_{ij}} \qquad (3\text{-}12)$$

（4）交并比（Intersection over Union，IoU），指计算真实值和预测值两个集合的交集与并集之比。

$$IoU = \frac{\text{Area of Overlap}}{\text{Area of Union}} = \frac{A_{\text{pred}} \bigcap A_{\text{true}}}{A_{\text{pred}} \bigcup A_{\text{true}}} = \sum\limits_{i=0}^{k} \frac{p_{ii}}{\sum\limits_{j=0}^{k} p_{ij} + \sum\limits_{j=0}^{k} p_{ji} - p_{ii}} \qquad (3\text{-}13)$$

（5）均交并比（Mean Intersection over Union，MIoU），指在每一类上计算 IoU 后进行平均。MIoU 是使用最频繁的图像分割精准度度量标准。

$$\text{MIoU} = \frac{1}{k+1} \sum_{i=0}^{k} \frac{p_{ii}}{\sum_{j=0}^{k} p_{ij} + \sum_{j=0}^{k} p_{ji} - p_{ii}} \tag{3-14}$$

（6）频权交并比（Frequency Weighted Intersection over Union，FWIoU），指在 MIoU 的基础上进行升级，根据类别出现的频率设置权重。

$$\text{FWIoU} = \frac{1}{\sum_{i=0}^{k} \sum_{j=0}^{k} p_{ij}} \sum_{i=0}^{k} \frac{p_{ii}}{\sum_{j=0}^{k} p_{ij} + \sum_{j=0}^{k} p_{ji} - p_{ii}} \tag{3-15}$$

3.3.4 立体视觉

立体视觉指的是用两个或多个摄像头来获取深度的视觉信息的技术。

首先介绍双目视觉求解深度。双目视觉求解深度就是根据透视几何图形学的三角化原理，通过左边拍摄的图像上面的任意一个点，在右边拍摄的图像上找到相应的匹配点，即可确定该点的三维坐标。图 3-11 所示为双目视觉求深度的过程。

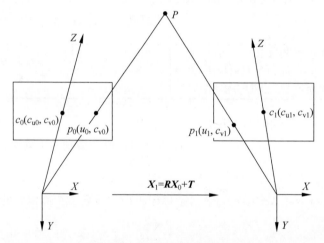

图 3-11　双目视觉求深度过程

在图 3-11 中，P 点为选中的任意一点，P 点在左右两个相机中成像的位置分别为 p_0 和 p_1，两个相机的焦距分别为 f_0 和 f_1，且两个相机的相对位移分别为 $\boldsymbol{R}$ 和 $\boldsymbol{T}$。根据小孔成像原理可知

$$z_0 \begin{bmatrix} u_0 \\ v_0 \\ 1 \end{bmatrix} = \begin{bmatrix} f_{x0} & 0 & c_{u0} \\ 0 & f_{y0} & c_{v0} \\ 0 & 0 & 1 \end{bmatrix} \begin{bmatrix} x_0 \\ y_0 \\ z_0 \end{bmatrix} \tag{3-16}$$

$$z_1 \begin{bmatrix} u_1 \\ v_1 \\ 1 \end{bmatrix} = \begin{bmatrix} f_{x1} & 0 & c_{u1} \\ 0 & f_{y1} & c_{v1} \\ 0 & 0 & 1 \end{bmatrix} \begin{bmatrix} x_1 \\ y_1 \\ z_1 \end{bmatrix} \tag{3-17}$$

由相机的左右相对位置关系 $\boldsymbol{X}_1 = \boldsymbol{R}\boldsymbol{X}_0 + \boldsymbol{T}$ 可得

$$\begin{bmatrix} x_1 \\ y_1 \\ z_1 \end{bmatrix} = \begin{bmatrix} r_{00} & r_{01} & r_{02} \\ r_{10} & r_{11} & r_{12} \\ r_{20} & r_{21} & r_{22} \end{bmatrix} \begin{bmatrix} x_0 \\ y_0 \\ z_0 \end{bmatrix} + \begin{bmatrix} t_0 \\ t_1 \\ t_2 \end{bmatrix} \tag{3-18}$$

因此只要找到左图上一点在右图上的匹配点,即可求出该点在相机坐标系中的坐标。那么接下来解决从右图找左图对应点坐标的问题。

一般来说,从右图中找左图中已知的对应点是一个复杂度较高的二维搜索问题,为了降低算法的复杂度,使用极线约束将此问题转换为一维问题。左图上的点在右图中可能的投影是在某一条线上,将搜索范围由面降低到线。将左右摄像头完美对齐,使它们的焦距等参数完全一致,即可将左右摄像头的极线矫正成行相同的平行线。因此左图中任意一点在右图中只能映射到与其对应的相同行上。

立体视觉的研究主要由以下几方面组成。

(1)图像获取:立体视觉研究中需要从图像中获取许多要素,包括场景领域、时间、成像形态、分辨率、视野、摄像机的相对位置等,且图像的场景复杂度受到遮掩、人工物体、纹理区域、重复结构的区域等因素的影响。

(2)摄像机模型:对立体摄像机组的重要几何和物理特征的表示,提供图像上对应点空间和实际场景空间之间的映射关系,还约束寻找对应点时的搜索空间。

(3)特征抽取:特征抽取的过程即为提取匹配基元的过程。

(4)图像匹配:是立体视觉的核心,建立图像之间的对应关系,从而计算视差。

(5)深度计算:解决匹配问题的复杂化,提高深度计算精度。提高深度计算精度有三种方法:半像素精度估计、加长基线长、几幅图的统计平均。

(6)内插:基于特征匹配算法得到的深度图是稀疏且分布不均匀的,而立体视觉任务中的深度图都需要是稠密的,因此基于相关区域匹配的算法更为合适,但这类算法在灰度均匀的区域匹配不准确,所以需要内插过程来近似连续深度图。

3.4 计算机视觉的实际应用

随着人工智能技术的迅速发展,人们生活越来越智能化,计算机视觉的技术也深入生活中。现如今的生活已经与十年前大相径庭,随处可见的科技化、智能化极大地方便了人们的生活。人工智能已经不知不觉中渗透进生活的每个细枝末节。

人工智能最开始受到大家的广泛关注是在人机围棋大战。2016年3月,谷歌智能围棋机器人阿尔法狗以4比1的成绩战胜人类围棋世界冠军李世石,这一新闻引起了全世界的广泛关注。从此人工智能的浪花被激起,越来越多的科研人员投入这项热门科学的研究中去。计算机视觉作为人工智能的一个重要的、实用性极强的分支,更是受到极大部分研究人员的青睐。

人的生活中离不开眼睛,醒着的每分每秒都需要眼睛工作。生活中的许多工作也都是基于人眼的观察才可以完成。但人眼观察受到的限制比较多,人的记忆力、人的疲劳度都会很大程度地影响工作,并且人力劳动需要消耗费用较大。而计算机视觉正是用计算机代替人眼工作的,并且计算机的算力、速度远远强于人类,且成本较低,因此计算机视觉在生活中的实际应用十分广泛。

例如,停车场内的智能车牌识别系统、上班打卡的虹膜识别和指纹识别系统、手机应用软件中的智能物体识别功能、人脸面部表情识别、人类肢体动作识别、手写字体识别等都是生活中与人们息息相关的技术。下面详细介绍人脸识别、三维重建以及自动驾驶这三个实际应用的计算机视觉技术。

3.4.1 人脸识别

人脸识别是计算机视觉在实际应用中使用范围比较广的一项技术,在许多的场景都能

图3-12 学生进出图书馆进行人脸识别

见到它的身影。图3-12中为学生进出图书馆时,需要进行人脸识别,检测是否为本学校的学生,在很多高校的校门口和宿舍门口也设有同样的人脸识别机器。

随着人脸识别技术的不断提高,已经有越来越多的高级别任务开始使用人脸识别技术。例如,过去进火车站时,只需要出示身份证,检票员粗略地观察持证人与身份证上的照片是否一致,但身份证上的证件照一般为素颜且拍摄年限较长,通过人眼进行识别难免会出错,并且需要的人力成本较大。现在的火车站进站口设有多台人脸识别机器,乘车人刷身份证件同时进行面部比对,比对通过才可以顺利进站,不仅极大地节约了人力,还降低了偷用他人身份证件进站乘车的可能性。

自2020年新冠疫情暴发以来,为了对中国国内的疫情进行良好控制,要求大陆常住人口及入境人员出示健康码绿码才能正常进出公共场合,确保持码人员14天之内没有到达过发生疫情的中、高风险地区。健康码也需要通过身份证或护照与人脸进行核对方可正常显示。

还有支付宝也已经推出了人脸识别支付的方法,说明人脸识别技术的准确度已经十分高,能够确保不会错误地识别。

人脸的特征和虹膜、指纹一样,有着唯一性、不易变性以及不可复制性,因此为人的身份鉴定打下了基础。人脸识别可以分为以下主要步骤。

(1)人脸图像的采集。

人脸识别所需要的图像即为人五官清晰的脸部图像,可以通过视频、动图、图片等多种途径获取。

(2)人脸图像的预处理。

采集得到的包含人脸的图像不能直接用于人脸识别,需要进行预处理操作,需要对图片进行灰度变换、过滤噪声、锐化以及归一化等多种处理。

(3)人脸特征的提取。

人脸特征的提取可以看作对图像进行关键点定位,通过图像中人的五官的位置来判断人脸的位置和大小。人脸识别就是将人脸上有用的特征信息挑出来实现人脸识别,如直方图特征、结构特征等。人脸特征提取的方法可以分为基于知识的表征方法和基于代数特征统计学的表征方法两种。比较常用的即为基于知识的表征方法,它是通过人脸的眼睛、鼻

子、嘴巴等特征点的位置结构计算它们之间距离、角度等关系,通过这些结构关系作为人脸识别的重要特征。

(4)人脸特征的比对与匹配。

将待识别的人脸特征与数据库内的人脸特征进行搜索匹配,当特征的相似度到达一个设定的值时,即认为两者有较大的相似度,从而实现人脸识别任务。

人脸识别任务的实现中有一个部分是必不可少的,那就是数据库。数据库在人脸识别的任务中发挥了十分重要的作用。网络上可以搜集到许多公开的人脸识别数据集供大家进行科研使用,但人脸识别的应用五花八门,许多商用的人脸识别技术的数据库存在很大的安全隐私问题。

用于商用的人脸识别技术需要单独建立数据库,而数据库的建立不可避免地涉及用户的个人信息。因此数据库的安全、信息保密是十分重要的,但许多科技公司的技术和财力难以实现对用户人脸信息的保护,导致了网络上经常会出现人脸信息的售卖。

人脸识别以及其他生物识别技术的商用都给人们的生活带来了许多的便捷,但是生物信息属于不可更改的高敏感个人隐私,这些重要的数据在传输、使用、保存的过程中有极大的安全隐患问题。这些数据在未经本人知晓同意的情况下被过度分析、滥用,都严重地侵犯了个人隐私权,信息一旦泄露还会使个人行踪等更加重要的私密信息泄露。

2020年11月1日,国家标准《信息安全技术 远程人脸识别系统技术要求》正式实施,此标准对我国人脸识别技术体系和应用场景都做出了进一步的详细约束。但对人脸等生物信息的规范管理以及生物特征识别技术的应用范围仍然需要出台更加严格的法律法规来约束,从而达到对用户隐私权和个人人身安全的良好保障。

3.4.2　三维重建

计算机视觉中的三维重建就是通过对图像进行处理,分析图像中隐含的信息来重建图像所处的三维环境。三维重建技术是环境感知的重要技术之一,自动驾驶、虚拟现实技术、增强现实技术、运动目标检测、行为分析等多种计算机视觉的实际应用中都存在着三维重建的身影。三维重建是计算机视觉中重要的部分,目标识别的任务只是计算机视觉中的比较浅层面的技术,人的视觉能够真切地感知到三维的世界,因此计算机视觉最终也会在识别的基础上走向三维的世界。

三维重建一般是通过单一的视图或者多角度的视图来对当前环境进行三维信息还原的过程。多角度的视图所包含的条件信息比较充足,因此三维重建的难度较小,而单一视图的三维重建则比较困难。

三维重建通常采用4种表示方式:深度图、体积元素、点云和网格。

1)深度图

深度图用于表示场景中各点与计算机间的距离,深度图中的每像素表示的是图像中对应的场景与摄像机之间的距离。

2)体积元素

体积元素又称体素,与像素一样,体素是三维空间内分割的最小的单位,用恒定的标量或向量来表示一个立体的区域。

61

3）点云

点云是通过测量仪器得到的图像中物体表面的数据集合。点云可以分为系数点云和密集点云,使用三维坐标测量机得到的间距较大的点云称为稀疏点云,使用三维激光扫描仪得到的比较密集的点云称为密集点云。

如图 3-13(a)、图 3-13(b)、图 3-13(c)分别是前视图、俯视图和左视图,图 3-13(d)是该场景的原图像。从图像中可以看出,该场景包含了简单目标——图片正中间的白色车辆,中等和较难目标——白色汽车左侧的其他车辆。

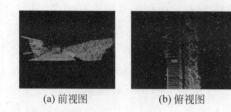

(a)前视图   (b)俯视图   (c)左视图   (d)原图像

图 3-13   点云三视图

4）网格

网格即为用网格模拟组成三维立体物体的表面,计算机视觉中的网格常用的有三角网格和四角网格。

三维重建在实际应用中有不同的方向,例如,自动驾驶和机器人领域中三维重建叫作即时定位与地图构建(Simultaneous Localization And Mapping,SLAM),计算机视觉里还有基于深度学习的三维重建以及对人体的三维重建,对人脸的三维重建,对各种物体的三维重建,对室内场景的三维重建等。

3.4.3   自动驾驶

自动驾驶汽车,也称为无人驾驶汽车,是通过计算机控制来实现的新型技术。自动驾驶是由人工智能、计算机视觉、雷达系统、全球定位系统等多种技术相结合的技术,无须人类的操控即可实现对车辆的安全驾驶。

自动驾驶技术是一项十分复杂、难度极大的工程,因为机动车的驾驶本身就是一件精密度较高的任务,需要驾驶人时刻保持清醒,清晰地观察车辆的周边情况。由于参与交通的因素十分复杂,驾驶人不仅需要观察红绿灯以及四周的车辆,还需要考虑到路上的行人、自行车、电动车、前方道路是否有障碍物、甚至是突然闯入车流的动物,路况信息实时发生改变,稍有不慎就会发生交通事故。

自动驾驶汽车早在 2012 年就已经受到广泛的关注,谷歌自动驾驶汽车于当年的 5 月获得了美国首个自动驾驶车辆的许可证。由于国外地广人稀的明显优势,自动驾驶技术相较于国内发展更为顺利。百度与宝马的自动驾驶研究项目于 2014 年正式开启,并迅速推出了原型车。

2020 年底,北京经济技术开发区建成网联云控式高级别自动驾驶示范区,示范区支持L4 级别以上的高级别自动驾驶,并且能兼容低级别的自动驾驶。2021 年 5 月举行的第八届国际智能网联汽车技术年会上,北京高级别自动驾驶示范区颁发了国内首批无人配送车车辆编码,并且授予相对应路段的路权,这是我国自动驾驶领域的一次创新突破。图 3-14

和图 3-15 分别为第八届国际智能网联汽车技术年会和无人配送车辆。

图 3-14　第八届国际智能网联汽车技术年会

图 3-15　无人配送车

2021 年 6 月 3 日,广州市为了加强新冠肺炎疫情防控,采取了多种防控措施,多个区域进行全面封闭式管理,该地区的人员只进不出。在广州市委市政府的统一部署下,无人驾驶工程团队连夜对管控区域进行测试,完成无人车的部署。6 月 4 日上午,无人驾驶小巴和无人驾驶出租车驶入疫情管控地区进行物资配送,为区域内的居民提供生活物资。无人驾驶车辆为抗疫工作做出极大贡献,这些车型均不需要配备任何人员,实现了封闭区域内的全无人驾驶,减少了防疫人员的工作量,避免交叉感染的风险,提高了防疫安全性。图 3-16 为防疫期间工作的无人驾驶小巴。

自动驾驶所涉及的技术多种多样,其中十分重要的部分就是计算机视觉,由于车辆驾驶中需要时刻用眼睛观察一切参与交通的要素,因此计算机视觉发挥了它极大的作用,计算机的高算力和低人工成本为自动驾驶提供了坚实的基础。

传统的目标检测特征提取方法对交通场景下不同的目标,包括车辆、行人、路面等都达到了很好的识别效果。自动驾驶涉及多方面的物体识别,其中最为基础的是车辆以及道路的识别,传统的特征提取方法对车道线、马路边缘界限的灰度值以及纹理特征进行处理计

图 3-16　疫情期间的无人驾驶小巴

算,分割出马路的各个区域,但局限性较大。由于马路的视频及图像常受光线、障碍物、树木的阴影、路边杂乱的车辆和行人等的影响,因此传统的简单特征检测方法难以实现复杂路况中的识别任务。自动驾驶的计算机视觉技术经过了长时间的更新迭代,从传统的特征提取方法转为采用深度学习的计算机视觉方法。

深度学习的兴起使得目标识别检测任务的完成质量有了极大的飞跃,在许多情况下甚至在准确度和速度方面超越人类。深度学习的目标检测与传统的检测相比,不仅仅是根据图像中目标表面的特征定位来进行判断,而是进行深入的自主学习。

基于深度学习的自动驾驶通过直接对正确驾驶过程进行学习,来感知实际行驶道路的驾驶方法,对驾驶道路上的路况和目标做整体的判断,而不是局部地对路面、车辆、行人等分别计算,能够极大地提高反应速度。自动驾驶中的计算机视觉任务也包括许多种,例如,车辆定位、三维视觉重建、物体检测分类、语义分割、实例分割、全景分割、运动估计、情景推理、不确定性推理等。因此自动驾驶是一项复杂的复合型工程,为了保证绝对安全的驾驶还需要经过更加周密和严格的测试。

本 章 小 结

随着人工智能与计算机视觉技术的惊人成就在越来越多行业内出现,计算机视觉的未来充满了巨大的希望和想象空间。本章首先介绍计算机视觉的定义和发展,并简单介绍计算机视觉技术的相关学科。由于深度学习与计算机视觉的紧密关系,本章还简单介绍深度学习算法及其对计算机视觉的推动作用。最后,对计算机视觉的关键技术和应用场景进行总结。

本 章 习 题

1. 简述计算机视觉的定义。
2. 数字图像处理和计算机视觉的异同点分别是什么?
3. 现阶段计算机视觉有哪些发展?

4．举例阐述深度学习的典型算法。

5．深度学习在计算机视觉中有哪些方面的应用？试举例说明。

6．SIFT 算法的主要步骤有哪些？

7．调研 Fast R-CNN 和 Faster R-CNN 两种深度学习算法的主要区别。

8．立体视觉研究的核心是什么？

9．举例说明计算机视觉在生活中的应用。

10．人脸识别的主要步骤有哪些？

自 20 世纪 40 年代贝尔实验室开发脉冲编码调制(Pulse Code Modulation,PCM)技术以来,经过几十年的发展,数字音频信号处理技术已发展得较为成熟。语音识别是一门实现人和机器交流的交叉学科,它包含了声学、心理学、语言学、生理学、信号处理、模式识别、人工智能、概率论和信息论等各个领域,机器通过识别处理将人说的语音转换成相应的文本或命令。随着近年来人工智能的发展,数字音频信号处理技术得到了快速的发展,实现了人们用机器识别语音的梦想,使音频信号处理起来更加快捷方便。在数字音频信号处理过程中,最重要的就是对语音信号进行编码。语音编码就是通过编码将模拟信号转换成数字信号,也叫作数字语音化。语音编码方法主要分为三种,分别是波形编码、参量编码和混合编码。通过语音编码,达到语音信号更好传输的目的。

4.1 数字音频基础知识

4.1.1 基本概念

数字音频是指使用脉冲编码调制、数字信号等技术来处理模拟信号,并将其进行录制和回放的一种方法。模拟数字转换器负责将传过来的模拟音频信号转换为数字音频信号,再经过编码记录在存储载体中,实现了录音功能。数字模拟转换器则将存储载体中的数字音频信号转换为模拟音频信号,从而实现数字音频回放的功能。数字音频主要分为录制、编辑、压缩、传输和播放 5 个环节。它具有存储方便、存储成本低廉、存储和传输过程中没有声音失真、编辑和处理非常方便等特点。

4.1.2 发展历史

用于声音传输和记录的 PCM 技术是贝尔实验室在 20 世纪 40 年代开发的。贝尔实验室的工程师开发的一种基于 PCM 技术的加密传输系统——SIGSALY,代表了语音的第一次数字量化和语音的第一次 PCM 信号传输。数字音频的飞跃发展起源于 20 世纪 50 年代末 60 年代初,当时由于晶体管数码计算机的出现,实现了音频放大功能,晶体管对于推动音频产业化有着一定贡献。1957 年,贝尔实验室的一名电子工程师 Max Vernon Mathews 就改造了 IBM 704 计算机,进行数码录音和回放,并命名为 Music I,如图 4-1 所示,该计算机只能录制和播放 17 秒的声音。1959 年,麻省理工学院的两名学生 David Gross 与 Alan Kotok 在"林肯实验室 TX-0"计算机的基础上加上了模拟数字转换和数字模拟转换(Digital to Analog,D/A)以及扬声器和麦克风,其声音信息存储在磁带载体上,这台录音机用于学校里的语音收录工作,但由于造价高昂,被称为"昂贵的磁带录音机"。

20世纪60年代,集成电路的出现加快了音质的提高,其廉价且实用的优点也缩小了电子产品的体积。1967年,日本广播协会(Nippon Hoso Kyokai,NHK)的技术研究实验室的工程师开发了一种单声道PCM录音机,到1969年,他们有了一个可以工作的双通道立体声录音机。NHK系统的采样率为32kHz,分辨率为13位,它使用工业螺旋扫描录像机作为存储介质。这种将PCM数字音频转换成VTR兼容信号的概念一直使用到20世纪90年代。1969—1971年,天龙租赁了一台NHK立体声PCM录音机,并进行了多次测试录音。1972年天龙与NHK共同研发成功了世界第一台PCM录音机——天龙DN-023R(图4-2),这是一种8通道系统,具有13位分辨率和47.25kHz的采样率,它是现如今所有数字音乐格式的共同祖先,人类自此开始摆脱模拟录音时代的种种不便。公共广播系统和数字通信公司于1973年开发了电视数字音频系统,该系统通过公共传输系统发送视频和PCM音频信号,将多达4个音频通道组合成一个数字数据信号。英国广播公司研究部在20世纪70年代初也开发了一种双通道PCM记录器,其中一些技术后来被许可给3M公司,3M公司在1977年底推出了其数字母盘制作系统。

图4-1　贝尔实验室的工程师使用录音
　　　　系统进行录音

图4-2　世界第一台实用化PCM录音机
　　　　天龙DN-023R

1979年7月,索尼公司发布革命性的世界上第一款随身听(Walkman)产品:TPS-L2,标志着便携式音乐理念的诞生。随身听最初只有收音、磁带播放和录音功能,体积不大、便于携带,多为年轻人使用。20世纪80年代初,飞利浦和索尼推出了数字光盘,使得数字音频获得消费者的青睐,到20世纪80年代末,光盘(Compact Disc,CD)已经超过了唱片。此后不久,光盘销量超过了预先录制的唱片集,到了20世纪90年代中期,CD几乎成了北美、欧洲和日本唯一的音乐大众媒介。20世纪80年代初期,索尼、松下以及东京电声公司联合制定了数字音频固定磁头(Digital Audio Stationary Head,DASH)格式,DASH格式录音机可谓是数码磁带录音机的辉煌产物,也是最后采用开盘式磁带的大型数码录音机,主要用于录制高质量的音乐节目或者数字母带。除了DASH格式录音机外,数字录音带(Digital Audio Tape,DAT)也是数码录音发展史上一个重要的名字,由索尼公司主导开发,用于取代模拟磁带录像机和PCM处理器所组成的录音系统(图4-3)。DAT录音机采用体积更小的盒式数码录音带,主要面向录音室和唱片公司。

图 4-3　索尼 PCM 数码录音机

1993 年 9 月,姜万勐和孙燕生在合肥开发出了世界上第一台视频高密光盘(Video Compact Disc,VCD)影碟机(图 4-4),取名"万燕"。VCD 影碟机是一种集光、电、机械技术于一体的数字音像产品,运用了可以把图像和声音存储在一张比较小的光盘里的 MPEG 解压缩技术和 CD 技术,价格低廉,性价比高。1997 年,飞利浦与索尼公司合作,推出了一项创新产品数字多功能光盘 DVD,该产品成了历史上发展最快的家电产品。DVD 与 VCD 相比,画质更加清晰,最高可支持六声道,引入了区域代码的数字版权管理技术。1998 年,韩国世韩公司推出了世界上第一台 MP3 播放器——MPMan F10,可以通过互联网进行音乐的播放与下载。2002 年 9 月,全球首款支持视窗媒体音频(Windows Media Audio,WMA)编码功能的 MP3 诞生,它就是 LG MF-PE520,不仅可以支持 WMA 音乐格式的播放,还可支持多种音频格式。

图 4-4　世界第一台 VCD

4.1.3　数字音频基本知识

1) 响度

响度是人耳对声音强弱的主观感受。响度不仅正比于声音响度的对数值,而且与声音的频率和波形有关。响度的单位是宋(sone)。国际上规定,频率为 1kHz[①]、声压级为 40 分贝(dB)时的响度为 1 宋。

大量统计表明,一般人耳对声压的变化感觉是,声压级每增加 10dB,响度增加一倍,因此响度与声压级有如下关系:

$$N = 2^{0.1(L_P - 40)} \tag{4-1}$$

其中,N 为响度,L_P 为声压级。

2)音调

音调又称音高,是指人耳对声音刺激频率的主观感受。音调主要由基波频率决定,基频越高,音调越高,同时它还与声音的强度有关。基波频率是指发音体的最低振动频率。音调的单位是美(Mel)。频率为 1kHz、声压级为 40dB 的纯音所产生的音调就定义为 1 美。

音调大体上与频率的对数成正比,目前世界上通用的十二平分律等程音阶就是按照基波频率的对数值取等分而确定的。声音的基频每增加一个倍频程,音乐上就称为提高一个"八度音"。例如,C 调为 261Hz,高音 C 就为 525Hz。当声压级很大,引起耳膜振动过大,出现谐波分量时,也会使人们感觉到音调产生了一定的变化。根据听觉经验,一般女生的声音比男生高,较大物体振动的音调较低。

3)音色

音色是指人耳对不同特性声音的主观感觉,主要由声音的频谱结构决定,还与声音的响度、持续时间、建立过程及衰变过程等因素有关。

可以把音色描述为音的瞬时横截面,即用谐音(泛音)的数目、强度、分布情况以及相位关系来描述。泛音是在基础音的基础上产生的倍频振动。泛音的强度可使音色发生变化,音色的主观特性比响度或音调的主观特性复杂得多。不同频谱结构就有不同的音色,即使基频和音调相同,如果谐波结构不同,音色也不相同。例如,钢琴和黑管演奏同一音符时,其音色不同是因为它们的频谱结构不同。

4)采样频率

采样频率是将模拟声音波形转换为数字时,每秒所抽取声波幅度样本的次数。采样频率的单位是赫兹(Hz)。采样频率越高,声音质量越好,数据量也越大。在多媒体中,CD 质量的音频最常用的三种采样频率是 44.1kHz、22.05kHz、11.025kHz。

采样定理(奈奎斯特采样定理):设采样信号的频率为 f_s,输入模拟信号的最高频率分量的频率为 f_{max},则 f_s 与 f_{max} 必须满足以下关系:

$$f_s \geqslant 2f_{max} \tag{4-2}$$

5)量化位数

量化位数是对模拟信号的幅度轴进行数字化,表示每个采样点用多少二进制位表示数据范围。量化位数越多,音质越好,数据量也越大。量化位数决定了数据的动态范围,量化位数有 8 位和 16 位两种。8 位从最小值到最大值有 256 个级别,16 位则有 65 536 个级别。

6)声道数

声道数是指一次采样所记录的产生声音波形的个数,它是衡量音响设备的重要指标之

---

① kHz 是频率的单位,这里的 k 是十进制的,1kHz 等于 1000Hz。而计算机系统采用二进制,其中的 K 等于 1024,即 1KB=1024B。为了对二者加以区分,分别用小写字母 k 和大写字母 K 表示。

一。立体声比单声道的表现力丰富,但数据量翻倍。

(1) 单声道:记录声音时,每次生成一个声波数据。

(2) 双声道:记录声音时,每次生成两个声波数据。

(3) 立体声:声音在录制过程中被分配到两个独立的声道。

(4) 准立体声:在录制声音时采用单声道,而放音有时是立体声,有时是单声道。

(5) 四声道环绕:规定了 4 个发音点,即前左、前右,后左、后右,听众则被包围在这中间,可以获得身临各种不同环境的听觉感受。

7) 数字音频的大小计算

数据量=采样频率×量化位数×声道数/8(字节/秒),不同采样频率、量化位数和声道数对应的每秒数据量如表 4-1 所示。

表 4-1　数字音频大小计算

采样频率/kHz	量化位数/b	每秒数据量/KB	
		单声道	立体声
11.025	8	10.77	21.53
	16	21.53	43.07
22.05	8	21.53	43.07
	16	43.07	86.13
44.1	8	43.07	86.13
	16	86.13	172.27

8) 比特率

比特率是指每秒传送的比特(bit)数,单位为比特每秒(bit per second,b/s,也写作 bps),比特率越高,传送的数据速度越快。声音中的比特率是指将模拟声音信号转换成数字声音信号后单位时间内的二进制数据量,是间接衡量音频质量的一个指标。

9) 压缩率

压缩率一般是指文件压缩前和压缩后大小的比值,表示数字声音的压缩效率。在音频压缩领域,包含有损压缩和无损压缩两种压缩方式。常见到的 MP3、WMA、OGG 都是有损压缩,有损压缩降低了音频的采样率和比特率,输出的音频文件比原文件要小。无损压缩是在 100% 保存源文件数据的条件下,将音频文件容量空间压缩得更小,解压后能保证与源文件的大小和码率相同。

4.2　心理声学模型

4.2.1　声学基本物理量

1) 声强

声强是指在单位时间内垂直于声波传播方向的单位面积上通过的平均声能量。它是一个表示声场中声能流大小和方向的物理量。声强通常用 I 表示,它的单位是 W/m^2(瓦/米²)。声强决定于发音体振动幅度的大小,振幅越大,声强越强,反之,声强就越弱。炸弹爆炸时的声强大就是因为其振幅大。

刚刚能使人听到的声音的声强,叫基准声强。

$$I_o = 10^{-12} \, \text{W/m}^2 \tag{4-3}$$

使人耳产生疼痛感觉的声音的声强,叫极限声强。

$$I_{max} = 1 \, \text{W/m}^2 \tag{4-4}$$

2)声强级

声强级是把相对于基准声强的比值依对数划分的等级。心理物理学的研究表明,人对声音强弱的感觉并不与声强成正比,而是与其对数成正比。客观声强增大 10 倍,人的主观感受增大 1 倍;客观声强增大 100 倍,人的主观感受增大 2 倍。声强级通常用 L_I 表示,它的单位是 dB。声强级的计算公式为

$$L_I = 10 \lg (I / I_o) \tag{4-5}$$

3)声压

声压是指在大气压强上叠加一个声波扰动而引起的交变压强,它是一个重要的声学基本量。声压一般用 p 表示,它的单位是帕(Pa)。在空气中,人耳所能听到的 1kHz 声音的最低声压就是基准声压,一般用 p_o 表示,取值为 2×10^{-5} Pa,在水中的基准声压值为 10^{-6} Pa,低于这一声压,人耳就再也无法察觉出声波的存在。声压的计算公式如下:

$$声压(p)的平方 = 声强(I) \times 介质密度(\rho) \times 声速(C) \tag{4-6}$$

其中,声强单位为 W/m^2;密度单位为 kg/m^2;声速单位为 m/s。

4)声压级

由于听阈和痛阈之间的声压绝对值相差了 100 万倍,用来表示声压的大小并不方便,于是根据人耳对声音强弱的反应特性引出了表示声压大小的声压级。人们常用声压的相对大小(称为声压级)来表示声压的强弱,声压级是描述接收者感受的量。声压级通常用符号 L_p 表示,它的单位是 dB。声压级的计算公式为

$$L_p = 20 \lg (p / p_o) \tag{4-7}$$

由于人耳可承受的最大声压约为 20Pa,而通常在空气中的参考声压是 2×10^{-5} Pa,也就是人耳的可承受的最大声压级约为 120dB,这也就是人们常常所说的痛阈,但这痛阈并不是适用于所有的人,有的人由于工作环境或者天生耳部构造等原因可以达到 130dB 甚至 140dB。通常人耳可听的声压级范围为 0～120dB,如图 4-5 所示。

声压级范围	主观感受
0～20dB	很静、几乎感觉不到
20～40dB	安静、犹如轻声细语
40～60dB	一般、普通室内谈话
60～70dB	吵闹
70～90dB	很吵、听神经细胞受损
90～100dB	吵闹加剧、听力受损
100～120dB	难以忍受
120dB以上	致聋

图 4-5　不同声压级的主观感觉

5) 声功率级

人们通常用声功率级来衡量一个声源的声辐射能力,声功率定义为声源在单位时间内向外辐射的声能,单位是瓦(W)。声功率是一个绝对量,只与声源有关,与其他因素无关,它是声源的一个物理属性。声功率级是声功率与参考声功率的相对量度,声功率级通常用符号 L_w 表示,它的单位是 dB。声功率级的计算公式为:

$$L_w = 10\lg(W/W_o) \tag{4-8}$$

其中,W 为测量的声功率,$W_o = 10^{-12}$ W 为基准声功率。

4.2.2 人耳相关发声及听觉特性

1) 外围听觉系统

心理声学模型是根据外围听觉系统的耳部结构和一些心理声学现象进行建模而形成的。人类的外围听觉系统相当于一个将发送到听觉神经的信号进行预处理的系统,此系统主要分为三个部分,分别是外耳、中耳和内耳。其中外耳又由耳廓(也称耳郭)和耳道组成,它是人类听觉系统最外面的部分,外耳的主要作用就是收集声能,并将其通过耳道传输至鼓膜,外耳道还可以用来保护耳膜。耳廓的主要作用是对声波进行反射并且使其衰减,相当于一个声波发射器和衰减器,并且它还可以帮助大脑识别声源的方向位置。内耳则非常靠近大脑,它可以缩短动作电位的传播时间。图 4-6 为外围听觉系统示意图。

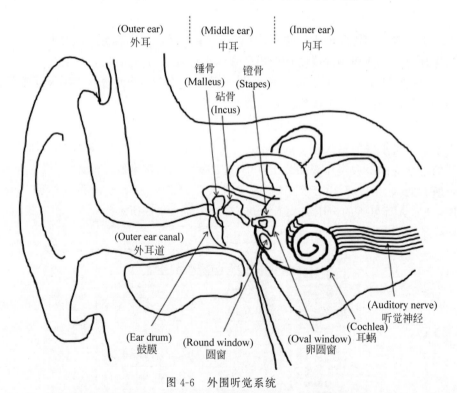

图 4-6 外围听觉系统

2) 声音的掩蔽效应

人耳可以在很寂静的环境中听到很轻微的声音,但是在嘈杂的环境中,这些轻微的声音就会被杂音所淹没使得人耳无法分辨。一种声音的存在使人的听觉系统感觉不到另一种声音的存在,这种现象就称为掩蔽效应,即一种声音在听觉上掩蔽了另一种声音。第一个声音称为掩蔽声,第二个声音称为被掩蔽声。掩蔽效应又分为绝对掩蔽、时域掩蔽和频域掩蔽。掩蔽效应发生时,一般以纯音和噪声等不同性质的声音作为掩蔽音。

掩蔽效应是一种较为复杂的生理和心理现象,一种声音对另一种声音的掩蔽值与很多因素有关。声音能量大的能掩盖声音能量小的声音;在声压级相近的前提下,中频声掩蔽高频声和低频声;在声压级相当大时,低频声会对高频声产生明显的掩蔽作用;在声压级不太大且响度接近时,高频声对低频声会产生较小的掩蔽作用;在延迟时间小于50ms的前提下,先传入人耳的声音掩蔽后传入人耳的声音。

(1)绝对掩蔽。人的听觉系统本身也具有信号掩蔽的作用,在安静环境中能被人耳听到的纯音最小值被称为绝对闻阈,所有低于这个绝对闻阈的声音都会被掩蔽,这种现象叫绝对掩蔽。人的听觉系统对于声音频率信号的感知范围在20Hz～20kHz,在此频率范围内的声音信号,只要能量足够大,就能被听觉系统所捕获。对于每个频率的信号而言都存在着相应的听觉阈值,在没有任何其他噪声的干扰条件下,某一频率的信号能量大于其相应的听觉阈值就可以被人耳听到。相关实验表明,计算绝对阈值的经验公式如下:

$$T_q(f) = 3.64(f)^{-0.8} - 6.5e^{-0.6(f-3.3)^2} + 10^{-3}(f)^4 \tag{4-9}$$

其中,f 表示频率,单位为 kHz;T_q 表示绝对阈值,单位为 dB。绝对阈值的实验测量如图 4-7 所示。

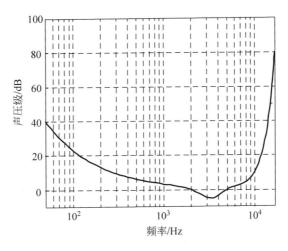

图 4-7　绝对阈值的实验测量

(2)时域掩蔽。时域掩蔽是指能量较强的音频信号可掩蔽同时、其前或其后出现的能量较弱的音频信号的现象。这种掩蔽现象也被称为非同时掩蔽,即当掩蔽声和被掩蔽声不同时到达时,也会发生掩蔽现象。时域掩蔽又分为超前掩蔽和滞后掩蔽,掩蔽声音发出之前的一段时间内发生的掩蔽效应,称为超前掩蔽。相关研究表明,超前掩蔽仅在非常短的时间内有效,即20ms。当掩蔽声音已经消失时,即当其在物理上不再存在时,仍然会产生掩蔽作用,这种现象就是滞后掩蔽。滞后掩蔽的强度随时间呈指数衰减,直到100ms～200ms后变为零。时域掩蔽如图4-8所示。

(3)频域掩蔽。当掩蔽声音和被掩蔽声音同时存在时,就会发生同时掩蔽,这种现象被

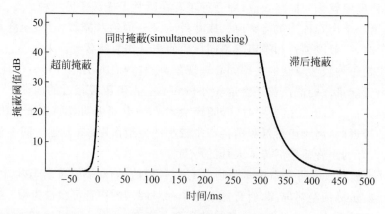

图 4-8　时域掩蔽

称为频域掩蔽。纯音是最简单的一种声音,以频率为 250Hz、声强为 60dB 的纯音为掩蔽音,测得纯音的听阈随频率变化的特性如图 4-9 所示。可以发现,在 100Hz 以下和 1.2kHz 以上的频率范围的纯音几乎不受掩蔽声影响。100Hz～1.2kHz 之间,纯音的听阈明显提高,越接近掩蔽声频率的纯音,掩蔽的程度就越大。频域掩蔽如图 4-9 所示,图中虚线为听阈的曲线,实线为掩蔽阈曲线。

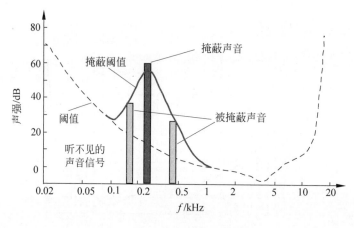

图 4-9　频域掩蔽

3) 哈斯效应

哈斯效应,又称优先效应,当几个相同声压级的声音在不同时间传入人耳时,先到达的声音会掩蔽掉后到达的声音,人的听觉系统就会基于首先听到的声音判断声音的方向,人耳这种先入为主的听觉特性称为哈斯效应。它是由物理学家亥尔姆·哈斯于 1949 年提出的一种心理声学效应,哈斯发现,当两个声音到达人耳的时间差小于 30ms 时,人们基本不会发现实际上存在两个声源;如果时间差达到 35～50ms,人们能感觉到两个声源的存在,但是声音的方位取决于优先到达的声音的方向;如果时间差超过 50ms,人耳能清晰地分辨出两个声源及其各自的来源方向,若声压级够高,则能形成回声效果。声音的延迟对人类方向听觉的影响很大,要比音量大小的影响大得多。利用哈斯效应可以合理优化场馆或现场的扬声器延迟,可以有效增强听众的听感,提高音效感染力。

4.3 数字语音技术

4.3.1 语音基本概念

（1）音节、音素。

音节是语音结构的基本单位，是说话时自然发出、听话时自然感到的最小语音片段。音节是由音素构成的，一般来说汉语中的一个汉字就代表一个音节，只有少数儿化的音节为两个汉字只记录一个音节。

音素是按照音质的不同划分出的最小的语音单位，它是从音色的角度划分出来的，与音高、音长和音强都没有关系。任何语言都有元音和辅音两种音素。在汉语中，大多数音节都是由2~4个音素组成，少部分音节是由1或5个音素组成。音素是组成音节的最小单位。

（2）元音、辅音。

元音，又叫母音，是指气流振动声带，在口腔咽腔不受阻碍而形成的音。不同的元音是由发声时口腔的不同形状所决定的。元音是音节的主干，不管是从时长还是从能量的角度，元音在我们的语音里都占主要部分。汉语中每一个音节都有元音，是一种元音占优势的语言。

辅音，又叫子音，是指发音时气流受到阻碍形成的音。辅音的不同是由不同的发音部位和不同的发音方法造成的。辅音可以根据发音部位和发音方法加以描述。辅音只出现在音节的前后两端，时长和能量都很小。根据声带的振动与否分为清辅音和浊辅音。对于普通话来说，辅音的发音部位比较简单，其发音方法较为复杂，有"清"和"浊"、"送气"和"不送气"的区别。

元音和辅音的区别主要有四大点：①受阻情况不一样，元音发音时，气流不受阻，辅音发音时，气流通过口腔和鼻腔时都要受到阻碍，这也是元音和辅音最主要的区别；②发音器官紧张状态不同，元音发音时，各发生器官部位保持均衡的紧张状态，辅音发音时，只有构成阻碍的部位比较紧张而其他部位比较松弛；③气流强弱不同，元音发音时气流较弱，辅音发音时气流较强；④声带振动情况不一样，元音发音时声带振动，声音比较响亮，辅音发生时声带有振动的也有不振动的。

（3）声母、韵母、声调。

传统的汉语语音研究学中，把一个汉字的音节分为三个部分，分别是声母、韵母和声调。声母指音节开头的辅音，如果音节开头没有辅音，则称为零声母。辅音和声母是从不同角度分析出来的，是两个不同的概念。韵母是指音节中声母后面的音素，主要成分是元音。元音和韵母也是不同角度分析出的两个不同概念。普通话中，元音都是用来充当韵母的，但韵母不等于元音。声调指音节的高低升降变化。声调的变化附着于整个音节。

4.3.2 语音基本特性

语音属于一种物理运动，所以具有物理属性。语音的物理属性是指语音具有物理方面的性质，也叫语音的自然属性。从产生的角度来看，语音产生于发音体的振动，并通过媒介来传播，传播声音最重要的介质就是空气。语音有噪声和乐声之分，其中元音是乐声，辅音是噪声。语音是音高、音强、音长、音色的统一体。任何一个实际的语音单位都是这4个要素的统一体。

语音的生理属性指语音是由人的发声器官发出来的,语音单位的差别是由发声器官的不同造成的。不同的声音有着不同的含义,根据发声器官在语音形成的作用,人类的发声器官可以分为三个部分:第一个部分是提供发声原动力的肺和支气管;第二个部分是作为发声体的喉咙和声带;第三个部分是作为共鸣器的口腔、鼻腔和咽腔。

语音的社会属性是指语音具有社会性质。语音都是含有一定的意义,且作为意义的载体而起交际作用的,这就决定了语音具有社会属性。这也是语音区别于自然界其他声音的最根本的性质,所以社会属性是语音的本质属性。语音的社会属性有多方面表现,例如,音义的联系、民族特征和地方特征以及语音的系统性等。

4.3.3 数字语音通信

数字语音通信是指通过对输入的模拟语音信号进行处理后以数字形式进行语音消息传输的一种通信方式。与模拟语音通信相比,数字语音通信具有多种优点,如抗干扰能力强且噪声不积累、传输差错可控、易于集成、便于处理和存储、便于进行保密处理且保密性好等。目前数字语音通信技术已广泛应用于通信、多媒体网络以及消费等各个生活领域。

一个基本的数字语音通信系统是由发送端、接收端和信道构成的,如图 4-10 所示。发送端在信源处获取输入的语音消息并进行预处理,然后对处理过的信号进行信源编码、加密、信道编码和数字调制,以便使得传输的信号在信道进行可靠传输,同时也有效地利用通信带宽。其中信源编码是将信源的模拟信号转换成数字信号,实现模拟信号的数字化,提高通信的有效性;信道编码是通过人为加入冗余,提高数据在传输过程中的抗干扰能力,使得系统具有检错和纠错能力,实现差错可控;数字调制可以提高信号在信道上传输的效率,达到信号远距离传输的目的。在到达接收端之前,发送的信号波形会在通信过程中经历多次噪声、干扰和衰落的影响,为了使接收端的信号获取足够的性能,需要适当地对接收的信号进行处理,传输的语音信号在通过信道后需要进行相应的逆处理变换,通过数字解调、信道译码、解密、信源译码等处理,最终将输出信号传到信源。

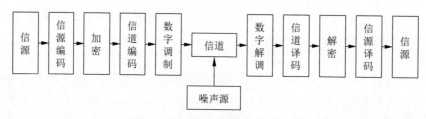

图 4-10　数字语音通信系统基本结构

数字语音通信已经发展出了众多的研究和应用方向,可以将语音转换成文字、转换成语种、转换成说话人情感,等等,也可以进行反方向的变换。数字语音通信的研究方向主要分成 6 大类,分别是文字、说话人、语种、情感、唱歌节奏和其他。每大类又细分为不同的研究方向。数字语音通信在文字方面的语音识别应用是在语音和文字之间进行转换,手机的语音助手基本都具有语音识别功能。数字语音通信在说话人方面的声纹识别应用是在语音和说话人之间进行转换,它在安防、刑侦、支付等领域有着广泛的应用。数字语音通信的应用已经十分广泛,与人们的生活息息相关,其主要研究方向如图 4-11 所示。

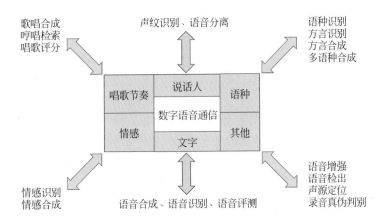

图 4-11　数字语音通信的主要研究方向

4.4　语音识别与说话人识别

4.4.1　语音识别

（1）语音识别的概念。

语音识别是一门实现人和机器交流的交叉学科，它包含了声学、心理学、语言学、生理学、信号处理、模式识别、人工智能、概率论和信息论等各个领域，机器通过识别处理将人说的语音转换成相应的文本或命令。语音识别技术的应用包括语音拨号、语音导航、室内控制设备、语音文档搜索、简单的听写和数据录入等。作为人机语音通信的关键技术，语音识别一直受到各国科学界的广泛关注。

早在电子计算机出现以前，人们就有了让机器识别语音的梦想。20世纪20年代生产的一个"Radio Rex"玩具狗可能是世界上人类设计的最早语音识别器。当人们喊"Rex"时小狗就能自动从底座弹出来，但它实际上并没有用到真正的语音识别技术，而是利用了跟踪语音的共振峰原理。1952年，著名的贝尔实验室开发了 Audrey 语音识别系统（图4-12），能识别10个英文单词，正确率高达98%。20世纪60年代，计算机的应用推动了语音识别的发展，这时期提出的动态规划和线性预测分析技术对语音识别的发展产生了深远影响。语音识别目前已经应用在生活中的各个场景中，如苹果公司的 Siri、"天猫精灵"智能音箱小助手、科大讯飞的一系列智能语音产品等。

语音识别技术主要分为三个主要的发展阶段，第一个阶段是基于高斯混合模型（Gaussian Mixture Model，GMM）和隐马尔可夫模型（Hidden Markov Model，HMM）的 GMM-HMM 时代，第二个阶段是基于深度神经网络（Deep Neural Networks，DNN）和隐马尔可夫模型的 DNN-HMM 时代，第三个阶段是基于

图 4-12　1952年贝尔实验室开发的 Audrey 语音识别系统

深度学习的端到端时代。

（2）语音识别的基本原理。

语音识别就是将一段语音信号转换成相应的文本信息，语音识别系统主要包括 4 个部分：预处理和特征提取、声学模型、语言模型和解码搜索。由于语音信号容易受到噪声环境的干扰，所以在进行语音识别之前要进行预处理，对声音信号进行滤波和分帧等预处理工作得到一段高保真无噪声信号，有利于更有效地提取特征；特征提取就是将声音信号从时域转换到频域，去除对语音识别无关紧要的冗余信息，获得影响语音识别的重要信息，为声学模型提供合适的数字化特征向量；在声学模型中根据声学特性计算出每一个特性向量的相应得分，得出语音片段属于相应声学符号的概率；语言模型根据语言学中词与词之间的某种约束关系，计算该声音信号对应可能词组序列的概率；最后根据字典对经过特征提取后的输入语音词组序列进行解码搜索，综合相关声学模型和字典给出的得分最高词组序列，将作为这段语音最终识别出的文本序列。

一套完整的语音识别系统的基本结构框架如图 4-13 所示，它的主要工作流程分为 7 个步骤：①对语音信号进行分析和处理，除去冗余信息；②提取影响语音识别的关键信息和表达语言含义的特征信息；③紧扣特征信息，用最小单元识别字词；④按照不同语言的各自语法，依照先后次序识别字词；⑤把前后意思当作辅助识别条件，有利于分析和识别；⑥按照语义分析，给关键信息划分段落，取出所识别出的字词并连接起来，同时根据语句意思调整句子构成；⑦结合语义，仔细分析上下文的相互联系，对当前正在处理的语句进行适当修正。

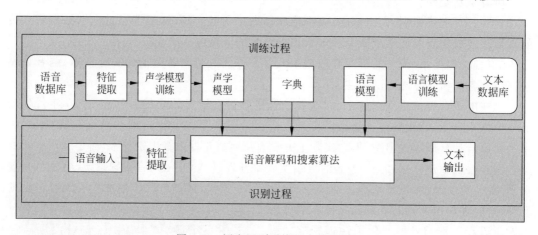

图 4-13　语音识别系统基本结构框架

（3）语音识别的典型应用。

语音识别技术早期的应用主要是语音听写，用户说一句，机器识别一句。后来发展成语音转写，随着 AI 的发展，语音识别开始作为智能交互应用中的一环。语音听写中最为典型的案例就是讯飞输入法，除此之外，语音听写的应用还有语音病例系统。医生佩戴上讯飞定制的麦克风，在给病人诊断时，会将病情、用药、需要注意事项等信息说出来，机器将医生说的话自动识别出来，生成病例。

科大讯飞的中文语音识别和英文语音识别均是全世界第一，并且在俄罗斯语和印地语等方面达到了全球领先水平。在 2019 年的科大讯飞发布会上，科大讯飞董事长的现场演讲内容通过会场内的大屏幕被实时翻译成了中、英、日、韩、法、西、泰、俄、葡萄牙、阿拉伯等12种语言,没到现场的用户也能接收到科大讯飞多语种AI虚拟主播"小晴"9种语言的全球同步直播,如图4-14所示。基于系统创新,科大讯飞已经完成一套完整的多语种语音语言系统研发,包括60种语言的语音合成,69种语言的语音识别,56种语言的图文识别以及168种语言与中文的机器翻译。

图4-14 科大讯飞语音识别

4.4.2 说话人识别

(1) 说话人识别的概念。

说话人识别,又称声纹识别,是指利用人的声音来检测说话人身份的一种生物识别技术,是一项重要且具有挑战性的研究课题。每个人的声音都具有独特的特征,通过该特征能将不同人的声音进行有效区分,找出说话人的语音中的个性因素,强调不同人之间的特征差异。与其他生物识别技术相比,说话人识别技术利用语音信号进行身份确认,具有成本低廉、采集方便、易于存储、交互友好等特点,它可以视为人类的第二张身份证,同时也可以通过电话或网络等方式进行远程操作。声纹识别技术几乎可以应用到人们日常生活的各个角落,如信息领域、银行和证券、公安司法、军队和国防以及保安和证件防伪等场景。

根据要识别的说话人数量,说话人识别可以细分为两大类:一类是目标说话人辨认,即基于一段或多段语音数据,识别出这些语音是由"哪个人"说的;另一类是目标说话人确认,即确认某一段语音是不是由指定的某个人说的,是"一对一辨别"问题。根据语音内容是否限定,说话人技术可以分为文本相关和文本无关两类。文本相关是所有用户预先读出规定内容,并为每个用户建立声纹模型,它的优势是技术实现简单且容易做到高识别率,不足之处是应用场景受限。文本无关是建立声纹模型和识别时都不限定语音的内容,它的优势是应用场景较为灵活,不足之处是技术实现难度较高。根据不同的场景和需求可以使用不同的声纹识别技术。

(2) 说话人识别的基本原理。

"闻其声而知其人",人们通过听觉系统来感知辨别声音中的说话者身份,古已有之。

1945年,著名的贝尔实验室的 L.G.Kesta 等人通过肉眼观察,完成语谱图匹配,并首次提出了"声纹"的概念,随后在1962年第一次介绍了采用此方法进行说话人识别的可能性。1967年以来,美国5000多例的犯罪案例侦破中,在法医鉴定和法院等领域都应用了声纹识别技术。随着研究手段和计算机技术的不断进步,说话人识别逐步由单纯的人耳听辨转向基于计算机的自动识别。说话人识别技术的发展历史如图4-15所示。

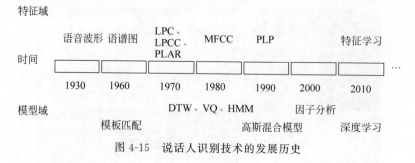

图 4-15 说话人识别技术的发展历史

说话人识别主要分为两个阶段,第一个阶段是训练部分,首先对用于建立模型的语音进行特征提取,然后再对其进行模型训练,将其结果送至声纹模型库。第二个阶段是识别部分,对目标说话人进行特征提取,然后结合声纹模型库进行声纹匹配打分,最后根据打分最高识别出说话人。声纹识别流程如图4-16所示。

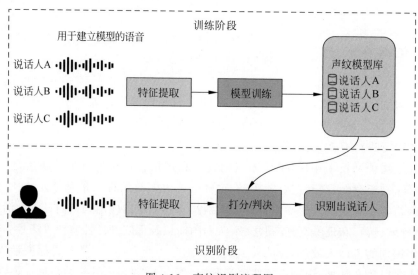

图 4-16 声纹识别流程图

4.5 语音编码与合成

4.5.1 语音编码

语音编码就是通过编码将模拟信号转换成数字信号,也叫作数字语音化,利用人的听觉特性和人在发声过程中存在的信号冗余来实现编码率降低的效果,尽可能取得更小的通信容量同时实现更高的语音传输质量。1875年,亚历山大·格雷厄姆·贝尔发明了电话,从此揭开了语音信号编解码和传输的序幕。1939年,贝尔实验室的研究人员又发明了第一个声码器,是最早将语音信号处理应用于实际领域的设计。语音编码方法主要分为三种,分别是波形编码、参量编码和混合编码。

（1）波形编码。

波形编码是最简单也是最早使用的,主要的原理是根据语音信号波形导出相应的数字编码形式,在时间轴上对模拟语音信号按一定的速率抽样,然后将幅度样本分层量化,并用代码表示。它不利用生成音频信号的任何参数,直接将时间域信号变换为数字代码。波形编码的目的是使重构的语音波形尽可能地与原始语音信号的波形形状保持一致。它具有方法简单、易于实现、适应能力强和语音质量好等优点,不过由于编码方法过于简单,也带来了一些问题,其编码速率高,编码效率低,通常在16Kb/s以上,质量相当高,但编码速率低于16Kb/s时,音质会急剧下降。

（2）参量编码。

参量编码,又称为声码器技术,它是通过建立语音信号的产生模型,提取代表语音信号特征的参数来编码,以重建语音信号具有尽可能高的可懂度,保持原始语音信号语义为原则,而不一定在波形上与原始信号匹配。参量编码是把语音信号产生的数字模型作为基础,然后求出数字模型的模型参数,再按照这些参数还原数字模型,进而合成语音。参量编码速率低,可以低到2.4Kb/s甚至以下。由于产生的语音信号是通过建立的数字模型还原出来的,因此重构的语音信号波形与原始语音信号的波形相比可能会存在较大的区别,失真会比较大。而且因为受到语音生成模型的限制,增加数据速率也无法提高合成语音的质量,自然度较低,对说话环境的噪声较敏感。虽然参量编码的音质比较低,但是保密性很好,而且合成语音比较稳定,一直被应用在军事上,它在移动通信、互联网协议电话（Voice over Internet Protocol,VoIP）系统等领域也得以广泛应用。典型的参量编码方法为线性预测编码（Linear Predictive Coding,LPC）。

（3）混合编码。

混合编码就是波形编码和参量编码的有机结合,它突破了波形编码和参量编码的界限,并结合了波形编码高质量和参量编码的低编码速率,增强了重建语音的自然度,使得语音质量有明显的提高。缺点是编码速率相应上升。典型语音编码技术的比较如表4-2所示。

表4-2 典型语音编码技术比较

编码技术	算法	编码标准	码率/(Kb/s)	质量	应用领域
波形编码	脉冲编码调制	G.711	64	4.3	公共交换电话网 综合业务数字网
	自适应差分 脉冲编码调制	G.721	32	4.1	—
	子带-自适应差分 脉冲编码调制	G.722	64/56/48	4.5	—
参量编码	线性预测编码	—	2.4	2.5	保密语音

续表

编码技术	算　　法	编码标准	码率/(Kb/s)	质量	应用领域
混合编码	码激励线性 预测编码	—	4.8	3.2	—
	矢量和激励 线性预测编码	GIA	8	3.8	移动通信 语音信箱
	规则脉冲 激励长时预测	GSM	13.2	3.8	—
	低时延码 激励线性预测	G.728	16	4.1	ISDN
	多脉冲激励	MPE	128	5.0	CD

4.5.2　语音合成

语音合成是将任意输入的文本转换为机器生成的语音。语音合成技术的目的是让机器具有类似于人一样的说话和听懂人说话的能力。如果说语音识别技术是让计算机学会"听"人的话,将输入的语音信号转换成文字,那么语音合成技术就是让计算机程序把输入的文字"说"出来,将任意输入的文本转换成语音输出。语音合成技术的应用范围非常广泛,目前已达到较高的可用水平,从地图导航(例如,高德地图明星语音导航),语音助手,微软,小说、新闻朗读(书旗、百度小说),智能音箱(亚马逊 Alexa、天猫精灵、谷歌 Home、Apple Pod Home 等),语音实时翻译,到各种大大小小的客服、呼叫中心,甚至机场广播、地铁、公交车报站都少不了语音合成技术的身影。语音合成技术正朝着更智能化的方向发展。

语音合成的流程主要包含以下几个步骤,首先,将输入的文本结合词典规划进行语言处理;然后,将处理后的结果进行韵律处理;接着,结合语音库对上一步的输出进行单元合成与拼接;最后,得出最终的语音输出结果。语音合成的流程图如图 4-17 所示。

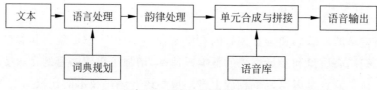

图 4-17　语音合成流程图

语音合成技术有着很长的研究历史,时间追溯到 20 世纪 70 年代,随着参数合成方法的出现,可以实现可懂的语音合成效果,但整体音质难以满足商用要求。20 世纪 90 年代,波形拼接方法的出现,使得语音合成实现了更好的音质。2016 年,谷歌旗下 Deepmind 推出了 WaveNet,它是第一个代表性的基于深度学习技术的语音合成系统。2017 年,谷歌又继续推出了 Tacotron,这是第一个真正意义上端到端语音合成系统。我国的语音合成技术虽然起步较晚,但也在研究上取得了令人瞩目的进展,其中不乏成功的例子:如 1993 年中国科学院声学所的 KX-PSOLA,1993 年清华大学的 TH_SPEECH,1995 年的联想佳音,1995 年中国科技大学的 KDTALK 等系统。这些系统基本上都是采用基于 PSOLA 方法的时域波形拼接技术,其合成汉语普通话的可懂度、清晰度达到了很高的水平。目前,语音合成的发展方向主要有 4 个:①提高合成语音的自然度;②丰富合成语音的表现力;③降低语音合成技术的复杂度;④多语种语音合成。

4.5.3 AI 主播

2020 年 5 月 20 日,由新华社联合搜狗公司推出的全球首位 3D 版 AI 合成主播精彩亮相(图 4-18),她能随时变换发型,能随时更改服装,能穿梭于演播室的不同虚拟场景中。这位名叫"新小微"的 AI 合成主播原型是新华社记者赵琬微,采用最新人工智能技术"克隆"而成。从外形上看,"新小微"高度还原真人发肤,在立体感、灵活度、可塑性、交互能力和应用空间等方面,较前一代 AI 合成主播(2D 形象)有了大幅跃升。在特写镜头下,甚至连头发丝和皮肤上的毛孔都清晰可见。"新小微"的研发经历了极其复杂的过程,赵琬微戴着数据采集头盔,几百个摄像头对其身体部位 360 度全方位"打点"扫描,采集每一处细节,并对其多种形态的表情和动作进行细致入微的捕捉记录。

图 4-18 AI 合成主播

目前绝大部分"能动"的 3D 数字人主要是靠真人驱动。而"新小微"采用的是人工智能驱动,输入文本后,AI 算法便可实时驱动"新小微",生成的语音、表情、唇动更接近于真人。作为新闻界首位由人工智能驱动、3D 技术呈现的 AI 合成主播,"新小微"在 2020 年全国两会期间可量化生产新闻播报视频。只需要在机器上输入相应文本内容,"新小微"就能播报新闻,并根据语义生成相对应的面部表情和肢体语言。

本 章 小 结

数字音频技术用于声音的录制、操作、大规模生产和分发,包括歌曲、器乐作品、播客、音效和其他声音的录制。本章首先介绍数字音频的基础知识,包括数字音频的概念、发展历史等;接着从心理声学模型的角度对人耳相关发声和听觉特性进行详细的介绍;最后,讲解数字语音技术的基本概念、特性等知识,并重点介绍语音识别和语音合成的相关知识以及应用情况。

本 章 习 题

1. 通过( )转换装置可以将声音变成相应的电信号。

A. 扬声器 B. 声卡 C. 调音台 D. 话筒

2. 以下( )不属于通用的 3 个音频信号采样频率。

A. 11.025kHz B. 22.05kHz C. 33.075kHz D. 44.1kHz

3. 若采样频率为 44.1kHz,量化位数为 16b,求立体声声音数据化后的每秒数据量。

4. 简述声强、声压的定义及两者之间的关系。

5. 简述掩蔽效应的概念。

6. 两个声源同时发声时,测得某点的声压级为 80dB,关闭其中一个声源,测得声压级为 70dB,则被关闭的声源单独发声时声压级是多少?

7. 从数字化的角度考虑,以下( )不是影响声音数字化质量的三个主要因素。

A. 数字化采样频率 B. 数字化量化位数

C. 数字化声道数 D. A/D 转换器的精度

8. 阐述语音的基本特性。

9. 简述数字语音通信系统的基本结构。

10. 模型匹配依赖于以下模型库中的( )。

A. 语音模型库 B. 语义模型库

C. 语速模型库 D. 语言模型库

11. 简述说话人识别的基本概念。

12. 简述语音合成的基本原理,语音合成的应用和主要难点。

13. 简述语音编码方法的主要种类及各自的优缺点。

14. 简述语音合成的基本流程。

第5章　计算机图形与动画技术

计算机图形学主要用于需要操纵一组图形或以像素形式创建图形并在计算机上绘制的领域。它主要研究如何在计算机中表示图形以及利用计算机进行图形的计算、处理和显示的相关原理与算法。计算机图形学可用于数字摄影、电影、娱乐、电子设备和其他相关领域，它是计算机科学领域的一个广阔的学科，英文全称为 Computer Graphics(缩写 CG)。计算机动画是计算机图形学的一个主要应用场景，它是以数字方式生成动画图像的过程。近年来计算机动画通常借用三维计算机图形技术，它可以应用于游戏的开发、电视动画制作、吸引人的广告创作、电影特技制作、生产过程及科研的模拟，等等。

5.1　计算机图形学概念

随着计算机软硬件技术的快速发展，如今，计算机图形已经成为电影、动画、视频游戏、虚拟现实、手机和计算机显示器以及许多专业应用的核心技术。针对不同的应用场景，各大图形公司已经开发了大量专用硬件和软件，大多数设备的显示通过驱动计算机图形硬件完成。计算机图形学已经发展成为一个广阔的、蓬勃发展的计算机科学领域。

5.1.1　计算机图形学定义

计算机图形学是一门研究怎样通过计算机将数据转换为图形，并在专门的设备上输出的原理、方法和技术的学科。美国电气与电子工程师协会(Institute of Electrical and Electronic Engineers，IEEE)对计算机图形学的定义如下："Computer graphics is the art or science of producing graphical images with the aid of computer."

广义上讲，图形是能够在人的视觉系统中形成视觉印象的客观对象，它主要由几何要素和非几何要素组成。其中，几何要素指的是刻画形状的点、线、面、体、形状、轮廓等，非几何要素主要反映物体表面属性或材质的明暗、灰度、色彩等。图形在计算机中常用形状参数和属性参数表示，也称为矢量图，具有数据量少、易于进行变换操作等优点。而数字图像在计算机中用点阵图表示，顾名思义就是由像素构成的，若干个不同颜色的像素以矩阵排列成图案。数码相机拍摄的照片、扫描仪扫描的稿件以及绝大多数的图片都属于点阵图。

如图 5-1 所示，每个子图的左侧均为矢量图，右侧均为点阵图。图 5-1(a)中几乎看不出它们的区别，缩小后的效果图 5-1(b)还是看不出区别，这是因为缩小点阵图像并不会产生模糊，在丢弃原先的一些像素后，剩下的像素是足够描述图像的，并没有产生像素空缺。如果将点阵图不断放大，就会变得模糊，如图 5-1(c)和图 5-1(d)所示，这是由于放大后产生了像素空缺。为什么矢量图不管放大多少倍都不会模糊呢？这就是矢量图的特点之一：通过记忆线段的坐标来记录图像。图像放大缩小的同时坐标也放大缩小,而各个坐标之间的相对位置并没有改变。然后根据改动后的坐标重新生成图像,因此无论放大多少倍都不会失真。

(a) 原图　　　　　　　　　　　　　　　　(b) 缩小后的效果

(c) 放大后的效果　　　　　　　　　　　(d) 再次放大的效果

图 5-1　矢量图和点阵图对比

5.1.2　计算机图形学的研究内容

计算机图形学的主要研究内容就是研究如何在计算机中表示图形以及利用计算机进行图形的计算、处理和显示的相关原理与算法。图形通常由点、线、面、体等几何元素和灰度、色彩、线型、线宽等非几何属性组成。从处理技术上看,图形主要分为两类,一类是基于线条信息表示的,如工程图、等高线地图、曲面的线框图等,另一类是明暗图,也就是通常所说的真实感图形。可以说,计算机图形学的研究内容非常广泛,如图形硬件、图形标准、图形交互技术、光栅图形生成算法、曲线曲面造型、实体造型、真实感图形计算与显示算法以及科学计算可视化、计算机动画、自然景物仿真、虚拟现实等。这里选择几个主要的部分分别进行介绍。

(1) 基础模块。

在计算机图形学中,需要大量的数学基础知识,例如,向量、矩阵、齐次坐标和几何变换等。此外,还需要具备计算机软硬件基础知识,例如,图形输出设备与输出技术的简单基础知识,如光栅显示器基本原理、颜色处理与颜色模型等。

(2) 建模与表示模块。

这个模块主要研究如何用图形方式表示现实或虚拟世界中的对象与信息,如一座房子、一辆汽车、一个电影角色等。模型在外部显示上通常以点、线、面、体等各种几何元素及它们的组合来表现,而在计算机内部则是通过坐标、连接关系所对应的几何信息与拓扑信息来表示。

(3) 绘制模块。

这个模块主要将计算机中对象的数字几何模型转换为直观形象的图形或图像形式,是数字几何模型的视觉可视化过程,主要有应用程序、几何处理、像素处理等。

（4）交互技术。

针对图形对象，研究合适的输入方法、操作方法，也就是友好的人机界面。典型的人机交互技术有定位技术、菜单技术、拾取技术、定值技术、拖动技术、网格与捕捉技术等。此外还有图形用户界面，例如，窗口、菜单、指标等。

5.1.3　计算机图形学的相关学科

计算机图形学是一个综合性的学科，它集图形学理论、现代数学、计算机科学等于一体。它还与数字图像处理、计算几何、计算机视觉及模式识别等学科交叉融合。主要的相关学科之间的关系如图 5-2 所示。

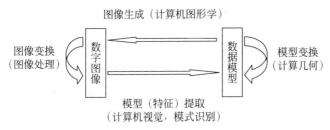

图 5-2　计算机图形学相关学科之间的关系

从图 5-2 中可以看出，虽然图像与图形存在很大关联性，但其本质处理方法却是截然不同的两个方向。计算机图形学试图从非图像形式的数据描述来生成数字图像。

（1）数字图像处理。它着重强调在图像之间进行变换，旨在对图像进行各种加工以改善图像的视觉效果。研究如何对一幅连续图像取样、量化以产生数字图像，对数字图像进行各种变换以方便处理等。

（2）计算几何。在数据和模型域中研究几何形体的计算机表示和分析的综合技术。研究如何方便灵活、有效地建立几何形体的数学模型以及在计算机中更好地存储和管理这些模型数据。

（3）计算机视觉及模式识别。它是计算机图形学的逆过程，分析和识别输入的图像并从中提取二维或三维的数据模型(特征)。计算机视觉是指用摄像机和计算机代替人眼对目标进行识别、跟踪和测量等；用计算的方法模拟人类的视觉系统。它是人工智能的一个分支，如机器人、运动跟踪等。模式识别对所输入的图像进行分析和识别，找出其中蕴涵的内在联系或抽象模型，如邮政分拣设备、地形地貌识别等。

5.2　计算机图形学的发展及应用

在 20 世纪上半叶，随着电气技术、电子技术和电视等技术发展，计算机图形学逐渐发展起来。第二次世界大战之后，计算机图形学从纯粹的实验室科学研究发展到计算机技术与美国军队中的应用相结合。随着进一步发展到雷达、航空和火箭发射等战争应用中，需要新型显示器来处理相关的信息，从而推动计算机图形学发展成为一门学科。经过几十年的发展，现如今，计算机图形学已经得到了大量的应用，例如，流体力学可视化、天气预报、医学可视化、动画、虚拟现实等。

5.2.1 计算机图形学的发展历史

(1) 计算机图形学萌芽期：20 世纪 50 年代。

1950 年，第一台图形显示器作为美国麻省理工学院（Massachusetts Institute of Technology，MIT）旋风Ⅰ号（WhirlwindⅠ）计算机的附件诞生（如图 5-3 所示），它使用一个类似于示波器的阴极射线管（Cathode Ray Tube，CRT）作为一种可行的显示和交互界面，并引入了光笔作为输入设备。

图 5-3　旋风Ⅰ号计算机

1959 年，在 MIT 林肯实验室开发的半自动地面防空（Semi-Automatic Ground Environment，SAGE）系统上进行了一项实验，通过编写的一个小程序，可以捕捉人的手指运动，并在计算机屏幕上显示其矢量信息。SAGE 系统控制室如图 5-4 所示，该系统的画板可以在计算机屏幕上绘制简单的形状并保存它们，甚至在以后调出它们。光笔的笔尖上有一个小光电管，当这个光笔被放在计算机屏幕前，屏幕上的电子枪直接向它发射电子脉冲。只需根据电子枪的当前位置对电子脉冲进行计时，就可以很容易精确地确定在任何给定时刻光笔在屏幕上的位置。一旦确定，计算机就可以在该位置绘制光标。

(2) 线框图形学：20 世纪 60 年代。

1961 年，麻省理工学院的学生 Steve Russell 创造了历史上的第一个电子游戏：太空战争，如图 5-5 所示。大约在同一时期，剑桥大学的 Elizabeth Waldram 编写了在阴极射线管上显示射电天文地图的代码。同样在 20 世纪 60 年代初，雷诺的工程师 Pierre Bézier 提出了 Bézier 曲线为雷诺汽车车身开发三维建模技术。

1968 年，光线投射算法第一次被提出，这是一类基于光线跟踪的渲染算法。该算法通过对光线从光

图 5-4　半自动地面防空系统 SAGE 部门控制室

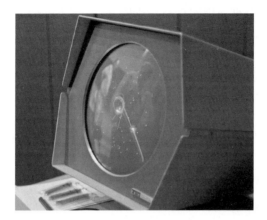

图 5-5　第一个电子游戏：太空战争

源到场景中的曲面以及进入相机的路径进行建模，成为实现图形中照片真实感的基础。此外，1969 年，美国计算机协会（Association for Computing Machinery，ACM）成立了一个图形特别兴趣小组（SIGGRAPH），负责组织计算机图形领域内的会议、图形标准和出版物。到 1973 年，ACM 举行了第一届 SIGGRAPH 年会，这已成为该组织的重点之一。随着计算机图形学领域的不断扩展，SIGGRAPH 的规模和重要性也在不断增长。

（3）光栅图形学：20 世纪 70 年代。

20 世纪 70 年代初，金属氧化物半导体 MOS 大规模集成技术的出现是实现实用计算机图形技术的一项重要技术进步。大规模集成技术使小型集成电路芯片的大量计算能力成为可能，这导致了 1971 年微处理器的开发以及 1972 年泰克 4010 计算机图形终端的开发。特别是 1970 年推出的动态随机存取存储器（Dynamic Random Access Memory，DRAM）芯片能够在单个高密度存储器芯片上保存千位数据，使整个标准清晰度光栅图形图像保存在数字帧缓冲区中成为可能，1972 年出现了第一个与视频兼容、基于光栅的计算机图形系统。

1971 年，Gourand 提出"漫反射模型＋插值"的思想，被称为 Gourand 明暗处理。1975 年，Phong 提出了著名的简单光照模型——Phong 模型。图 5-6 分别给出了这两种光照模型的示例。这些模型为计算机图形的着色奠定了基础，使图形从"平面"外观转变为更准确地描绘深度的外观。1978 年引入了凹凸贴图，这是一种模拟不平整表面的技术，也是当今使用的许多更高级贴图的前身。

(a) Gourand模型　　　　　　　　　　(b) Phong模型

图 5-6　光照模型示例

（4）真实感图形学：20 世纪 80 年代。

20 世纪 80 年代初，金属氧化物半导体超大规模集成电路（Very Large Scale Integration，

VLSI)技术催生了 16 位中央处理器(Central Processing Unit,CPU)——微处理器和第一个 GPU 芯片的出现,从而开始了计算机图形学的革命,为计算机图形终端以及个人计算机系统启用高分辨率图形。在真实感图形绘制领域,日本大阪大学开发了 LINKS-1 计算机图形系统,这是一个超级计算机,它在 1982 年就使用了多达 257 个微处理器,目的是绘制逼真的 3D 计算机图形。根据日本信息处理学会的说法:"3D 图像渲染的核心是从给定的视点、

光源和对象位置计算构成渲染表面的每像素的亮度。" LINKS-1 系统是为了实现一种图像渲染方法而开发的,在这种方法中,每像素都可以使用光线跟踪独立地进行并行处理。通过开发专门用于高速图像渲染的新软件方法,LINKS-1 能够快速渲染高度逼真的图像。一个球体表面的光线追踪算法效果如图 5-7 所示。

图 5-7 球体表面的光线追踪算法效果

(5)计算机图形学爆发期:20 世纪 90 年代至今。

20 世纪 90 年代之后,随着个人计算机的普及以及渲染技术和算法继续得到极大改进,计算机图形学得到了全面的应用。到 20 世纪末,计算机采用了通用的图形处理框架,如 DirectX 和 OpenGL。从那时起,由于更强大的图形硬件和三维建模软件,计算机图形只会变得更加详细和逼真。在这十年中,AMD 公司成为图形学的领先开发者,在这个领域形成了垄断。

进入 21 世纪以后,GPU 持续增长并且功能日益复杂,3D 渲染功能成为标准功能,3D 图形 GPU 被认为是台式计算机制造商提供的必要设备。计算机图形学在电影和视频游戏领域的应用,推出了大量代表性的作品。在电子游戏领域,索尼、微软和任天堂等公司的产品至今还拥有着大量追随者。

近年来,非真实感图形学得到了大家的关注,它用摄像机和计算机代替人眼对目标进行识别、跟踪和测量,并用计算的方法模拟人类的视觉系统。它是人工智能的一个分支,如机器人、运动跟踪等。非真实感图形学可以利用计算机模拟各种视觉艺术的绘制风格,也用于发展新的绘制风格,例如,模拟中国画、水彩、素描、油画、版画等艺术风格。图 5-8 给出了一个原始图像和非真实感渲染的对比。它的艺术表现形式丰富多样,还能够辅助完成原本工作量大、难度高的创作工作。

(a)原图

(b)渲染效果

图 5-8 非真实感渲染

5.2.2　计算机图形学的应用

图形图像一直都比单纯数据有更多的表现力。首先,图形可以将科学成果通过可视化的方式展示给人们;其次,在游戏和电影特效中,计算机图形学也发挥着越来越重要的作用;在艺术创作、产品设计等行业,计算机图形学也起着很重要的基础作用。可以说,计算机图形学已经在许多领域得到了应用。下面挑选一些主要应用进行简要介绍。

(1) 计算机辅助设计。

计算机辅助设计(Computer-Aided Design,CAD)是指使用计算机或工作站来帮助设计的创建、修改、分析或优化。CAD 软件用于提高设计师的生产力,提高设计质量,通过文档改善沟通,通过 CAD 软件进行的设计有助于保护专利申请中使用的产品和发明。CAD 输出通常以电子文件的形式进行打印、加工或其他制造操作。CAD 是一门重要的工业艺术,广泛应用于许多领域,包括汽车、造船和航空航天工业、工业和建筑设计、修复等。由于其巨大的经济重要性,CAD 已成为计算几何、计算机图形学(硬件和软件)和离散微分几何研究的主要推动力。

从 20 世纪 60 年代中期开始,随着 IBM 绘图系统的出现,CAD 系统开始提供更多的功能,而不仅仅是通过电子绘图再现手动绘图,转向 CAD 的成本效益变得显而易见。与手工绘图相比,CAD 系统的优势包括材料清单的自动生成、集成电路中的自动布局、干扰检查等。当前的计算机辅助设计软件包范围从基于二维矢量的绘图系统到三维实体和曲面建模器,如图 5-9 所示。现代 CAD 软件包还经常允许三维旋转,允许从任何所需角度查看设计对象,甚至从内部向外看。此外,一些 CAD 软件还能够进行动态数学建模。

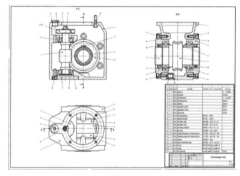

(a) 二维CAD绘图　　　　　　　　　　　　　　　(b) 三维CAD绘图

图 5-9　CAD 绘图

(2) 数字艺术。

数字艺术是一种艺术作品或实践使用数字技术作为创作或展示过程的一部分。自 20世纪 60 年代以来,人们用各种各样的名称来描述这一过程,包括计算机艺术和多媒体艺术。

数字艺术可以是纯计算机生成的作品,如分形和算法艺术,也可以从其他来源获取,如扫描照片或通过绘图板使用矢量图形软件绘制的图像。数字艺术包括显示在电子显示器上的二维视觉信息,通过电子显示器上的透视投影,从数学上转换为三维图像的信息。例如,通过简单的 2D 计算机图形,反映了如何使用铅笔在一张纸上进行绘制。当用户使用平板电脑手写笔或鼠标在计算机屏幕上绘制时,屏幕上生成的内容可能看起来是用铅笔、钢笔或画笔绘制的。此外,计算机图形在创建沉浸式虚拟现实装置时使用矢量图形,通过执行编码到计算机程序中的算法来生成 2D 或 3D 艺术。计算机的原生艺术形式主要有分形艺术、数据建模、算法艺术和实时生成艺术等。图 5-10 为分形艺术的作品。

图 5-10　分形艺术作品

（3）科学可视化。

科学可视化的目的是以图形化方式说明科学数据,使科学家能够理解、说明并从数据中收集信息。通过研究如何辅助人们阅读和学习各类知识,可以确定哪些类型和特征的视觉化在传达信息方面最容易有效理解。通过计算机软件可以模拟特定系统的抽象模型,计算机模拟已经成为物理学、计算物理学、化学和生物学中许多自然系统数学建模中常见的手段。此外,在经济学、心理学、社会科学、工程等学科中,通过科学可视化来深入了解这些系统的运行,或观察它们的行为。图 5-11 列举了科学可视化在不同学科中的应用。

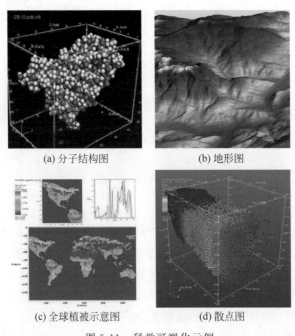

(a) 分子结构图　　　　　　(b) 地形图

(c) 全球植被示意图　　　　　(d) 散点图

图 5-11　科学可视化示例

（4）平面设计。

平面设计可以应用于一切视觉传达上的应用，从路标到技术示意图，从办公室备忘录到产品参考手册。平面设计可以帮助销售产品或想法，它适用于公司标识的产品和元素，如徽标、颜色、包装和文字。平面设计应用于娱乐行业的装饰、布景和视觉故事讲述。其他用于娱乐目的的设计示例包括小说、专辑封面、漫画书、电影制作中的开场白和闭幕词以及舞台上的节目和道具。平面设计也可能包括用于 T 恤衫和其他丝网印刷出售物品的艺术品。图 5-12 列举了不同场景下的平面设计案例。

图 5-12　平面设计应用举例

从科学期刊到新闻报道，观点和事实的表达往往通过视觉信息的图形和深思熟虑的组合得到改善，这就是所谓的信息设计。随着网络的出现，具有互动工具经验的信息设计师越来越多地被用于说明新闻故事的背景。平面设计可以包括数据可视化，这涉及使用程序来解释数据并将其形成具有视觉吸引力的表示，并且可以与信息图形相结合。

（5）虚拟现实。

虚拟现实是一种与现实世界相似或完全不同的模拟体验。当前的虚拟现实系统使用虚拟现实耳机或投影环境来生成逼真的图像、声音和其他感觉，以模拟用户在虚拟环境中的实际感受。使用虚拟现实设备的人能够环视人造世界，在其中移动，并与虚拟特征或项目进行交互。这种效果通常由 VR 头戴式耳机产生，该头戴式耳机由头戴式显示器组成，在眼睛前面有一个小屏幕，但也可以通过具有多个大屏幕的专门设计的房间产生。虚拟现实通常包括听觉和视频反馈，但也可以通过触觉技术实现其他类型的感觉和压力反馈。

虚拟现实常用于娱乐应用，如视频游戏、3D 电影和社交虚拟世界。自 2015 年以来，过山车和主题公园已经结合了虚拟现实技术，将视觉效果与触觉反馈相匹配。虚拟现实常被应用于心理疾病、医学、工程、美术、教育等领域，图 5-13 展示了虚拟现实在不同场景中的应用。例如，在社会科学和心理学中，虚拟现实提供了一种经济高效的工具来研究和复制受控环境中的交互，从而用作治疗干预的一种形式。在教育方面，虚拟现实的使用已经证明能够促进更高层次的思维,促进学生的兴趣和承诺、知识的获取,促进心理习惯和理解。

图 5-13   虚拟现实应用案例

5.3 色   彩

色彩在计算机图形学研究领域有着重要的作用,在设计一个好的图形作品时,需要对物体的表面建立光照模型从而进行上色。此外,在人类色彩感知领域尚有很多未解之谜。由于其重要性不仅涉及计算机成像方面,同时还关联到电子(数码)设备成像领域,我们将在这一节里对色彩的概念及属性进行简单介绍。

5.3.1 色彩基础

人们看到的色彩,事实上是以光为媒体的一种感觉。光是电磁波,能产生色觉的光只占电磁波中的一部分范围。而其中人类可以感受到的范围是 780～380nm,这部分光称为可见光。太阳光属于可见光,牛顿第一次实验时,利用棱镜分散太阳光,形成光谱。可见光在电磁波中的位置如图 5-14 所示。可以看出左侧波长比较长的电磁波主要用于广播、雷达、电视信号的传输,右侧波长比较小的电磁波主要是 X 射线、伽马射线,而可见光只占很小的一部分。

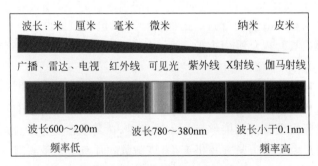

图 5-14   电磁波的种类与可见光

1671 年,牛顿命名的光谱中,彩虹的常见颜色包括仅由单一波长的可见光产生的所有颜色,即纯光谱颜色或单色颜色。表 5-1 显示了各种纯光谱颜色的近似频率(THz)和波长(nm),列出的波长是在空气或真空中测量的。颜色表不是一个确定的列表。纯光谱颜色形成一个连续的光谱,如何在语言上划分为不同的颜色是一个文化和历史问题(尽管世界各地的人们都以同样的方式感知颜色)。一个常见的列表确定了 6 个主要波段:红色、橙色、黄色、绿色、蓝色和紫色。牛顿的构想包括第 7 种颜色——青色,介于蓝色和紫色之间。

表 5-1 可见光谱的颜色

颜　　色	波长间隔/nm	频率间隔/THz
红色	约 700～635	约 430～480
橙色	约 635～590	约 480～510
黄色	约 590～560	约 510～540
绿色	约 560～520	约 540～580
青色	约 520～490	约 580～610
蓝色	约 490～450	约 610～670
紫色	约 450～400	约 670～750

5.3.2　色彩三属性

（1）色度/色相。

色彩最明显的特征是色彩的相貌和主要倾向,也指特定波长的色光呈现出的色彩感觉。每种颜色都有自己独特的色相(色度),区别于其他颜色。色彩是由于物体上的物理性的光反射到人眼视神经上所产生的感觉。色的不同是由光的频率的高低差别所决定的。作为色相,指的是这些不同频率的色的情况。频率最低的是红色,最高的是紫色。把红、橙、黄、绿、蓝、紫和处在它们各自之间的红橙、黄橙、黄绿、蓝绿、蓝紫、红紫这 6 种中间色——共计 12 种色作为色相环。在色相环上排列的色是纯度高的色,被称为纯色。这些色在环上的位置是根据视觉和感觉的相等间隔来进行安排的。用类似这样的方法还可以再分出差别细微的多种色来。在图 5-15 的色相环上,与环中心对称,并在 180°的位置两端的色被称为互补色。

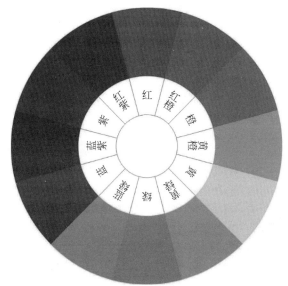

图 5-15　色相环

（2）亮度/明度。

表示色所具有的亮度和暗度被称为明度(亮度)。明度是辨别色彩明暗的程度。计算明度的基准是灰度测试卡。黑色为0,白色为10,在0~10之间等间隔地排列为9个阶段。色彩可以分为有彩色和无彩色,但后者仍然存在着明度。作为有彩色,每种色各自的亮度、暗度在灰度测试卡上都具有相应的位置值,如图5-16所示。彩度高的色对明度有很大的影响,不太容易辨别。在明亮的地方鉴别色的明度比较容易,在暗的地方就难以鉴别。

（3）饱和度/纯度。

纯度(饱和度)指色彩的饱和度或纯净程度,也就是一种色彩中所含该色素成分的多少,含得越多,纯度就越高,越少则纯度就越低。用数值表示色的鲜艳或鲜明的程度称为彩度。有彩色的各种色都具有彩度值,无彩色的色的彩度值为0,对于有彩色的色的彩度(纯度)的高

图 5-16　色度、亮度和饱和度的变化示意图

低,是根据这种色中含灰色的程度来计算的。彩度由于色相的不同而不同,而且即使是相同的色相,因为明度的不同,彩度也会随之变化的。降低纯度的方法有以下几种:①加入白色,加入越多,纯度越低,趋向粉色;②加入黑色,加入越多,纯度越低,趋向灰色;③加入对比色,加入越多,纯度越低,趋向灰色。

5.3.3　色彩模型

（1）HSB。

HSB色彩模式以人类对颜色的感觉为基础,描述了颜色的三种基本特性。它以色度(Hue)、饱和度(Saturation)和亮度(Brightness)来描述颜色的基本特征,为将自然颜色转换为计算机创建的色彩提供了一种直接方法。如图5-17所示,在进行图像色彩校正时,经常都会用到色度/饱和度命令,它非常直观。

色相(色度)就是纯色,即组成可见光谱的单色,色度以角度(0°~360°)表示,红色在0°,绿色在120°,蓝色在240°。饱和度代表色彩的纯度,为零时即为灰色。白、黑和其他灰度色彩都没有饱和度。最大饱和度时是每一色相最纯的色光。亮度是指色彩的明亮度,为零时即为黑色。最大亮度是色彩最鲜明的状态。饱和度和亮度以百分比值(0~100%)表示。

图 5-17　HSB 色彩模型

（2）RGB。

RGB的含义为红色(Red)、绿色(Green)、蓝色(Blue)。通过RGB三种颜色的混合,能够生成自然界里的任何一种颜色。一般RGB模式只用在屏幕上显示,不用在印刷上。用户的显示器使用的就是RGB模式,显示器里的电子枪把红色、绿色、蓝色激光射在显示器荧光屏幕上,可以在屏幕上混合色彩,变换荧光中光线的强度能生成各种色彩。在RGB模式中,每像素由24位的数据表示,其中RGB三种原色各用

了8位,因此这三种颜色各具有256个亮度级,能表示出256种不同浓度的色调,用0～255的整数值来表示。所以三种颜色叠加就能生成1677万种色彩。如此多的色彩,足以表现出五彩缤纷的世界了。RGB色彩模式是通过红、绿、蓝三种颜色的叠加产生的颜色,增加每种颜色的光强度会产生不同的颜色,所以RGB模式又称为加色模式,如图5-18所示。

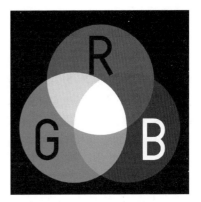

图5-18 RGB加色模式

(3) CMYK。

CMYK模式的颜色也被称作印刷色,原因是CMYK模式大多用在印刷上。CMYK的含义为青色(Cyan)、洋红(Magenta)、黄色(Yellow)、黑色(blacK)。这4种颜色都是以百分比的形式进行描述的,每一种颜色所占的百分比可以从0到100%,百分比越高,颜色越暗。CMYK模式是大多数打印机用作打印全色或者四色文档的一种方法,应用程序把四色分解成模板,每种模板对应一种颜色。然后打印机按比率一层叠一层地打印全部色彩,最终得到想要的色彩。

CMYK是一种用于印刷品依靠反光的色彩模式。我们是怎样阅读报纸的内容呢? 是由阳光或灯光照射到报纸上,再反射到我们的眼中,才看到内容。它需要有外界光源,如果你在黑暗房间内是无法阅读报纸的。因此,只要是在印刷品上看到的图像,就是CMYK模式表现的。例如,期刊、杂志、报纸、宣传画等都是印刷出来的,那么就是CMYK减色模式,如图5-19所示。

图5-19 CMYK减色模式

(4) Lab。

Lab模式是根据国际照明委员会(Commission Internationale de l'Eclairage,CIE)在1931年制定的一种测定颜色的国际标准建立的,于1976年被改进并且命名的一种色彩模式。Lab颜色模型弥补了RGB和CMYK两种色彩模式的不足。它是一种设备无关的颜色模型,也是一种基于生理特征的颜色模型。Lab颜色模型由三个要素组成,L是亮度,a和b是两个颜色通道。a包括的颜色是从深绿色(低亮度值)到灰色(中亮度值)再到亮粉红色(高亮度值);b是从亮蓝色(低亮度值)到灰色(中亮度值)再到黄色(高亮度值)。因此,这种颜色混合后将产生具有明亮效果的色彩。

5.3.4 色彩对比和感觉

色彩对比,主要指色彩的冷暖对比。电视画面从色调上划分,可分为冷调和暖调两大类。红、橙、黄为暖调,青、蓝、紫为冷调,绿为中间调,不冷也不暖。色彩对比的规律是,在暖色调的环境中,冷色调的主体醒目,在冷色调的环境中,暖色调主体最突出。色彩对比除了冷暖对比之外,还有边缘对比、色别对比、明度对比、饱和度对比等。下面挑选几种典型的色彩对比进行介绍。

(1) 边缘对比。

两种颜色对比时,在两种颜色的边缘部分对比效果最强烈,这种现象称为边缘对比。尤其是两种颜色互为补色时,对比更强烈。

(2) 色度对比。

在色彩三属性中以色度差异为主形成的对比称为色度对比。两种以上色彩组合后,由于色度差别而形成的色彩对比效果称为色度对比。它是色彩对比的一个根本方面,其对比强弱程度取决于色度之间在色相环上的距离(角度),距离(角度)越小对比越弱,反之则对比越强。

(3) 亮度对比。

在色彩三属性中以亮度的差异形成的对比称为亮度对比。亮度高的会显得明亮,亮度低的会显得更暗。例如,同一亮度的色彩,在白底上会显得暗,而在黑色背景上却显得更亮。

(4) 饱和度对比。

在色彩三属性中以饱和度差异形成的对比称为饱和度对比。同一饱和度的颜色,在几乎等亮度、等色度而饱和度不同的两种颜色背景上时,在饱和度低的背景色上的会显得鲜艳一些,而在饱和度高的背景色上会显得灰浊。

此外,色彩的视认性是指在一定的背景中的色彩在多长距离范围内能够看清楚的程度,和在多长时间内能够被辨别的程度。对色彩视认性影响最大的是色彩和背景之间的亮度差。在色彩设计中经常要求某些部分的色彩特别突出,例如,路边的一些交通警示牌,包装上的标志,等等,这就是色彩的醒目性。醒目性和视认性有一定的联系,但又不大相同。有些色彩容易引起人们的心理反应,能从多种色彩中显出醒目的效果。一般来说,明亮的、纯度高的、暖色调的色彩醒目性高,与背景色明度差大、接近补色关系的配色醒目性高。

5.4 真实感图形学相关技术

真实感图形是综合利用数学、物理学、计算机科学以及其他科学技术在计算机图形设备上生成的、像彩色照片那样逼真的图形。生成一幅真实感图形时,必须逐像素地计算画面上相应景物表面区域的颜色。显然,在计算可见景物表面区域的颜色时,不但要考虑光源对该区域入射光及光亮度和光谱组成,而且还要考虑该表面区域对光源的朝向、表面的材料和反射性质等。

5.4.1 基本光学原理和光照模型

在计算机图形学中为表达自然光照现象,需要根据光学物理的有关定律建立一个数学模型去计算景物表面上任意一点投向观察者眼中的光亮度的大小,这个就称为光照模型。

光照模型包含许多因素,如物体的类型、物体相对于光源与其他物体的位置以及场景中所设置的光源属性、物体的透明度、物体的表面光亮程度,甚至物体的各种表面纹理等。不同形状、颜色、位置的光源可以为一个场景带来不同的光照效果。一旦确定出物体表面的光学属性参数、场景中各面的相对位置关系、光源的颜色和位置、观察平面的位置等信息,就可以根据光照模型计算出物体表面上某点在观察方向上所透射的光强度值。

光照到物体表面时,物体对光会发生反射、透射、吸收、衍射、折射和干涉等。在简单光反射模型中,假设光源是点光源并且物体不透明。只需要模拟光照射到物体表面产生的反射现象,简单光照模型如式(5-1)所示。

$$\text{入射光} = \text{漫反射光} + \text{镜面反射光} + \text{环境光} \tag{5-1}$$

其中,漫反射光指光照射到粗糙、无光泽表面的光现象,它的特点是向各个方向均匀反射;镜面反射光指光照在光滑表面,特别是有光泽的表面时,可能在某个方向上看到很强的高光;环境光是指光源间接对物体的影响,是在物体和环境之间多次反射,最终达到平衡时的一种光,环境光的光强分布是均匀的,它在任何一个方向上的分布都相同。

综合上面介绍的光反射作用的各个部分,Phong 提出图形学中第一个有影响力的光照模型。Phong 光照模型有这样的一个表述:由物体表面上一点 P 反射到视点的光强 I 为环境光的反射光强、理想漫反射光强和镜面反射光的总和,即

$$I = I_a K_a + I_p K_d (LN) + I_p K_s (RV)^n \tag{5-2}$$

其中,I_a 为环境光强度;K_a 为物体表面对环境光的反射系数;I_p 为入射光强度;K_d 为入射光的漫反射系数($0 < K_d < 1$);L 为入射光的方向;N 为法线方向;K_s 为镜面反射系数;R 为镜面反射方向;V 为观察者视线方向;n 为与物体表面光滑度有关的一个常数,一般取 $1 \sim 2000$,n 越大代表表面越光滑。图 5-20 为光照模型的示意图。

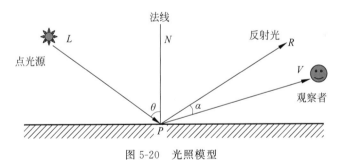

图 5-20 光照模型

5.4.2 透明与阴影

对于透明或半透明的物体,在光线与物体表面相交时,一般会产生反射与折射,经折射后的光线将穿过物体而在物体的另一个面射出,形成透射光。如果视点在折射光线的方向上,就可以看到透射光。最常见的方法是颜色调和法,该方法不考虑透明体对光的折射以及透明物体本身的厚度,光通过物体表面是不会改变方向的,故可以模拟平面玻璃。

设 t 是物体的透明度,$t \in [0,1]$,$t = 0$ 表示不透明,$t = 1$ 表示完全透明;设过像素(x,y)的视线与物体相交处的颜色(或光强)为 I_1,视线穿过物体与另一物体相交处的颜色(或光强)为 I_2,如图 5-21 所示,则像素(x,y)的颜色(或光强)的计算式如下:

$$I = t I_2 + (1 - t) I_1 \tag{5-3}$$

式中的 I_1 和 I_2 可由简单光照模型计算。

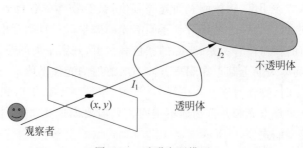

图 5-21　透明光照模型

阴影是现实生活中一个很常见的光照现象,它是由于光源被物体遮挡而在该物体后面产生的较暗的区域。在真实感图形学中,通过阴影可以提供物体位置和方向信息,从而可以反映出物体之间的相互关系,增加图形图像的立体效果和真实感。

当知道了物体的阴影区域以后,就可以把它结合到简单光照模型中去,对于物体表面的多边形,如果在阴影区域内部,那么该多边形的光强就只有环境光那一项,后面的那几项光强都为零,否则就用正常的模型计算光强。通过这种方法,就可以把阴影引入简单光照模型中,使产生的真实感图形更有层次感。

5.4.3　纹理映射技术

在现实世界中的物体,其表面通常有它的表面细节,即各种纹理。通过颜色色彩或明暗度变化体现出来的表面细节称为颜色纹理,如刨光的木材表面上有木纹,建筑物墙壁上有装饰图案,机器外壳表面有文字说明它的名称、型号等。另一类纹理则是由于不规则的细小凹凸造成的,例如,桔子皮表面的皱纹,称为几何纹理或称凹凸纹理。纹理映射是把得到的纹理映射到三维物体的表面的技术。

在纹理映射技术中,最常见的纹理是二维纹理。映射将这种纹理变换到三维物体的表面,形成最终的图像。二维纹理的函数表示如下:

$$g(u,v)=\begin{cases} 0 & [u\times 8]\times[v\times 8] \text{ 为奇数} \\ 1 & [u\times 8]\times[v\times 8] \text{ 为偶数} \end{cases} \tag{5-4}$$

为了实现这个映射,就要建立物体空间坐标 (x,y,z) 和纹理空间坐标 (u,v) 之间的对应关系,这相当于对物体表面进行参数化,反求出物体表面的参数后,就可以根据 (u,v) 得到该处的纹理值,并用此值取代光照模型中的相应项。二维纹理映射如图 5-22 所示。

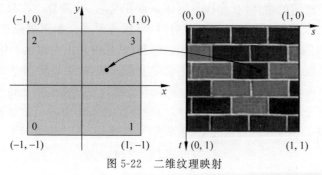

图 5-22　二维纹理映射

5.5　计算机动画

　　动画是一种操纵图形并显示为运动图像的方法。在传统动画中,图像是用手在透明的胶片上绘制的,以便在胶片上播放展示。如今,大多数动画都是用计算机生成图像(Computer-Generated Imagery,CGI)技术制作的。计算机动画有 2D 动画和 3D 动画,2D 计算机动画可以用于风格、低带宽或更快的实时渲染。通常,动画效果是通过快速连续的序列图像来实现的,这些图像之间的差异比较小,从而产生连续的视觉效果。动画在我们的生活中非常普遍,除了短片、故事片、电视连续剧、图形交换格式(Graphics Interchange Format,GIF)动画和其他专门用于显示运动图像的媒体外,动画还普遍存在于视频游戏、运动图形、用户界面和视觉效果中。

　　动画之所以能让人们产生连续的视觉效果,是基于视觉暂留原理。这一原理由英国科学家彼得·罗杰(Peter Roget)于 1824 年发现并定义。1829 年,另一位科学家约瑟夫·普拉托(Joseph Plateau)进一步研究证明物象平均的暂留时间为 0.34 秒。为了诱使眼睛和大脑认为它们看到的是一个平稳移动的物体,图片应该以每秒 12 帧或更快的速度绘制。帧的速率并不是越高越好,速率高于每秒 75~120 帧,由于眼睛和大脑处理图像的方式不同,真实感和平滑度都无法提高。在低于每秒 12 帧的速度下,大多数人都可以检测到与绘制新图像相关的抖动,从而降低真实运动的错觉。传统手绘卡通动画通常使用每秒 15 帧,以节省所需的绘图数量,这个帧的速率通常被人们接受。为了产生更逼真的图像,计算机动画需要更高的帧速率。在视觉暂留原理的指导下,经过许多先驱者的劳动最终产生了电影和动画片,动画的技术指标用"帧速率"来描述并最终确定为每秒 24 帧。

5.5.1　动画的起源

　　25000 年前的石器时代洞穴上的野牛奔跑分析图,是人类试图捕捉动作的最早证据,在一张图上把不同时间发生的动作画在一起,这种"同时进行"的概念间接显示了人类"动"的欲望。文艺复兴时期,达·芬奇画作上的人有 4 只胳膊,表示双手上下摆动的动作;中国绘画史上,艺术家有把静态绘画赋予生命的传统,如南朝谢赫的"六法论"中主张"气韵生动"。清代蒲松龄的《聊斋志异》中,"画中仙"人物走出卷轴同样体现了古人对活动画面的诉求。这些和动画的概念都有相通之处。

　　在真正的动画出现之前的数百年里,世界各地的人们都在欣赏由木偶、皮影戏和幻灯等手工制作和操纵的移动人物表演。图 5-23 展示的是一个 1720 年的幻灯,它将一个怪物投射到墙壁上。该幻灯是已知保存最古老的例子之一,目前在莱顿布尔哈夫博物馆收藏。从 18 世纪末到 19 世纪上半叶,在西欧剧院非常流行的多媒体幻影表演,以移动的

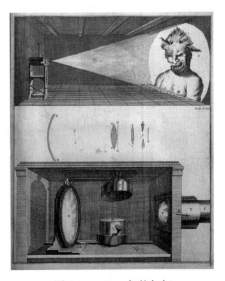

图 5-23　1720 年的幻灯

鬼魂和其他可怕的运动图像的逼真投影为特色。

1833年,频闪观测盘引入了现代动画的原理,连续图像被一个接一个地快速显示,形成了一种电影的视觉错觉,如图5-24(a)所示。数千年来,人们偶尔会制作一系列连续图像,但频闪盘提供了第一种以流畅的动作表现这些图像的方法,艺术家们也首次创作了一系列动作的适当系统分解。频闪动画原理也应用于西洋镜(1867年,如图5-24(b)所示)、翻页书(1868年,如图5-24(c)所示)等原始动画制作中。19世纪的动画平均包含大约12幅图像,这些图像通过手动旋转设备显示为连续循环。翻页书通常包含更多的图片,并且有一个开始和结束,但是它的动画不会持续超过几秒。

 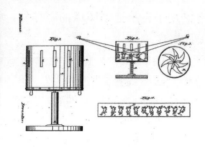 

(a) 1833年的频闪盘　　　　　(b) 1867年的西洋镜　　　　　(c) 1868年的翻页书

图 5-24　原始的动画播放装置

19世纪末期,由埃米尔·雷诺德(Émile Reynaud)发明的光学剧场是一种动画电影系统,并于1888年获得专利。图5-25展示了1892年7月发表在《自然》杂志上的想象中的动画场景。从1892年10月至1900年3月,雷诺德在巴黎格雷文博物馆为总共50多万名观众举办了12 800场演出。他的哑剧《发光体》系列动画片于1895年12月28日首次商业公开放映,这一直被视为电影的诞生。

图 5-25　1892年7月发表在《自然》杂志上的想象中的动画场景

5.5.2 传统动画的发展史

1895 年,电影摄影终于取得了突破,这一新型媒体对逼真细节的描绘被视为当时的伟大成就。直到几年后,制造商才将电影动画商业化。图 5-26 展示的埃米尔·科尔的《幻想曲》(1908 年)是已知的最古老的传统手绘动画。其他非常有影响力的动画短片有拉迪斯拉斯·斯塔雷维奇在 1910 年创作的木偶动画以及温莎·麦凯创作的《小尼莫》(1911 年)和《恐龙格蒂》(1914 年)等动画影片。

图 5-26　埃米尔·科尔的《幻想曲》(1908 年)

大约从 1910 年开始,动画卡通的制作在美国开始成为一个产业,动画产业在美国逐渐进入黄金时期。1928 年,以米奇老鼠和米妮老鼠为主角的《汽船威利》(Steamboat Willie)以同步声音推广了这部电影,并使华特·迪士尼的工作室走在了动画行业的前列。

米奇老鼠的巨大成功被视为美国动画黄金时代的开始,这一黄金时代持续到 20 世纪 60 年代。美国以大量动画剧场短片主宰了世界动画市场。有几家电影公司推出了一些非常受欢迎且生命力长久的动画角色,包括玛丽亚·布蒂诺瓦电影公司的 *Mapmo*(1924 年)和 *The Leo King Knott*(1931 年),华特·迪士尼制作公司的《高飞》(1932 年)和《唐老鸭》(1934 年),华纳兄弟卡通公司的《波基猪》(1935 年)、《达菲鸭》(1937 年)和 *Tweety*(1941/1942 年)等,弗莱舍工作室/派拉蒙卡通工作室的《贝蒂·波普》(1930 年)、《大力水手》(1933 年)和《超人》(1941 年),米高梅卡通工作室的《汤姆和杰瑞》(1940 年)与沃尔特·兰茨制作公司/环球卡通工作室的《伍迪啄木鸟》(1940 年),20 世纪福克斯的《大老鼠》(1942 年)和联合艺术家公司的《粉红豹》(1963 年)等。图 5-27 展示了部分有代表性的传统动画作品,有些作品直到今天还受到很多小朋友的喜爱。

(a) 1928年的《汽船威利》　(b) 1934年的《唐老鸭》　(c) 1940年的《汤姆和杰瑞》　(d) 1933年的《大力水手》

图 5-27　典型的传统动画

1937 年,华特·迪士尼工作室的第一部动画片《白雪公主和七个小矮人》(图 5-28)放映,截至 2020 年 5 月,这部动画片仍然是票房最高的传统动画片之一。弗莱舍工作室在 1939 年以《格列佛游记》取得了一些成功。但迪士尼接下来的几部电影《皮诺曹》、《幻想曲》

图 5-28　动画片《白雪公主和七个小矮人》

（均为 1940 年）和弗莱舍工作室的第二部动画片《Bug 先生进城》（1941/1942 年）的票房均告失败，部分原因是第二次世界大战切断了国外市场。此后几十年，迪士尼成为美国唯一一家定期制作动画片的工作室。

相对而言，很少有电影制造商能像迪士尼那样成功，但其他国家也发展了自己的动画产业，制作了各种风格的短剧和戏剧动画，通常包括定格动画和剪贴动画技术。俄罗斯联盟电影公司动画工作室成立于 1936 年，平均每年制作 20 部电影（包括短片），2018 年达到 1500 多部。中国、捷克、意大利、法国和比利时是其他发行动画片的国家，而日本则成为动画片制作强国，有效推动了动漫风格的发展。

5.5.3　计算机动画的发展史

与传统动画技术使用 2D 插图的逐帧动画不同，计算机动画通过建立 3D 模型生成连续的图像帧。计算机生成的动画还可以在不使用演员、昂贵的布景或道具的情况下制作电影视频。20 世纪 60 年代，贝尔电话实验室开发了早期的数字计算机动画，此外，劳伦斯·利弗莫尔国家实验室也在开始制作数字动画。

1967 年，Charles Csuri 和 James Shaffer 制作了一部名为《蜂鸟》的计算机动画。1968 年，Nikolai Konstantinov 制作了一部名为《小猫》的计算机动画，描绘了一只猫在四处走动。1971 年推出的一部名为《元数据》的计算机动画，显示了各种形状。

计算机动画史上的一个早期阶段是 1973 年电影《西部世界》的续集，这是一部科幻电影，讲述了机器人在人类社会中生活和工作的故事，如图 5-29 所示。它的续集《未来世界》（1976 年）使用了 3D 线框图像，其中有由犹他大学毕业生利用计算机创作生成出动画的手和脸。

(a) 1973年的《西部世界》

(b) 1976年的《未来世界》

图 5-29　早期的计算机动画

计算机生成图像 CGI 短片自 1976 年以来一直作为独立动画制作。结合 CGI 动画的故事片的早期例子包括 *Tron*（1982 年）和日本动画电影 *Golgo 13：the Professional*（1983 年）。*Veggie Tales* 是第一个直接销售的美国全 3D 计算机动画系列（1993 年制作），它的成功启发了其他动画系列，如 1994 年的 *ReBoot* 和 1996 年的《变形金刚：野兽大战》。

第一部完整长度的计算机动画电视连续剧是 *ReBoot*，于 1994 年 9 月首播；《玩具总动员》（1995 年）是皮克斯制作的第一部长篇计算机动画电影，如图 5-30 所示。这部电影讲述了一个牛仔娃娃的故事，当一个超级英雄太空人动作人偶取代他成为最受欢迎的玩具时，他不得不与其成为朋友。这部开创性的电影也是许多全计算机动画电影中的第一部。《玩具总动员》的出现证明了完全靠 CGI 技术生成一部影片的可能性。作为第一部计算机三维动画长片，《玩具总动员》以高清晰的图像质量、吸引人的角色和引人注目的故事情节确保了它的巨大成功。《玩具总动员》的制作动员了 100 多人花了将近 4 年的时间才得以完成。因为每帧的数据量高达 300MB，而这部影片包含了 1560 个镜头和 110 000 帧，最终为生成全部三维动画在 SGI 和 Sun 工作站上耗费了超过 80 万个机时。电影制作人不懈的努力带来了回报。《玩具总动员》不但票房收入丰厚，也得到如潮的评论赞扬，并获得了三个奥斯卡奖提名。导演 Lasseter 被授予了一个奥斯卡特别成就奖。

《玩具总动员》宣告了一个新的动画时代和电影时代的来临。它彻底改变了动画的生产方式及电影的制作方式。其意义不亚于《白雪公主和七个小矮人》在 1937 年给动画带来的革命性影响。在接下来的 10 年中，观众开始热切期待使得传统动画几乎被废弃的计算机动画。

在美国现代动画时代，特别是在特效领域，计算机动画的普及率飙升。像《阿凡达》（2009 年，如图 5-31 所示）和《丛林之书》（2016 年）这样的电影在大部分电影运行时都使用 CGI，但仍然使用了人类演员。《阿凡达》的开发始于 1994 年，这部电影广泛使用了新的动作捕捉拍摄技术，并发布用于传统观看、3D 观看的不同版本以及在韩国的部分 4D 立体影

图 5-30　《玩具总动员》

图 5-31　《阿凡达》

第5章　计算机图形与动画技术

院播放。阿凡达在近十年来一直是全球票房最高的电影,直到 2019 年被《复仇者:终局》超越,它还成为第一部总收入超过 20 亿美元的电影,并成为 2010 年美国最畅销的视频。《阿凡达》获得了包括最佳影片和最佳导演在内的 9 项奥斯卡奖提名,并获得了最佳艺术指导、最佳摄影和最佳视觉效果奖。

5.5.4 计算机动画关键技术

计算机动画结合了对象的 3D 建模和编程。这些模型由三维坐标系中的几何顶点、面和边构成。在 3D 模型的基础上,必须使用纹理进行绘制,以实现真实感。此外,通过设置骨骼/关节动画系统以使 CGI 模型实现变形,例如,人形模型的行走。动画数据可以由人类动画师设置关键帧或使用运动捕捉来完成,下面对这两种技术进行介绍。

(1) 关键帧技术。

所谓关键帧技术,就是给需要动画效果的属性准备一组与时间相关的值,这些值都是在动画序列中比较关键的帧中提取出来的,而其他时间帧中的值,可以用这些关键值,采用特定的插值方法计算得到,从而达到比较流畅的动画效果。

早期的计算机动画生成几幅被称为"关键帧"的画面后,由计算机对两幅关键帧进行插值生成若干"中间帧"(每一幅都是对前一幅做小部分修改,如何修改便是计算机动画的主要研究内容),连续播放时两个关键帧就被有机地结合起来,整个场景就动起来了。一个简单的关键帧的例子如图 5-32 所示,图中编号为 1、2、3 号的图像为关键帧,利用一定的计算机模型生成其余的中间帧,连续播放就能产生动画的效果了。

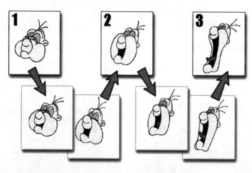

图 5-32　关键帧技术

(2) 动作捕捉。

动作捕捉是记录物体或人的运动的过程。它用于军事、娱乐、体育、医疗应用以及计算机视觉和机器人技术的验证。在电影制作和视频游戏开发中,它通过记录人类演员的动作,并使用这些信息在 2D 或 3D 计算机动画中为数字角色模型制作动画。如果包括面部和手指等微妙表情动作的捕捉,通常被称为性能捕捉。图 5-33 展示了一个身体动作捕捉系统。在许多领域,动作捕捉有时被称为运动跟踪,但在电影制作和游戏中,运动跟踪通常指匹配运动。

与传统的 3D 模型计算机动画相比,动作捕捉具有以下四个优势。

① 低延迟,接近实时获得结果。在娱乐应用中,这可以降低基于关键帧的动画的成本。

② 工作量不会像使用传统技术时那样随表演的复杂性或长度而变化。

图 5-33　身体动作捕捉系统

③ 复杂的运动和真实的物理交互,如二次运动、重量和力的交换,可以很容易地以基于物理原理的精确方式重新创建。

④ 与传统动画技术相比,在给定时间内可以生成的动画数据量非常大。这有助于提高成本效益和加快生产周期。

在视频游戏中,通常使用动作捕捉来为游戏角色制作动画。运动捕捉在 1994 年世嘉 2 号街机游戏《虚拟战士 2》中被用于制作 3D 角色模型的动画。1995 年的街机游戏《灵魂边缘》使用被动光学系统标记进行动作捕捉。

电影常常使用动作捕捉实现动画特效,在某些情况下取代了传统的动画,并完全由计算机生成动画形象,如《加勒比海盗》中的木乃伊、金刚等,《阿凡达》中的纳威人。《霍比特人:意外之旅》中的许多兽人和地精也都是通过动作捕捉创造的。《指环王:双塔》是第一部采用实时动作捕捉系统的故事片。这种方法将演员的动作实时传输到计算机生成的角色的皮肤中。

虚拟现实和增强现实的一些生产商允许用户通过捕捉手部运动实时与数字内容交互。这对于训练模拟、视觉感知测试或在 3D 环境中执行虚拟任务非常有用。此外,步态分析是运动捕捉在临床医学中的一个应用。这些技术使临床医生能够评估人体在几个生物力学因素中的运动,通常是将这些信息实时输入分析软件。图 5-34 展示了使用动作捕捉系统记录步态序列。

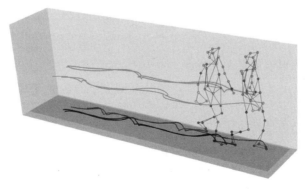

图 5-34　使用动作捕捉系统记录的步态序列

常见的光学运动捕捉系统有被动光学系统和主动光学系统。被动光学系统使用涂有标记反射的材料来反射光,从而被相机记录。主动光学系统通过一次快速点亮一个发光二极管(Light Emitting Diode,LED)或用软件点亮多个LED,通过它们的相对位置来识别位置,这有点类似于天体导航。这些标记本身可以发光,而不是将外部产生的光反射回来。这种方法可以产生极低的标记抖动和高测量分辨率,通常在校准体积内降至0.1mm。图5-35展示了一个高分辨率有源标记动作识别系统。

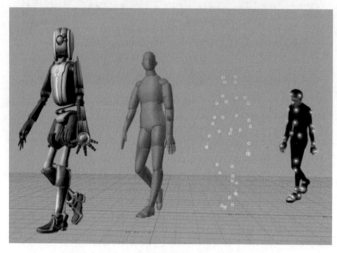

图5-35　高分辨率有源标记动作识别系统

本 章 小 结

计算机图形技术已经在我们的生活中得到了广泛的应用,并产生了深刻影响。本章首先对计算机图形学的相关概念进行简单介绍,包括它的定义、研究内容和相关学科领域,并梳理计算机图形学的发展历史和主要应用;然后,介绍图形学中有关色彩的相关知识,如色彩三属性、色彩模型等;接着,重点介绍真实感图形学的相关技术,包括光照模型、透明和阴影、纹理映射等;最后,对计算机图形学的典型应用——计算机动画进行详细的介绍,包括计算机动画的发展历史和关键技术。

本 章 习 题

1. 简述计算机图形学的定义及特点。

2. 图形的几何要素主要有哪些?如果要建一座房子的模型,在计算机内部如何建立房子的几何拓扑信息?

3. 简述计算机图形学与计算机视觉的区别和关系。

4. 分别描述真实感图形学和非真实感图形学的主要特征,并简单比较两者的区别。

5. 计算机图形学已经在许多领域得到了应用,如计算机辅助设计、数字艺术、平面设计等,试描述一种计算机图形学在你身边的应用,重点说明它是如何利用图形学技术的。

6．可见光是电磁波中的一部分，简述可见光的频率和波长范围。

7．简述色彩的三属性，并说明每个属性的物理意义。

8．RGB 色彩模型主要用于哪些场景？为什么它被称为加色系统？

9．Phong 光照模型主要由哪几部分组成？

10．简述视觉暂留原理，并说明一般动画的帧速率需要达到多少，人眼才能产生连续的动画感觉。

11．简述关键帧技术的原理。

12．与传统的 3D 模型计算机动画技术相比，动作捕捉技术有哪些优点？

第6章 虚拟现实技术及应用

虚拟现实技术正处于迅速发展阶段,工业和信息化部指出,2019年全球虚拟现实产业正从起步培育期向快速发展期迈进,到2025年我国虚拟现实产业整体实力将进入全球前列。不仅如此,2020年中国虚拟现实产业规模约为40.9亿美元,较2019年增长65.9%,占全球总额的38.3%,处于领跑位置,美国、欧盟和日本紧随其后。虚拟现实技术囊括计算机、电子信息、仿真技术,其基本实现方式是计算机模拟虚拟环境从而给人以环境沉浸感。随着社会生产力和科学技术的不断发展,各行各业对虚拟现实技术的需求日益旺盛,虚拟现实技术的应用前景值得期待。

6.1 虚拟现实基本概念

6.1.1 虚拟现实定义

虚拟现实(Virtual Reality,VR)是指利用计算机技术模拟出一个三维空间,用户置身其中,可以进行实时实地的观察动作,计算机技术会提供视觉听觉等感官的模拟。用户在行进过程中,虚拟的三维空间也会根据计算机相关运算不断进行更新。该技术以逼真的使用体验闻名,它将计算机图形、仿真、人工智能等最新技术融会贯通,是一种由计算机技术辅助生成的高技术模拟系统。

目前,标准虚拟现实系统使用虚拟现实设备或多投影环境来生成逼真的图像、声音和其他感觉,以模拟用户在虚拟环境中的实际存在。使用虚拟现实设备的人能够环顾虚拟世界,在其中移动,并与虚拟特征或物品进行交互。这种效果通常由头戴式显示器实现,该显示器眼前有一个小屏幕,但也可以通过具有多个大屏幕的专门设计的房间来创建。虚拟现实通常包含听觉和视觉反馈,但也允许通过其他类型的感官和力反馈。

6.1.2 虚拟现实发展情况

莫顿·海利希(Morton Heilig)在20世纪50年代创造性地想到了"体验剧院"这一概念,并详细地阐述它可以有效地涵盖所有感官,从而将观众的注意力吸引到屏幕上的演出中。1962年,他构建了一个名为Sensorama的视觉原型,并在其中展示了5部短片,同时涵盖了多种感官(视觉、听觉、嗅觉和触觉)。海利希还开发了他所谓的"Telesphere Mask"(1960年获得专利)。该专利申请将该设备描述为"供个人使用的伸缩电视设备以使观众获得完整的真实感,即移动的三维图像,这些图像可能是彩色的,具有100%的周边视觉、双声道、气味和空气微风。"

1968年,Ivan Sutherland在包括Bob Sproull在内的学生的帮助下,创建了被广泛认为是第一个用于沉浸式模拟应用的头戴式显示系统。它在用户界面和视觉真实感方面都很原始,而且用户佩戴的虚拟头戴设备太重,以至于不得不悬挂在天花板上。构成虚拟环境的图形是简单的线框模型房间。该设备因令人生畏的外观被称为"达摩克利斯之剑"。

1970—1990年虚拟现实产业主要为医疗、飞行模拟、汽车工业设计、军事训练等提供VR设备。早期的虚拟现实中,值得注意的是阿斯电影地图,它由美国麻省理工学院于1978年创建,用户可以徜徉在三种街头模式中:夏季、冬季和三维模式。前两个模式无论春夏秋冬由研究人员实际拍摄城市街道每一个运动。到了20世纪80年代,贾瑞恩·拉尼尔(Jaron Lanier)使"虚拟现实"广为人知。拉尼尔于1985年创办VPL Research,研究几种可行的虚拟现实设备,如数据手套、眼睛电话。

到了20世纪90年代,虚拟现实正式开始了商用模式。1991年出现了一款名为"Virtuality 1000CS"的VR头盔,然而其充分展现了VR产品的尴尬之处——外形笨重、功能单一、价格昂贵,但VR游戏的火种却也在这个时期被种下。1993年雅达利公司发布与娱乐VR系统制造商Virtuality联合开发的JaguarVR虚拟现实头盔,同样,它并未取得成功,据说至今仅有两个原型机存在,其中一个在eBay上拍卖,售价超过1.4万美元。1995年,任天堂针对游戏产业而推出Virtual Boy,引起了不小轰动,但依然没有普及,因为设备成本很高,并且在当时的环境,这似乎也过于超前了;同时其在技术上也依然面临一些问题,以Virtual Boy为例,游戏画面、故障等问题都不利于其发展,以至于最后使得VR的这次小小爆发遗憾以失败告终。

在任天堂之后,又是近20年的时间内,已经没有公司敢于将VR带入商业领域,直到2012年Kickstarter的众筹模式给了一个刚刚成立的公司Oculus一个机会,Oculus Rift募资达160万美元,并且后来又被Facebook以20亿美元的天价收购。Oculus直接将VR设备拉低到了300美元(约合人民币1900余元),而同期的索尼头戴式显示器HMZ-T3高达6000元左右),这使得VR向大众视野深深地走近了一步。这种亲民的设备定价也为技术的爆发奠定了基础。2016年至今,随着Oculus、HTC、索尼等一线大厂多年的努力,整个VR行业正式进入内容爆发成长期。

6.1.3 虚拟现实主要特征

虚拟现实是当今融媒体应用的最高体现之一,它包含诸多领域与技术的碰撞和融合。其高逼真度和实时交互性为人机系统的仿真技术提供了有力的支持。虚拟现实主要包括三种特征:沉浸感(Immersion)、自然交互(Interaction)和超现实(Imagination)。

沉浸感又称为临场感,是指用户作为体验者存在于虚拟环境中的真实程度。好的VR设备应该让体验者有身临其境的感受,而非只是四周多了几块屏幕。沉浸感来源于很多方面,体验者可以通过佩戴头盔显示器、数据手套等交互设备,将自己置身于虚拟环境中,使观看者感觉就像在现实世界中一样。如图6-1所示,体验者的大脑会用他们从VR头戴式显示器中看到和听到的东西来欺骗自己,让他们有一种身临其境的感觉,并认为他们所经历的感觉是真实的。

自然交互是指用户的可操作性程度达到模拟环境中物体的自然程度和真实环境反馈的自然程度。不同于计算机的键鼠交互,VR技术中的人机交互是类自然的交互。有两种类型的交互,即三自由度(3 Degrees of Freedom,3DoF)交互和六自由度(6 Degrees of Freedom,6DoF)交互。通常,3DoF是用户可以使用VR头盔观察四周的景象并将头部左

图 6-1　虚拟现实的沉浸感

右晃动以扩大可以探索的地方；而 6DoF 需要借助功能强大的游戏笔记本电脑或计算机来处理信息，以便使用传感器、数据手套和其他传感设备等额外配件进行游戏和互动。该设备根据用户的头部、手部、眼睛、语言和身体的运动来调整系统呈现的图像和音频。

超现实是指虚拟现实世界依托于现实世界，但限制内容创作的只有想象力本身，完全可以创造出超越现实的虚拟世界。

VR 的出现拓展了人类观察世界的方式，大大提升人类的认知能力。可以说 VR 技术就是人类与计算机交互的完美案例。计算机图形学和人类在 VR 系统中都有着无可替代的地位。有了 VR 技术，我们可以沉浸式体验现实生活中看不见的景象或者研究难以观察的物体，从而加深人类对世界的认识，最终达到认识更本质的客观世界的目的。

6.1.4　虚拟现实典型设备

VR 眼镜(图 6-2)主要是用于观看 3D 电影或者玩一些简单的 VR 游戏，诸如谷歌的 Cardboard 和暴风魔镜都属于这种，淘宝网上价格从几十元到几百元不等，是市面上最流行、销量最高、普及率最广的 VR 产品。其主要结构是两枚凸透镜，原理和观看左右格式 3D 电影类似。使用时把手机嵌入，手机中的图像为左右两部分，两幅单独的画面送至双眼，每只眼睛只看到其中一幅，以此带来 3D 效果。这类设备对手机屏幕分辨率要求较高，因为凸透镜本身要对画面进行倍数放大，低分辨率屏幕颗粒感会很明显。

图 6-2　VR 眼镜

VR 头盔(图 6-3)是眼下主流大厂力推的产品，它在使用时需要搭配单独的主机，如 PC 或者家用游戏主机。由于主机端产品的配置可以做到很高，VR 头盔的体验效果也更为出色，可以打造出最贴合虚拟现实概念的设备。与谷歌 Cardboard 和三星 Gear VR 相比，Oculus Rift、HTC Vive 和 PlayStation VR 的设置更加复杂，但能实现的功能也强大许多，如位置追踪、无线控制等，搭配丰富的遥控套件，VR 头盔可以使体验者更具沉浸感。不过这三款高端 VR 设备需要与计算机或游戏主机配套使用，整套设备的成本要高出很多，普遍得花费数千美元来打造成套的 VR 系统。

图 6-3　VR 头盔

VR 一体机本身内置处理器,并集成了屏幕,使用时无须再放入手机或者外接主机,自身就具备独立的显示设备和计算单元。为了实现更好的体验效果,其必然要花费更高的成本,容易失去价格的优势,就目前的技术水平,VR 一体机的体验也无法达到 VR 头盔主机端的层级。现在市面上的一体机头戴显示产品较少,玩家选择不多,VR 一体机的处境较为尴尬。不过它也有着可移动、更便携的特点,在折中的体验效果下,成本还是要比 VR 头盔的整套方案更低廉一些。目前 AMD、谷歌、腾讯等公司都宣布将着手 VR 一体机的研发,未来前景值得期待。

6.2　虚拟现实关键技术

6.2.1　动态环境建模技术

虚拟现实系统强调沉浸感、逼真性,即要求较高的真实感。既强调自然的交互方式,又要满足交互的实时性。实时性和真实感是评价许多计算机图形学算法的一个基本标准。在建模的过程中将真实感、实时性和交互性作为指导原则是面向虚拟现实建模的显著的特点。

VR 系统建模与传统的动画建模有着本质上的不同:首先,由于要实时运行三维模型,其建模方法与以造型为主的建模有很大的不同,大多用其他技术如纹理而不是增加几何造型复杂度来提高逼真度。其次,VR 建模中要说明的内容比传统系统建模的多,除说明造型外还要说明许多系统连接,如自由度、层次细节等。虚拟现实建模与三维动画主要区别如表 6-1 所示。

按照虚拟场景的构造方法来区分,虚拟现实技术常用的有三种建模方法:基于图像的虚拟建模法、基于几何模型的虚拟建模法和基于图形与图像混合建模方法。

表 6-1　虚拟现实与三维动画比较

技术领域	特　　点	用　　户	应　　用
虚拟现实	具有真实感、实时性和交互性,考虑交互性和实现意图;模型细节比较少,可以提高实时性	亲身体验虚拟三维空间,身临其境,双向互动,无时间限制,可真实详尽地展示	主要用于仿真,需要对用户输入做出反应,如飞行训练、影视游戏和视景仿真等
三维动画	牺牲实时性,达到视觉上的真实和完美,非交互性的美学和视觉效果;细节较多,效果预先决定	预先假定观察路径,无法改变,单向演示。场景变化,画面需事先制作,生成受动画制作时间限制,无法详尽展示	主要用于电影、印刷图画及预先设计好的演示等

(1) 基于图像的虚拟建模法。

基于图像的虚拟建模法不依赖于三维几何建模,主要利用照相机采集的离散图像或摄影机采集的连续视频作为基础数据,经过图像处理生成真实的全景图像,然后通过合适的空间模型把多幅全景图像组织为虚拟实景空间,用户在这个空间中可以进行前进、后退、环视、仰视、俯视等操作,从而实现全方位观察三维场景的效果,多用于漫游系统。

(2) 基于几何模型的虚拟建模法。

基于几何模型的虚拟建模技术常用于大规模场景的建模。它以计算机图形学为基础,首先对真实场景进行抽象,用多边形构造虚拟景观的三维几何模型,并建立虚拟环境中的光照和材质模型。然后进行纹理映射、模型的可见消隐和控制参数的设定,最后通过软件控制观察者的位置和光照,在输出设备上实时渲染绘制视景画面,从而完成对整个场景的漫游。

(3) 基于图形与图像混合建模的虚拟建模法。

上述两种方法各有优缺点,如果采用基于图形与图像混合建模技术就能将两者的优点集合于一体,在应用中扬长避短。混合建模技术的基本思想是先利用基于图像的虚拟建模法构造虚拟场景的环来获得逼真的视觉效果,同时对虚拟环境中用户要与之交互的对象利用基于几何模型的虚拟建模法来进行实体构建,这样既增加了场景真实感,又能保证实时性与交互性,提高用户的沉浸感。混合建模虽然具有各种优点,但同时也带来了很多技术上的困难。因此,混合建模技术现在还处于探索研究阶段,还没有得到广泛应用。

6.2.2　实时三维图形生成技术

实时三维图形图像生成技术目的就是在实际环境中获取三维数据,然后利用这些数据,在计算机中建立相应的虚拟环境模型,将客观世界的对象在相应的三维虚拟世界中进行重构。该技术的关键是要解决"实时"的问题,要在不降低图像质量的情况下,提高图像的刷新频率。

提高实时性的技术主要有细节层次技术、基于图像的图形绘制技术、模型简化技术、场景调度管理技术、实例化技术。

(1) 细节层次技术。

细节层次技术是在不影响画面视觉效果的前提条件下,用一组复杂程度(一般以多边形数或面数来衡量)各不相同的实体层次细节模型来描述同一个对象,并在图形绘制时依据视点远近或其他一些客观标准在这些细节模型中进行切换,自动选择相应的显示层次,从而能够实时地改变场景复杂度的一种技术。

（2）基于图像的图形绘制技术。

该技术是直接利用拍摄得到的实景图像来构造虚拟场景，具有快速、简单的优点，缺点是观察点及观察方向受到限制，不能实现完全的交互性操作。

（3）模型简化技术。

基于顶点聚类的网格简化算法和基于边折叠的网格简化算法等，可以简化较为简单的模型结构。但对于某些复杂的模型，简化效果还是不能令人满意，往往需要手工简化，而手工简化的工作量是非常巨大的，因此更为复杂的模型简化技术亟待提出。

（4）场景调度管理技术。

现在的研究主要集中在场景地形的分块调度和场景模型的动态调度上。动态地选择小单元地形模型进行调用，不用调用整个地形模型，能有效地提高系统输出视景的实时性。

（5）实例化技术。

当三维复杂场景模型中有多个几何形状相同但位置不同的物体时，实例化技术可以解决这个问题。相同的几何体可以共享同一个模型数据，通过矩阵变换安置在不同的地方，这时只需要一个几何数据的存储空间，可以大大地节约内存空间。

6.2.3　立体显示和传感器技术

头戴式显示设备是虚拟现实的核心设备和实现沉浸交互的主要方式之一。头戴设备所用到的立体高清显示技术是最关键的一项技术，该技术是以人眼的立体视觉原理为依据的。人们需要通过双眼来观察世界才能获得立体感，那么在虚拟现实系统中，如何通过头戴式显示设备来还原立体三维的显示效果呢？

（1）偏振光分光3D显示。

偏振光是一个光学名词，在本书中将不会过多介绍。不过这种技术的原理是使用偏振光滤镜或偏振光片来过滤掉特定角度偏振光以外的所有光，让零度的偏振光只进入右眼，90°的偏振光只进入左眼。两种偏振光分别搭载两套画面，观众观看时需要佩戴专用的眼镜，而眼镜的镜片则是用这种原理制成，从而完成二次过滤。

（2）图像分色立体显示。

在使用分色技术制作影像时，会将不同视角上拍摄的影像以两种不同的颜色保存在同一幅画面中。在播放影像时，观众需要佩戴红蓝眼镜，每只眼睛都只能看到特定颜色的图像。而因为不同颜色的图像的拍摄位置有所差别，因此双眼将所看到的图像传递给大脑后，大脑会自动接收比较真实的画面，而放弃昏暗模糊的画面，并根据色差和位移产生立体感与深度距离感。

（3）杜比图像分色。

随着数字影像技术的发展，传统的分色技术被所谓的杜比图像分色技术所替代。实际上，在中国内地的影院中，目前绝大多数的3D电影都采用杜比3D显示技术。图6-4展示了一个杜比3D眼镜。虽然比起IMAX 3D还存在一定的差异，但是效果已经非常好了。

杜比3D技术需要使用专用的数字投影机来播放2D和3D影片，在投影机的内部放置了一个快速转动的滤光轮，其中包含了另外一组红色、绿色和蓝色的滤光片。这组滤光片可以产生和原始滤光片一样的色域，但同时会让光线以不同的波长传播，分别包含了左右眼的

图 6-4　杜比 3D 眼镜

影像内容。当观众佩戴了带有二向色滤光片的分色眼镜后，可以过滤掉其中特定波长的光线，从而让两只眼睛看到不同的画面。通过这种方式，单个投影机就可以同时播放两种不同的画面。

（4）HMD 头戴显示技术。

HMD 头戴显示技术的基本原理是让影像透过棱镜反射之后，进入人的双眼，然后在视网膜中成像，营造出在超短距离内看超大屏幕的效果，而且具备足够高的解析度。因为头戴显示器通常拥有两个显示器，而两个显示器由计算机分别驱动向两只眼睛提供不同的图像，这样就形成了双眼视差，再通过人的大脑将两个图像融合以获得深度感知，从而得到立体的图像。

当然，除了这种直接内置屏幕显示图像的 HMD 显示屏技术之外，还有一种视网膜投影技术，采用这种显示技术的头戴设备包括谷歌眼镜和 Avegant Glyph（如图 6-5 所示）。

图 6-5　Avegant Glyph 实际应用场景

前一种通过内置显示屏显示图像的技术更适合沉浸式体验，也就是严格意义上的虚拟现实；而视网膜投影技术则更适合在真实影像上叠加投射图像，也就是所谓的增强现实。

微软产品 HoloLens（图 6-6）相当于谷歌眼镜的升级版方案，可以看作谷歌眼镜和 Kinect 的合体产品。它内置了独立的计算单位，通过处理从摄像头所捕捉到的各种信息，借助自创的全息处理单元（Holographic Processing Unit，HPU），透过层叠的彩色镜片创建出虚拟物体影像，再借助类似 Kinect 的体感技术，让用户从一定角度和虚拟物体进行交互。依靠 HPU 和层叠的彩色镜片，HoloLens 可以让用户将看到的光当成 3D 图像，感觉这些全息图像直接投射到现实场景的物体上。当用户移动时，HoloLens 借助广泛应用于机器人和无人驾驶汽车领域的 SLAM 技术来获取环境信息，计算出玩家的位置，保证虚拟画面的稳定。

图 6-6　微软 HoloLens 概念展示

Magic Leap 从显示技术上来看要比 HoloLens 高出不止一个数量级，主要采用所谓的"光场成像"技术，从某种意义上来说可以算作"准全息投影"技术，如图 6-7 所示。它的原理是用螺旋状振动的光纤来形成图像，并直接让光线从光纤弹射到人的视网膜上。简单来说，就是用光纤向视网膜直接投射整个数字光场，产生所谓的电影级现实。

图 6-7　Magic Leap 的光场技术概念展示

（5）传感器技术。

然而，单靠立体显示技术远远不能实现真正的虚拟现实或增强现实系统。虚拟现实的应用少不了传感器技术的大力支持。作为 VR 设备中实现人机交互功能的核心零部件,传感器应用得好与坏,在很大程度上决定了 VR 设备的用户体验。VR 设备对传感器的精度和实时性要求更高,如果精度和实时性不够,就会直接导致晕动症。

目前,VR 设备中的传感器主要可分为三个大类。

首先,最主要的一类是惯性传感器(Inertial Measurement Unit,IMU),包括加速度传感器、陀螺仪和地磁传感器,这些传感器主要用于捕捉头部转动运动。

第二类是动作捕捉传感器,目前的方案有红外摄像头和红外感应传感器等,主要用来实现动作捕捉,特别是使用者左右前后的移动。图 6-8 展示了虚拟现实动作捕捉传感衣概念图。

图 6-8　虚拟现实数据衣概念图

第三类是 VR 设备中会用到的其他类型传感器,如佩戴检测用的接近传感器、触控板用的电容感应传感器等已被广泛使用,而眼球追踪用到的红外摄像头及实现手势识别、实现 AR 功能的传感器等可能会被应用在未来的 VR 设备中。

6.2.4　系统集成技术

一般来说,一个完整的虚拟现实系统由虚拟环境,以高性能计算机为核心的虚拟环境处理器,以头盔显示器为核心的视觉系统,以语音识别、声音合成与声音定位为核心的听觉系统,以方位跟踪器、数据手套和数据衣为主体的身体方位姿态跟踪设备以及味觉、嗅觉、触觉与力觉反馈系统等功能单元构成。

在虚拟现实系统中,计算机起着至关重要的作用,可以称为虚拟现实世界的心脏。它负责整个虚拟世界的实时渲染计算,用户和虚拟世界的实时交互计算等功能。由于计算机生成的虚拟世界具有高度复杂性,尤其在大规模复杂场景中,渲染虚拟世界所需的计算量极为巨大,因此虚拟现实系统对计算机配置的要求非常高。

虚拟现实系统要求用户采用自然的方式与虚拟世界进行交互,传统的鼠标和键盘是无法实现这个目标的,这就需要采用特殊的交互设备,用以识别用户各种形式的输入,并实时生成相对应的反馈信息。目前,常用的交互设备有用于手势输入的数据手套、用于语音交互的三维声音系统、用于立体视觉输出的头盔显示器等。

为了将各种媒体素材组织在一起,形成完整的具有交互功能的虚拟世界,还需要专业的虚拟现实引擎软件,它主要负责完成虚拟现实系统中的模型组装、热点控制、运动模式设立、声音生成等工作。另外,它还要为虚拟世界和后台数据库、虚拟世界和交互硬件建立起必要的接口联系。

如今市面上的虚拟现实眼镜、虚拟现实头盔都为基于头盔显示器的典型虚拟现实系统。它由计算机、头盔显示器、数据手套、力反馈装置、话筒、耳机等设备组成。该系统首先由计算机生成一个虚拟世界,由头盔显示器输出一个立体现实的景象;用户可以通过头的转动、手的移动、语言等与虚拟世界进行自然交互;计算机能根据用户输入的各种信息实时进行计算,即时地进行反馈,由头盔式显示器更新相应的场景显示,由耳机输出虚拟立体声音、由力反馈装置产生触觉(力觉)反馈。

6.3 虚拟现实技术在融媒体中的应用

6.3.1 沉浸式影视娱乐

虚拟现实技术的出现,使得传统的影视娱乐行业往沉浸式方向发展,交互影视便应运而生。它是融合了影视表现效果和游戏自由度的新的影视表现形式,使得观看者不仅仅局限于欣赏沉浸式的电影,可以进一步地作为主角影响剧情的走向。交互影视按照交互等级的不同可以分为全景交互、剧情交互和完全交互。全景交互是指参与者可以 360°转换视角来观察虚拟环境;剧情交互是指参与者不仅与虚拟环境发生全景交互,还可以参与到剧情的发展中,引起剧情的变化;完全交互是指参与者作为故事的掌控者,能够决定故事的发展和结局。

电影是反映现实而又高于现实的一种艺术形式。而 VR 影视是将虚拟现实技术应用于影视传播的新媒体形式,它可以创建出比传统影视更加拟真的环境,利用沉浸感使观众深陷于交互影视内容中。一般来说,VR 影视采用全景交互或简单剧情交互。

2015 年,Oculus 公司发布了其第一部 VR 电影 *Lost*,如图 6-9(a)所示,影片讲述了机器手臂寻找自己身体的故事。该公司制作的另一部 VR 动画短片 *Henry*,如图 6-9(b)所示,获得了美国艾美奖,短片采用中心叙事,以聚光灯式的引导方式始终将观众的兴趣点置于导演设计的主线上。此外 Oculus 公司在 2017 年初又推出了影片 *Dear Angelica*,风格与前两部截然不同。谷歌公司在 2016 年推出真人 VR 全景短片 *HELP*,如图 6-9(c)所示,影片采用了影院级的拍摄质量,虽然观众只能站在原地,但是可以 360°随意旋转改变观看视角。此外,谷歌公司在 2017 年初又推出了另一部 VR 动画短片 *Pearl*,如图 6-9(d)所示,将观众的视角固定在副驾驶旁边的位置,依靠车的行走和路边风景的变换来体现流动感,画风方面采用了简化的方式,以保证影片可以同时在手机和 VR 头盔上显示。Felix&Paul Studio 的虚拟现实影像实景拍制技术被广泛认为代表了全球最高水平,主要作品有 *Inside the Box of Kurios*、*LeBron James* 和 *Nomads* 等,其中 *Inside the Box of Kurios* 获得 2016 年艾美最佳交互视频奖,观看影片的用户能站在中央舞台欣赏表演,如图 6-9(e)所示。这是一种 VR 与戏剧艺术结合的影视模式,它变革了戏剧传统的空间概念,也会对未来的戏剧艺术产生影响。近年来,在国内也有一些 VR 影片出现,例如,追光动画于 2015 年推出了动画短片《再见,表情》。

(a) Lost 中机器手发现观众　　　(b) Henry 中小刺猬有了朋友　　　(c) HELP 视频截图

(d) Pearl 视频截图　　　(e) 太阳马戏团的精彩表演

图 6-9　VR 电影

上述 VR 电影的内容叙事方式称为全景交互或简单剧情交互,原因是仅有 360°全景视角或少量剧情上的交互。例如,在影片 Lost 中,观众除了单纯的观看外,还有一些剧情交互,如当观众靠近萤火虫时,它会被观众吓走;机械手会发现身边的观众等。

谈及进一步的娱乐交互,那么不得不提及 VR 游戏,从最早的文字游戏到 2D 游戏、3D 游戏,再到沉浸式 VR 游戏,随着游戏画面和技术的进步,游戏的逼真度和沉浸感越来越强。不同于 VR 电影,VR 游戏的交互一般属于大量剧情交互或完全交互,用户作为故事的掌控者,可以自行决定剧情的进展和结局。

就目前发布的 VR 游戏来看,其中不乏恐怖、射击、模拟生存等类游戏。2010 年 Avatar Reality 公司发布了一款名为《多人高尔夫》的 VR 游戏,如图 6-10(a)所示,该游戏需要跟踪用户的头部和手,以提供更好的控制体验。2016 年 Nvidia 公司推出其第一部原创 VR 游戏 VR Funhouse,如图 6-10(b)所示,玩家以第一人称视角来进行一些活动,如发射黏液枪击中物体、投掷小球等。该游戏就像是一个专门为 VR 物理运算引擎所做的大型实验。同年发布的还有体验类探险游戏《珠峰 VR》,如图 6-10(c)所示,多人在线射击游戏《勇往直前》等。2016 年 E3 展会上更是展出了多款 VR 游戏。《毁灭战士》《辐射 4》也已于 2017 年推出 VR 版。另外,《最终幻想》《生化危机》《蝙蝠侠:阿甘骑士》如图 6-10(d)所示等游戏大作也登陆 PlayStation VR 平台。

(a)《多人高尔夫》高尔夫球场　　　　　(b)VR Funhouse截图

(c)《珠峰VR》截图　　　　　　　(d)《蝙蝠侠：阿甘骑士》

图 6-10　VR 娱乐游戏

6.3.2　沉浸式教育培训

VR 技术的出现改变了传统教育方式,使枯燥乏味的教育行为变得生动活泼起来。在虚拟环境中,师生可以自由探索交互,将书本中枯燥的文字转换成丰富的可互动形式的活动,让学生们身临其境地体验到学习的乐趣。这样的教育方式可以有效提高学生的课堂注意力以及学习效率。

2012 年,一款基于 VR 的体育技术教育游戏被开发出来,通过微软 Kinect 体感设备实现了 VR 技术和教育的结合。2016 年,墨西哥 Linnea 公司将 Leap Motion 绑定到 Oculus,用于教育领域并设计了教育内容。

2014 年韩国中央大学的学者开发了一个在线 VR 游戏系统,如图 6-11(a)和图 6-11(b)所示,允许学生进行角色扮演和协作学习,以身临其境的体验获得建筑安全的教育知识。2015 年,意大利乌迪内大学的学者开发了一款航空安全教育的 VR 游戏,如图 6-11(c)和图 6-11(d)所示,让玩家体验一架商用飞机遇难后的紧急着陆和撤离工作。

然而在 VR 教育刚出现时,有些教育游戏过于注重教育而忽略了娱乐元素,如 2007 年的交通安全教育游戏和 2008 年的紧急疏散教育游戏就缺乏吸引人的娱乐元素。教育游戏是为了特定教育目的而开发的,应该具有教育和娱乐的双重特性。2016 年,一款垃圾分类的 3D 教育游戏如图 6-11(e)和图 6-11(f)所示被设计出来,为教育领域的 VR 游戏提供了新的思路。

6.3.3　虚拟旅游

虚拟旅游是依托互联网等环境系统构建的虚拟空间的旅游体验,即虚拟旅游者使用计算机、多媒体、感应器等设备,在虚拟现实技术创建的虚拟旅游世界中进行愉悦的漫游体验。

(a) 虚拟教室　　　　　　　　(b) 虚拟施工现场　　　　　　　(c) 沉浸式教学场景

(d) 实验设置　　　　　　　(e) Unity生成VR场景　　　　　　(f) 硬件设备

图 6-11　教育应用

虚拟旅游不仅包括身临其境的感受,还包括虚拟产品消费。虚拟旅游与现实景点旅游相辅相成。

由于新冠疫情的肆虐,许多国家处于严格的防疫政策中,在生存的危机面前,旅游无疑是一种奢望。疫情可能是 VR 旅游获得关注的重要推力。

据联合国世界旅游组织发布的数据显示,与 2019 年相比,2020 年全球旅游业收入损失约 1.3 万亿美元,全球入境游客总人次减少了 74%(减少约 10 亿人次)。一些国外媒体刊登的文章中甚至都打出"新冠令旅游终结"的标题。如果说 VR 技术介入旅游在过去被认为是锦上添花之举,那么如今却颇有几分雪中送炭的意味。360°全景视频因为不需借助专用设备,已经成为疫情期间很多人"在家旅游"的主要方式之一。

此外,依然有公司在不懈地进行完善虚拟旅游技术的尝试,例如,将其应用于旅游出行。总部位于东京的 First Airlines 公司于 2017 年推出了名为"虚拟现实飞行体验"的项目。游客能在旅途中使用特制的装备游览即将抵达的目的地城市,提前做好旅游规划的同时也缓解了疲劳。

当然,除了出行和住宿这些周边产业,人们最关心的还是那些与景点相关的虚拟旅游服务,使得许多公司都在加速相关技术的研发,如 2019 年 9 月在美国推出的 Amazon Explore 就测试了新的服务,在辅助设备的帮助下游客可以在一对一虚拟导游的指引下享受日本京都游、在墨西哥本地学习美食烹饪课程等体验。一直致力于虚拟现实设备开发的科技公司 Oculus 于 2019 年 10 月推出 Quest2 头戴设备,用户可以通过使用 National Geographic VR 服务,在南极洲攀登冰山、躲避暴风雪和寻找企鹅。

中国也推出了一个北京故宫博物院虚拟旅游项目,利用 VR 技术,让无法到达实地的游客们足不出户就可以欣赏故宫的美景。此外,与现实游玩不同的是,游客还可以以角色扮演的形式,在虚拟导游的带领下,体验不同的故宫生活。如果游客想纪念该次旅游,还可以拍照留念。此外,各地博物馆也增添了各式各样的 VR 体验,使得游客们可以更好地了解当地的风土人情。

虚拟现实技术或许不一定能直接提高旅游业的整体收益,但重要的是,它重新唤起了人们对旅游的兴趣。提供沉浸式虚拟体验的设备显著地提高了游客对旅行目的地的旅游积极性，而越是能提供逼真"在场"体验的设备，这种效应就越是强烈。

虚拟现实技术也为旅游的未来开创了更多的可能性。*Medium* 杂志 2017 年的一篇文章讲述了一个历史博物馆的故事，这间博物馆本身是一幢历史遗迹，为了保护房屋本身，无法安装电梯，使得多年来身患残疾的旅客无法参观博物馆的全貌，而随着 VR 技术的引进这一障碍得以逾越。除此之外，如秘鲁马丘比丘（Machu Picchu）这类难以欣赏全貌的景点也可能因为 VR 的帮助而获得更好的观景体验。上述虚拟旅游的效果如图 6-12 所示。

(a) 虚拟现实飞行体验

(b) VR体验南极洲

(c) 北京故宫博物院虚拟旅游

(d) 秘鲁马丘比丘

图 6-12　VR 在虚拟旅游中的应用

6.3.4　虚拟医学

现今的医疗体系中，培养一名拥有丰富手术经验的外科医生一直是一件耗时耗力的事情，而很多的实习医生只有训练过很长的时间之后，才能正式操刀手术。人的生命是宝贵的，实习医生在缺乏执业医师证的情况下，医院也不会让他们去操刀。因此，如果将虚拟现实技术运用至医学中，实习外科医生将会得到大量的练习培训机会，将会大大减少他们的培养时间，同时也大大降低实际手术中因操作不熟练而导致的人为风险。

早在 2002 年，美国斯坦福大学就拥有了一套手术模拟器，可以提供触觉反馈功能。使用者在手术模拟应用中使用计算机断层扫描（Computed Tomography，CT）获取患者的 3D 人体模型。这一切为更好的虚拟现实训练做好了铺垫。2013 年，以色列一家名为 Real View 的公司开发出一种梦幻般的医用 3D 全息投影系统。使用这项全新的技术，医生可以用 3D 全息投影模拟手术操刀，从而为外科医生实习生培训和远程医疗打造新平台。2015 年 3 月，伦敦 St Bartholomew 医院发布了名为 The Virtual Surgeon 的一台手术的 360°全景视频记录供英国的医学院学生观看学习,如图 6-13 所示。该医院还曾使用谷歌眼镜做过一次实时手术直播,当时有来自 115 个国家的 13000 名医学院学生观看了手术的全过程。虚拟现实的应用不仅仅局限于训练实习外科医生,在医疗方面也逐渐做出重大贡献。

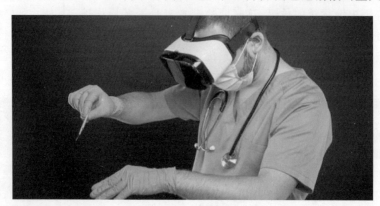

图 6-13　外科医生使用 VR 技术进行手术模拟

美国路易斯维尔大学的心理治疗师已尝试使用虚拟现实技术来治疗某些特定的恐惧症,如广场恐惧症、幽闭恐惧症、恐飞症等。通过提供一种可控的虚拟现实模拟环境,患者可以在其中面对自己的恐惧和焦虑,甚至学会如何应对。传统的恐惧症的治疗方式费时费力,而且效果甚微。但通过沉浸式虚拟现实的治疗方式,可以在近乎零成本的情况下人为控制可变因素进行反复治疗。

同恐惧症类似,虚拟现实有望让经历战争洗礼的老兵和经历各种其他灾难的人摆脱创伤后紧张性精神障碍的折磨。通过虚拟现实让患者重新进入当时所处或者类似的环境中,如图 6-14 所示,从而帮助患者抚平内心的创伤。

图 6-14　医生使用 VR 设备监控患有精神障碍的病人

虚拟现实还可以减轻患者的疼痛。对于烧伤患者而言,疼痛是一个持续的过程。通过沉浸式的游戏体验,配合轻松惬意的音乐,在完成任务时期望缓解伤口或物理治疗所带来的痛苦。对于失去部分或全部四肢的患者来说,他们常常出现幻肢疼痛。例如,某个失去手臂的人会产生幻觉,认为他正在紧握双拳且无法松开。在虚拟现实中,患者需要使用虚拟的四肢来完成特定的任务。通过这样的方式可以帮助患者学会如何控制假肢,同时也大大缓解幻肢疼痛的现象。

此外,将自闭症患者放到虚拟环境中的特定场景,如面试和约会,可以明显提升参与者涉及社会认知部分的大脑活跃度。通过用呼吸控制游戏的名为 DEEP 的虚拟现实应用,玩家学会控制呼吸,从而冥想以缓解焦虑。最后还可以使用虚拟现实技术实现残障人士以及老年人士的梦想,在虚拟环境中,他们不被困于一隅,而是上天入地、无所不能,体验丰富的人生。

2019 年,72 岁的"5G 奶奶"成功接受了我国国内首例 5G＋混合现实(Mixed Reality,MR)远程实时乳腺手术,如图 6-15 所示。基于混合现实的远程手术,很大程度上解决了因物理距离病人无法享受优质医疗资源的问题;随着医学混合现实和 5G 技术的成熟,远程手术操作的延迟显著降低,极大提升医生操作体验与手术质量,也将助力远程医疗技术的真正普及。

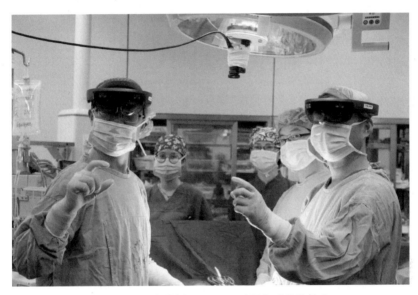

图 6-15　国内首例 5G＋MR 远程实时乳腺手术

总之,虚拟现实技术对于人类的健康管理和医疗将起到革命性的推动作用。

6.3.5　模拟军事

军事的发展一直推动着科技的进步,世界上第一台计算机就是应美国军方要求设计的,之后为了满足美军对复杂计算机网络的应用,万维网也应运而生。自虚拟现实技术诞生以来,各国便致力于将虚拟现实技术应用于战场的模拟和士兵的训练。

(1) 单兵综合实战训练系统。

2002 年,美军就推出了军用的军事训练游戏,到 2011 年美军又推出用于单兵训练的模拟软件——美国陆军步兵训练系统(Dismounted Solider Training System,DSTS)。

在 DSTS 训练中,每个士兵都需要配备一台定制版的笔记本电脑和头戴式虚拟头盔,如图 6-16 所示。士兵们可以做出各种复杂的姿势动作,还可以如同在真实战场上一样使用各种枪支弹药。这一系统与普通玩家的战争模拟游戏最大的不同在于它配备了专门的 VR 系统、定制的武器设备和配套的仿真战甲,穿上后如同化身星际陆战队的战士。此外 DSTS 还能够评估士兵在虚拟战场的受伤程度,记录士兵应对战场情况说的每一句话和每一次开火,从而通过回访功能观察士兵在训练中的表现。DSTS 系统可以让士兵充分地感受到真实战场环境,发现平常训练中的不足之处,进一步特化训练。

图 6-16   美军使用 DSTS 虚拟现实训练系统进行实战演练

(2)虚拟战场环境构建。

在阿富汗和伊拉克战争中,美军采用综合了航空照片、卫星影像和数字地形数据等信息生成的高分辨率作战区域三维地形环境,训练执行作战任务的战斗机飞行员,如图 6-17 所示。很多飞行员感慨在实际执行作战任务的过程中,所见到的环境在模拟器中都见过,从而大大降低了伤亡率。

图 6-17   三维地形环境

(3)多军种联合军事演习。

通过运用分布式交互仿真技术结合虚拟现实技术,可以在作战模拟训练中心控制设置在不同地域的作战单位及各级指挥官处的模拟系统终端来实现不同地域和环境下的作战训练。美国陆军近战战术训练系统采用主干光纤系统网络结合分布式交互仿真,建立一个虚拟作战环境,如图 6-18 所示,交互仿真包括"艾布拉莫斯"坦克、"布雷德利"战车、HUM-VEES 武器系统在内的多种武器装备,供作战人员在人工合成环境中完成作战任务。

图 6-18　近战战术训练系统内场景

（4）军事指挥人员训练。

美军曾使用过多种作战模拟系统来训练军事指挥人员,并取得了显著成果。如美国海军开发的"虚拟舰艇作战指挥中心"可以逼真模拟与真实的舰艇指挥中心相似的环境,使受训者沉浸在"真实的"战场中,如图 6-19 所示。而美军随后又通过设置"军官虚拟现实教程"来强化对指挥官的训练,仅需 5 个月时间就能培养出既具备战术专家素养,又能指挥部队进行作战的军官。

图 6-19　美国海军使用虚拟现实头戴设备

（5）缩短武器研发周期。

美国第四代战斗机 F-22 和 JSF 将 VR 技术融入研发过程中,3D 的数字化设计大大缩短了研发周期,也大大节省了研发费用。通过 VR 技术,飞行员能够在系统设计初期就体验到研发成果,继而可以为其提供修改意见,这样一来,效率将大幅提高。"阿帕奇"和"科曼奇"的电子座舱便是由这种方法设计而成。

VR/AR 技术将有望运用于未来军事发展,其基本的思路就是把虚拟现实技术用于训练模块,通过计算机作战模拟训练、模拟实战、模拟战场环境的构建,实现未来兵器设计的可视化。未来 VR 会越来越多地应用于军事训练中。

6.3.6　虚拟航天航空

美国国家航空航天局(National Aeronautics and Space Administration,NASA)早已从事虚拟现实的科研实践。实际上,在 NASA 载人飞行器中心,也就是成功实施了阿波罗登月计划的空间研究中心,已经成立了专门的虚拟现实实验室(Virtual Reality Laboratory,VRL)。在 VRL 中,NASA 提供了一整套沉浸式的训练环境,具备实时图像生成和运动模拟器以及驱动机器人装置,可以模仿物质的运动感觉以及任何大型物体(在 500 磅以内)的惯性运动特征。

除了使用自己的虚拟现实训练装置,NASA 也测试了索尼公司的 PlayStation VR 虚拟现实头戴设备,目的是在外太空环境中训练人类操作员联系控制人造装置。囿于经费限制,NASA 也在和各种商业或民间机构合作推进自己的火星登陆计划,而 SpaceX 就是他们的合作伙伴之一。在这个过程中,索尼 PlayStation VR 的任务则是帮助机器人在太空中更好地完成工作。虽然 NASA 此前已经成功地把类人机器人送入太空,但是如何在地球上控制机器人仍然是个巨大的麻烦。通过使用虚拟现实硬件和软件,这一问题或许有望得到解决。

在戴上索尼 PlayStation VR 头戴设备后,NASA 的人类宇航员可以安全地坐在地球或飞船的控制舱内,让机器人去完成危险的外太空探索和登陆任务,如图 6-20 所示。NASA 和索尼的合作产物之一是一款名为 Mighty Morpheaut 的应用,旨在让人类更好地远程操控机器人。当然这款应用目前还只是在测试阶段。在 NASA 的一段演示视频中,操作员可以很轻松地完成任务。但是在实际的外太空环境中或许就没这么简单了,因为地球上的操作员和太空中机器人之间的通信存在着很大的延迟。NASA 当然会把这种延迟效应考虑在内,因此操作员会看到自己双手因为延迟而造成的鬼影,而机器人的双手需要等待一会儿才会做出响应。

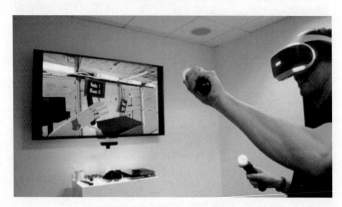

图 6-20　NASA 利用索尼 PlayStation VR 设备训练操控太空机器人

当然,考虑到太空中的延迟效应非常严重,或许虚拟现实对太空探索更大的价值还是训练人类宇航员如何应对太空中的各种极限环境和意外情况。为此,NASA 也和多媒体公司 FUSION Media 以及 MIT 太空系统实验室展开了合作计划。三方合作的项目名称是 Mars 2030,是一款交互式的火星探险应用,可以模拟人类在这颗红色星球上的生活。该应用于 2016 年 3 月在西南偏南(South by Southwest)艺术节上公布,现已登录 Steam 成为一款游戏。玩家可以探索这个红色星球,遍历火星,收集样本,在 40 平方千米的开放火星地形上进行探索,并利用 NASA 的卫星数据对其进行精确绘制。

虚拟现实技术将从两个方面对航天技术的发展起到重大的促进作用。一方面,地球上的民众可以通过虚拟现实技术足不出户就置身浩瀚星空,在关注自己钱包的同时也时不时仰望星空,激发普通大众对于航天科技的浓厚兴趣和对航天事业的积极支持。而另一方面,各种太空计划的实施机构可以充分利用各种虚拟现实及混合现实设备更好地完成太空探索计划,包括更好地适应太空环境,设计更符合太空生存和生活的飞行器,操控机器人来执行危险的太空任务以及在执行外太空甚至是外行星探索计划时也能及时获得地面专家的指导。

6.4 AR 与 MR

近年来,随着新兴技术的发展,虚拟现实技术逐渐走进大众的视野,越来越多的领域也用到了这些技术,然而 VR、AR、MR 一字之差,你是否了解过这些技术的区别呢? 本节将着重介绍这三种技术的差异。

6.4.1 AR 和 MR 定义

AR 是一种现实世界环境的交互式体验,其中驻留在现实世界中的物体通过计算机生成的感知信息得到增强,有时跨越多种感官模式,包括视觉、听觉、触觉、体感和嗅觉。AR 可以定义为包含三个基本特征的系统: 真实和虚拟世界的结合、实时交互以及虚拟和真实对象的准确 3D 配准。叠加的感官信息可以是建设性的(即添加到自然环境中),也可以是破坏性的(即掩盖自然环境)。这种体验与物理世界无缝交织,因此被视为真实环境的沉浸式体验。AR 效果图如图 6-21 所示。

图 6-21 AR 效果图

混合现实(MR)是虚拟现实技术的进一步发展,该技术通过在虚拟环境中引入现实场景信息,在虚拟世界、现实世界和用户之间搭起一个交互反馈的信息回路,以增强用户体验的真实感。在新的可视化环境里物理和数字对象共存,并实时互动,MR 概念图如图 6-22 所示。如果一切事物都是虚拟的,那就是 VR 的领域;如果展现出来的虚拟信息只能简单叠加在现实事物上,那就是 AR;MR 的关键点就是与现实世界进行交互和信息的及时获取。

图 6-22　MR 概念图

6.4.2　AR 关键技术

(1)跟踪注册技术。

为了克服虚拟场景与现实场景一同出现的违和感,这就要求两者在三维空间位置中进行配准注册。这包括使用者的空间定位跟踪和虚拟物体在真实空间中的定位两个方面的内容。虚拟物品需要出现在使用者摄像头所指方向,这便需要跟踪技术。该技术首先需要探测物理的模型以及关键的建模特征点,并在计算机中生成相应的坐标数据。常用的跟踪注册方法有基于跟踪器的注册、基于机器视觉跟踪注册、基于无线网络的混合跟踪注册 3 种。

(2)显示技术。

显示技术是 AR 技术的关键组成成分,为了进一步降低虚拟系统和现实环境融合的违和感,使得实际应用更加方便,精良的显示技术和高色度的显示设备是重要的基础。显示设备包含一系列的头盔显示器以及相配套的传感器接口。通过与使用者的摄像头接口和画面结合在一起,使用更加精良的微型摄像头对外部环境获取图像。通过计算机对图像进行相关的处理,使之可以与虚拟环境相融合,从而得到虚拟与现实环境共存的 AR 增强影像。

(3)虚拟物体生成技术。

增强现实技术在应用时,其目标是使得虚拟世界的相关内容在真实世界中得到叠加处理,在算法程序的应用基础上,促使物体动感操作有效实现。当前虚拟物体的生成是在三维建模技术的基础上得以实现的,能够充分体现出虚拟物体的真实感。虚拟物体生成的过程中,自然交互是其中比较重要的技术内容,在具体实施时,有效辅助现实技术的实施,使信息注册更好地实现,利用图像标记实时监控外部输入信息内容,使得增强现实信息的操作效率能够提升，并且用户在信息处理时，可以有效实现信息内容的加工，提取其中有用的信息内容。

（4）交互技术。

增强现实的目的是将虚拟事物在现实中呈现出来，但仅仅显示是不够的，如果没有交互行为，如移动虚拟事物，那么可用领域会大大减少，因此交互可以更好地让虚拟事物呈现在现实环境中，要想 AR 逼真，交互便是重中之重。

（5）合并技术。

增强现实的目标是将虚拟信息与输入的现实场景无缝结合在一起，为了增加 AR 使用者的现实体验，要求 AR 具有很强的真实感，为了达到这个目标不单单只考虑虚拟事物的定位，还需要考虑虚拟事物与真实事物之间的遮挡关系以及具备的 4 个条件：几何一致、模型真实、光照一致和色调一致，这四者缺一不可，任何一种的缺失都会导致 AR 效果的不稳定，从而严重影响 AR 的体验。

6.4.3　AR 和 VR 应用领域的区别

（1）教育。

儿童的特点是活泼好动，无法长时间将注意力集中在一件事情上，同时对新鲜事物非常好奇。AR 因其新颖的教学方式和生动有趣的内容展示，非常适合用于教育领域。课堂的知识是枯燥的，但如果通过文字加上投影影像，以多样化的方式展现知识，可以有效激发学生的学习兴趣。同时一些无法阐述的复杂模型或者危险的化学实验都可以使用 AR 将其生动、形象地展示在学生面前，使学生快速掌握。

VR 在教育中的应用主要是构建虚拟的实验环境或者教学环境，使学生得到沉浸感，从而激发学生的学习兴趣。但由于 VR 设备的限制，目前 AR 的应用前景更为广阔。

（2）健康医疗。

近年来，AR 技术也越来越多地被应用于医学教育、病患分析及临床治疗中，微创手术越来越多地借助 AR 技术来减轻病人的痛苦，降低手术成本及风险。此外在医疗教学中，AR 技术的应用使深奥难懂的医学理论变得形象立体、浅显易懂，大大提高了教学效率和质量。

医学专家们利用 VR 技术，在虚拟空间中模拟出人体组织和器官，让学生在其中进行模拟操作，使学生能够更快地掌握手术要领。而且，主刀医生们在手术前，也可以建立一个病人身体的虚拟模型，在虚拟空间中先进行一次手术预演，这样能够大大提高手术的成功率，让更多的病人得以痊愈。

（3）广告购物。

AR 技术可帮助消费者在购物时更直观地判断某商品是否适合自己，以做出更满意的选择。用户可以轻松地通过软件直观地看到不同的家具放置在家中的效果，从而方便用户选择。软件还具有保存并添加商品到购物车的功能。网络购物推出的 AR 试鞋和试穿功能，可以使用户仅仅在家就可以提前查看自己穿上该衣物的效果。AR 技术的出现极大方便了网上购物。而 VR 在这个领域暂时还没有比较好的应用。

（4）展示导览。

AR 技术被大量应用于博物馆对展品的介绍说明中，该技术通过在展品上叠加虚拟文字、图片、视频等信息为游客提供展品导览介绍。此外，AR 技术还可应用于文物复原展示，即在文物原址或残缺的文物上通过 AR 技术将复原部分与残存部分完美结合,使参观者了解文物原来的模样,达到身临其境的效果。当然 VR 也可以实现这样的效果,甚至可以 360°无死角地观察物品,但限制于目前 VR 的发展,呈现的物品画质并不够好,且通常需要繁复的设备支持这样的展示,因此日常生活中更多的还是 AR 展示。

(5) 信息检索。

对于用户需要清晰了解某一物品的功能和说明时,AR 会根据用户需要将该物品的相关信息从不同方向汇聚并实时展现在用户的视野内。在未来,人们可以通过扫描面部,识别出此人的信用以及部分公开信息,防止上当受骗,这些技术的实现很大程度上减少了受骗的概率,方便用户快速高效地工作。

(6) 工业设计交互。

AR 最特殊的地方就是在于其高度交互性,应用于工业设计中,主要表现为虚拟交互,通过手势、点击等动作来实现交互技术,将虚拟的设备、产品展示在设计者和用户面前,也可以通过部分控制实现虚拟仿真,模仿装配情况或日常维护、拆装等工作。在虚拟中学习,减少了制造浪费以及对人才培训的成本,大大改善了设计的体制,缩短了设计时间并提高效率。

本 章 小 结

本章首先介绍虚拟现实的基本概念,并总结了它的发展情况、主要特征和典型硬件设备;然后,重点介绍虚拟现实的主要关键技术,如动态环境建模技术、实时三维图形生成技术、立体显示、传感器技术和系统集成技术;接着介绍虚拟现实在融媒体中的主要应用;最后,对虚拟现实、增强现实和混合现实等技术进行对比分析,并重点讲解增强现实的关键技术和应用领域。

本 章 习 题

1. 列举虚拟现实系统的类型。
2. 虚拟现实的硬件设备主要有哪几种?
3. 简述虚拟现实的主要特征。
4. 跟三维动画相比,虚拟现实有哪些优点?
5. 简述虚拟现实的概念。
6. 简述一个虚拟现实系统的主要构成模块。
7. 举例描述虚拟现实技术在生活中的应用。
8. 简述增强现实和虚拟现实的主要区别。

第7章　数字游戏产业与开发

游戏作为娱乐生活的一个方面，参与其中的人越来越多，而其中大部分人都是以玩家的身份参与。他们热爱一款游戏，或是被游戏的故事情节、炫丽的场景、动听的音乐所艳羡，抑或是被游戏中角色扮演、炫酷的技能、有趣的任务所吸引，然而他们中的大多数可能并不了解如此一款好玩的游戏是如何打造出来的。数字游戏开发始于 20 世纪 70 年代，当时，由于计算机的低成本和低性能，一名程序员就可以开发一个完整的游戏。然而，在 20 世纪 80 年代末和 90 年代，不断增长的计算机处理能力和玩家的期望值使得一个人很难制作出主流的游戏机或计算机游戏。如今，各种游戏引擎的出现为开发者制作游戏提供了极大的便利，它们可以为游戏设计者提供编写游戏所需的各种工具，让游戏设计者能容易和快速地做出游戏程序。

7.1　游戏的界定与分类

7.1.1　游戏的基本概念

（1）游戏的定义。

游戏是一种在物质需求满足之后，在一定的时间与空间内，根据某种人为的特定规则约束的，来满足精神世界需求的一种社会行为方式，是所有哺乳类动物，特别是以人类为代表的灵长类动物学习生存的第一步，也是哺乳类动物主要的解压手段，不管是在刚出生的幼年期，还是过一段时间的发育期或是成熟期及老年期，这种行为方式都是必要的。

游戏在一定的时间范围和空间范围的约束下能够帮助人类锻炼思维的灵活度、肢体的灵敏度，开发智力，训练多种技能，同时还能够培养一些好的规则和意识，例如，战略战术意识和团队精神等。

（2）游戏的特征。

游戏不仅仅是为了娱乐而诞生的，而是一项具有生存技能培养及智力、体力发展功能的活动。德国著名游戏设计师沃尔夫冈·克莱默归纳了人类游戏的几个共同特征。

① 共同经验。游戏可以将不同种族、不同性别、不同年龄的人们聚集在一起，一起游戏后，大家都有了共同的经验，这种游戏经验即使在结束后依旧存在。

② 平等。所有参与游戏的人们在游戏中都有平等的地位和机会，不允许有玩家通过获取特权来取得优势，即使是参与游戏的玩家年龄差异较大，也不能打破平等的规则。

③ 自由。游戏是人们主观意识上自愿参与的，在令人身心疲劳的人类社会中，许多人通过游戏的手段来解放自己的身心，获得自由的感觉。

④ 主动参与。游戏的主动参与包括生理上和心理上的，所有的参与均为主动的意愿，这一点也是游戏与音乐影视等娱乐方式的差别所在。

⑤ 游戏世界。游戏可以使玩家将现实世界抛诸脑后,完全沉浸在游戏的世界中。游戏世界与现实世界有许多的共同点,例如,都有规则,有运气的成分,有不可预测性等,游戏世界源于现实世界但又独立于现实世界而存在。两者不能混为一谈,不能让游戏世界影响到现实世界。

⑥ 有明确的规则。游戏是一种由道具和规则构成的活动,由人主动地参与并且有明确的目标,游戏过程中有许多的变化且有竞争。

(3) 电子游戏。

随着智能时代的快速到来,电子游戏发展十分迅速。电子游戏是指依靠电子设备运行的交互游戏。最早的电子游戏于20世纪末诞生,它改变了人们对游戏一词的定义与认识。网络上比较常见的益智类游戏如图7-1所示。

图 7-1 传统益智类游戏举例

电子游戏的诞生伴随着很多的争议。电子游戏十分有魅力,它很容易让人沉迷,由于其难以自拔的特点饱受诟病。许多人认为电子游戏让孩子不想学习。许多电子游戏中存在暴力情节,容易助长青少年叛逆行为,国内甚至出现了"杨永信"教授的"电击疗法",通过残忍的电击椅对青少年"上刑"来使他们"听话"。但与其说容易沉迷、助长叛逆是电子游戏的问题,不如说这些问题都来源于家长教育的失败以及孩子自控力低下。青少年在心理和生理都还未成熟的情况下,需要家长正确引导与教育,而不是责骂甚至狠心将孩子交予毫无人道的"上刑疗法"。

大多数家长对电子游戏不够了解,戴着"有色眼镜"看待电子游戏,用错误的方法教育孩子、强制孩子远离电子游戏,反而有可能造成孩子更加叛逆。

电子游戏有许多的优点,能够促进孩子养成好的习惯,能够帮助老人灵活大脑,适当时间的游戏还能够提高动态视力、提高视觉搜索能力等。

7.1.2 游戏的分类

电子游戏种类繁多,为了方便开发者的设计开发以及玩家的选择应用,通常会对游戏进行约定俗成的分类。下面从硬件平台、游戏目的及游戏内容模式三个方向进行介绍。

（1）以硬件平台分。

电子游戏作为依靠电子产品运行的软件，可以按照相应的硬件产品进行划分。电子游戏按硬件平台通常可以分为以下几类。

① 掌机游戏。掌机游戏是便携式游戏中的一种，掌机指的是可以随身携带的小型游戏机。掌机游戏的代表有任天堂公司于1980年到1991年发售的Game&Watch系列，这是最早的掌机游戏代表，同样受到大量玩家喜爱的还有索尼公司于2013年11月发行的

PlayStation 4(PS4)以及2017年3月发行的任天堂Switch，如图7-2所示。掌机游戏通常是通过存储卡(Secure Digital,SD)、多媒体存储卡(Multi Media Card,MMC)和便携数字智能产品(Ultra Mobile Devices,UMD)等作为存储媒介。

图7-2　任天堂Switch

掌机游戏可以随时随地使用，因此一般具有流程简短、节奏快速的特点，可以供人们在排队等候时利用碎片时间进行娱乐，因此从前的掌机游戏的画面和音效都不如大型的游戏硬件，像口袋妖怪、超级玛丽等经典的掌机游戏的画面都比较粗糙。但随着电子游戏产业的不断发展，任天堂的Switch以及索尼的掌上游戏机(Play Station Portable,PSP)的推出改变了这一特征，现在的掌机游戏画面清晰音效逼真，成为时尚电子产品不可或缺的部分。

② 手机游戏。手机游戏指的是在手机上运行的游戏软件，手机的功能日益强大，人们的生活已经几乎不能离开手机，所以手机游戏是我们日常生活中最方便接触的一种游戏，也是最为流行的一种游戏。

早期的手机游戏都是单机的二维游戏，只能在自己的手机上用键盘操控，且游戏色彩单一、画面粗糙、音效简陋。随着2005年盛大英特尔进入中国手机游戏市场，手机游戏开始迅速发展，手机网游行业空前壮大，智能机的普及以及移动网络的发展也为手机游戏增添了许多动力。

手机游戏的种类丰富，覆盖面也比较广阔。《宾果消消乐》《水果忍者》等游戏时长较短的小游戏可以充分利用碎片时间，《天天酷跑》《奇迹暖暖》等游戏可以在工作之余休息娱乐，《王者荣耀》《和平精英》等游戏消耗时间长但画质精美、游戏体验度高。

③ 主机游戏。主机游戏又可以称为电视游戏，通常使用掌机游戏的主机连接电视屏幕作为显示器，像索尼的PS4、任天堂的Switch都可以连接电视机在大屏上游戏，电视游戏主机与掌上游戏机"双机一体"。

电视游戏诞生得很早，美国的威利·希金博萨姆制作的"初号机"于1958年诞生，是最初的电视游戏。在美国、英国、日本和欧洲地区，电视游戏比计算机游戏更受到大家的喜爱，其中任天堂占据了统治地位。国内的主机游戏于20世纪80年代开始兴起，国内大量商家仿照任天堂制造的红白机风靡全国，然而红白游戏过于受欢迎背上了"电子海洛因"的称号，于是想象力丰富的商家根据中国家长们对教育的投资以及孩子们对游戏机的喜爱，以红白机为模型制造了学习机，又迅速在大江南北蹿红。但中国市场水货横行、盗版泛滥的问题难以解决，各大游戏主机厂商在中国市场难以打开局面，因此现在的主机游戏多为日文版或英

文版,国内的主机游戏并不是十分受欢迎。

④ 街机游戏。街机游戏是指放在公共娱乐场所、具有经营性的专用游戏机。1971 年,美国的一家计算机实验室创造了世界上第一个街机游戏,命名为"Computer space"。此后越来越多的街机游戏诞生,比较著名的有《泡泡龙》《魂斗罗》《街霸》《拳皇》等。街机是由框体、框头、框面、控制面板、框腹、框侧板、框后板、平躺框体结构和机板组成的。街机游戏能够通过在小小的街机游戏厅中吸引很多人围观获得巨大成就感,是 70 后及 80 后人群的童年美好回忆。

⑤ 计算机游戏。计算机游戏是在计算机上操控的游戏。1960 年电子计算机走进美国大学的校园,培养了一批编程高手,一名叫作斯蒂夫·拉塞尔的大学生于 1962 年编制了《宇宙战争》。20 世纪 70 年代,苹果计算机的问世使计算机游戏正式走上了商业化。

专门开发用于计算机操作的游戏一般都对鼠标、键盘有较大的依赖,需要同时使用多个按键来进行操控。如《饥荒》中需要使用鼠标控制人物的走向,同时需要键盘的多个按键来打开控制面板或控制人物动作等,这类游戏难以移植到游戏机上,如图 7-3 所示为游戏《饥荒》的截图。

图 7-3　《饥荒》游戏截图

(2) 以游戏目的分。

游戏在放松人们的身心状态的同时能够为人们带来许多其他的好处,以游戏的目的为依据,可将游戏分为以下几类。

① 创造性游戏。创造性游戏指利用玩家的想象力,主动地在游戏世界中进行创造,此类游戏能够极大地开发玩家的想象力、动手能力以及创造力。像《我的世界》《模拟人生》等游戏都属于创造性的游戏,可以通过闯关获得建造的材料,来建造自己的世界,锻炼玩家的思维力、想象力、空间几何力、操作力、观察力等。

② 教育性游戏。教育性游戏在我国的开发相对于很多国家是比较晚的,我国的教育在很长一段时间内都是比较严肃正经的教育模式,著名思想学者柏拉图认为:游戏可以帮助引导孩子的学习天性。通过游戏的方式来学习,既可以吸引孩子的注意力,还可以启发他们

的创造力，提高学习的效率。

教育游戏是严肃游戏中的一种，是指专门以教育为目的开发的游戏。教育游戏兼具娱乐性和教育性，设计游戏时以成熟的教育理论为支撑来使娱乐与教育相平衡。

随着科技的不断进步，国内的教育游戏开发与应用也有了极大的进步，越来越多的应用投入到市场中。市场中的许多应用软件都是基于人工智能的教育类游戏。

a. 游戏化编程。游戏化编程指的是一种编程的教学方式，就是通过学生自己编程玩游戏来培养学习兴趣。和过去的打字游戏类似，学生通过编写代码通关游戏。例如，游戏化编程的鼻祖《极客战机》，玩家通过编写代码来控制人物的行动，目的是通过每个关卡的任务，在娱乐的同时还巩固练习了编程知识。

b. VR游戏教学。VR技术的热潮自2012年以来再次燃起，通过多媒体、三维建模、仿真技术、智能交互、传感等多种技术手段，实现将虚拟的环境仿真后带给用户沉浸式的感觉。现在几乎在每个商场的儿童区域内都设有儿童VR体验馆，孩子们可以通过VR眼镜体验了解很多平常难以接触的环境，如外太空航行、火灾、地震等灾难科普。但值得注意的是，由于VR眼镜距离人眼过近，而小孩子的眼睛发育还不成熟，因此建议12岁以下的儿童尽量不要使用VR眼镜。

c. 简笔画识别。简笔画识别通过收集简笔画照片制作数据集，通过机器学习的手段对数据集中的图像进行预处理、特征提取、归一化等操作后用分类器训练，训练得到的模型即可识别测试集的简笔画，并投入使用。简笔画的识别可以帮助儿童使用画笔来描绘世界。

同时，人工智能还可以从很多方面与教育娱乐结合，例如，人工智能美术课、语音智能机器人等。人工智能在教育类游戏中的使用还有更多的可能有待发展。

（3）以游戏内容模式分。

根据游戏的内容，电子游戏可以分为很多种类，主要有以下几种。

① 角色扮演游戏。由玩家扮演操控游戏中的角色，通过完整的故事情节和剧情发展来战斗，让玩家在故事情节中尽情游玩，感受游戏创作者设计的游戏世界。角色扮演游戏的故事情节丰富，人物感情细腻饱满，有较为开放的剧情、地图和主线支线任务，耐玩性较高，如《生化危机》《精灵宝可梦》等。

② 动作游戏。玩家通过控制游戏中的人物来消灭敌人，通过关卡，没有过多的故事情节及剧情，操作简单、容易上手，动作游戏的画面及音效不断发展，从2D游戏发展到3D游戏，更加逼真的动作和更加真实的音效使动作游戏更加爽快流畅，如《超级玛丽》《星之卡比》《魂斗罗》等。

③ 冒险游戏。冒险游戏与角色扮演游戏比较相近，都是玩家扮演操控角色进行游戏，但角色扮演游戏强调剧情和个人的发展，而冒险游戏的重点为完成任务或解决谜题，如《神秘岛》《生化危机》等。

④ 第一人称视角射击游戏。第一人称视角射击游戏是玩家操控角色，屏幕中的画面仿照本人的视角射击，随着3D技术的发展，能够给予玩家十分强烈的代入感，如《反恐精英》《使命召唤》等。

⑤ 第三人称视角射击游戏。第三人称视角射击游戏和第一人称视角射击游戏的区别是，第一人称的视角内只能看到本人的视角，而第三人称的视角更加宽广，可以看到角色的动作、服装等细节，能够看到更多的周围情况，如《战争机器》《绝地求生》等。

⑥ 格斗游戏。格斗游戏由玩家操控角色进行格斗,没有过多的剧情,只有简单的背景和人物,操控方式单一,但操控的难度较大,对技巧要求高,如《拳皇》《街头霸王》等。

⑦ 体育类游戏。体育类游戏指的是模拟各种竞技体育运动的游戏,根据技巧和细节赢得比赛,如《实况足球》《极限巅峰》等。

⑧ 竞速游戏。竞速游戏指的是模拟各类赛车运动的游戏,以真实的赛车技巧、加速、避障等达到尽可能快的速度,如《真实赛车》《飙酷车神》等。

⑨ 即时战略游戏。即时战略游戏包含采集、建造、发展等战略元素,并采用即时制,为了取得战争的胜利必须不停地进行操作,如《星际争霸》《魔兽争霸》等。

⑩ 射击类游戏。由玩家控制飞行物在枪林弹雨中完成任务,如《空牙》《沙罗曼蛇》等。

⑪ 策略游戏。玩家运用策略与其他玩家比赛从而获得胜利,一般为探索、扩张、开发和消灭,如《帝国》《沙丘》等。

⑫ 音乐游戏。玩家伴随着音乐的节奏控制角色或面板,能够培养玩家的音乐敏感性和增强乐感,如《劲舞团》《节奏大师》等。

⑬ 生活模拟游戏。在游戏中模拟现实中进行人际交往,一般为单机游戏,但也可以联机与众多玩家一起游戏,如《模拟人生》等。

⑭ 育成游戏。玩家模拟培养角色的游戏,如《美少女梦工厂》《明星志愿》等。

⑮ 卡牌游戏。玩家操控角色通过卡牌战斗获得胜利,卡牌的类型丰富多样,如《炉石传说》《奇迹暖暖》等。

⑯ 恋爱游戏。玩家模拟恋爱的游戏,有较为完整的故事线,如《心跳回忆》《思君》等。

⑰ 大型多人在线角色扮演游戏。在一个持续的虚拟游戏世界中,多人分别扮演着自己的角色,各自或组队完成任务,即使玩家离开游戏,虚拟的游戏世界服务器继续存在不断演进,如《魔兽世界》《剑灵》等。

⑱ 多人在线战术竞技游戏。玩家操控角色与多个玩家共同进行比赛,通常分为两队在地图中进行竞争,需要购买装备来强化自己的角色,如《英雄联盟》《王者荣耀》等。

Steam平台的游戏分类如图7-4所示。

图 7-4　Steam平台游戏分类

7.2 游戏产业现状

7.2.1 当前世界及国内游戏产业概述

由于新冠疫情的影响,2020 年全球的游戏产业持续高速增长。据权威机构发布的报告,2020 年全球游戏产业同比增长 19.6%,并首次突破 1 万亿元人民币,达 11 416 亿元人民币(约合 1749 亿美元),超过 2020 年全球电影产业和北美体育产业之和。按平台来看,手游市场规模为 863 亿美元,占总游戏市场规模的 49%,同比增长 25.6%,增幅领跑所有游戏平台。其中,智能手机游戏市场规模为 749 亿美元,同比增长 29%;平板游戏市场规模为 114 亿美元,同比增幅 7.3%。主机游戏市场规模为 512 亿美元,同比增长 21%,为增速第二大的平台。

全球的游戏市场规模还在逐渐扩大。从市场的细分来看,手机游戏占比排第一,主机游戏占比排第二。且全球的游戏玩家数量也在持续增长,预计到 2023 年游戏玩家的数量即将超过 30 亿。2020 年底,全球约有 27 亿游戏玩家,其中亚太地区玩家占比 54%,排名第一,欧洲、中东和非洲地区分别占比 14%。

随着移动互联网应用范围迅速的扩展以及 5G 移动网络的助力,移动游戏已经成为全球游戏市场上规模最大的部分,2022 年移动游戏市场收入预计占全球游戏市场规模的 40% 以上。

2020 年中国游戏产业报告数据显示,截至 2020 年 12 月,我国网络游戏用户规模达 5.18 亿,较 2020 年 3 月减少 1389 万,占网民整体的 52.4%。2020 年,我国网络游戏行业继续保持较快的发展势头。年初爆发的新冠肺炎疫情限制了线下活动的开展,却对网络游戏营收增长起到了一定的助推作用。数据显示 2020 年,我国游戏市场实际销售收入 2786.87 亿元,较 2019 年增加了 478.1 亿元,同比增长 20.71%。我国游戏玩家数量持续稳定增长,规模达到 6.65 亿人,同比增长 3.7%。主要网络游戏厂商中,网易公司 2020 年第三季度网络游戏服务净收入为人民币 138.6 亿元,同比增加 20.20%;腾讯公司第三季度网络游戏收入达 414.22 亿元,同比增长 45%。一方面,在庞大的移动游戏市场带动下,我国移动游戏加快创新步伐,高人气新作不断涌现。另一方面,随着多款主机类游戏实现"出圈",我国主机游戏的潜力有望得到进一步激发。图 7-5 所示为我国网络游戏用户规模及其占整体网民比例。

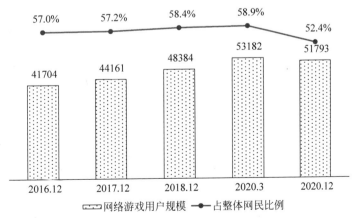

图 7-5　网络游戏用户规模及其占整体网民比例

2020 年,中国自主研发的游戏在海外市场的销售保持稳定增长,实际销售收入达到了154.50 亿美元,同比增长 33.25%,其中策略类游戏收入占比 37.18%,射击类游戏收入占比 17.97%,角色扮演类游戏收入占比 11.35%。在海外地区收入分布中,美国市场收入占比 27.55%,日本市场收入占比 23.91%,韩国市场收入占比 8.81%。图 7-6 所示为中国自主研发移动游戏海外地区收入占比图。

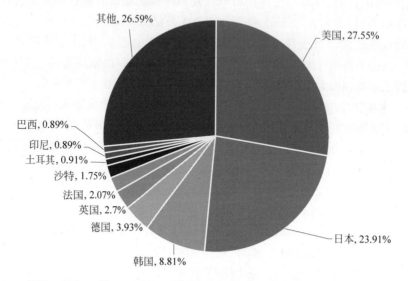

图 7-6 中国自主研发移动游戏海外地区收入占比

7.2.2 5G 和虚拟现实等新技术对游戏产业的影响

得益于第四代移动通信技术(the 4th Generation mobile communication technology,4G)网络的高速特点,许多游戏从计算机搬到了手机上,大型游戏不再只能在笨重难以移动的宽带计算机上运行。像《王者荣耀》《和平精英》等手机大型游戏 VR,就是基于 4G 网络走进了许多手机游戏玩家的世界。而 5G 网络相较于 4G 网络速率提升了许多,可以达到10~20Gbps,可以满足高清视频和虚拟现实等大数据量的传输要求。因此 5G 的到来能够使得游戏在质量和体验上有巨大的提升。

下面简要介绍 5G 云游戏。5G 云游戏指的是将云计算和 5G 相结合实现的游戏,使用云端的超级计算机来完成复杂的图形渲染以及逻辑运算后通过 5G 网络在计算机和智能设备间传输,智能设备只作为显示器来输出计算机的运行结果。像对战、射击类游戏对玩家的输入行为和反馈的及时性有较高的需求,如果延迟过高将带来较差的游戏效果,例如,玩家和对手同时向对方射击,玩家自身的网络发生了延迟,会导致还没有做出任何的反应就直接倒下了。并且,游戏的画面也是玩家游戏体验中十分重要的部分,画面越清晰、动画越流畅、效果就会越好。因此 5G 网络高速率低延迟的特点正好满足了这两个需要。

同时,云游戏的云上计算极大地减轻了本地计算力和对硬件设备的要求。传统在移动设备上进行计算的游戏功耗较大,对设备的要求较高,经常会发生手机设备升温、掉电飞快的情况。像《王者荣耀》这样的游戏依旧需要在手机本身进行运算,然后将游戏内的指定数据包传输到服务器中。云游戏的区别即为手机端只需要处理视频画面,其他的计算全部上传到云端,极大地降低了功耗和续航时间。

2020 年 6 月 15 日,实时 3D 内容创作平台 Unity 宣布和腾讯云合作推出 Unity 游戏云,如图 7-7 所示,从在线游戏服务、多人联网服务和开发者服务三个层次打造一站式联网游戏开发平台。Unity 游戏云简化了游戏服务器端开发,降低多人联网游戏的创作门槛,帮助中小型游戏厂商打造次世代的联网游戏体验。

图 7-7　Unity 游戏云

虚拟现实 VR 技术从 1968 年便诞生了,经历了几十年的发展与推进。2015—2016 年,VR 的发展达到了高潮,许多大公司纷纷在 VR 技术上发力推出新产品,吸引了广大科技爱好者的视线。据统计,2016 年 VR 行业的总营收额高达 18 亿美元,在消费者软件及服务收入中,VR 游戏以 44% 的数量独占鳌头,图 7-8 所示为玩家佩戴头戴式 VR 游戏设备使用手柄操作。

图 7-8　VR 游戏

但 VR 技术仍然是一个新兴的技术,发展还没有达到十分成熟的地步,因此在性能方面不能达到用户的期待。2017 年,VR 行业突然冷淡下来,2018 年稍有回升,但也保持着平平无奇的状态。其中 VR 游戏的市场占比剧烈下滑,更多的资金流向了生产工具及 VR 生态领域。

VR 游戏与传统的游戏差别巨大,主要体现在以下几点。

(1)无屏幕媒介:传统的游戏依靠屏幕帮助玩家产生更好的游戏体验,用户界面 UI (User Interface)为玩家提供更多的信息,但 VR 游戏没有屏幕的媒介,需要对 UI 进行新的设计。

(2)无法干涉玩家的镜头:传统游戏中,开发者可以通过设定玩家的游戏走向来掌控接下来的剧情,但 VR 游戏的镜头是由玩家控制的,即使是平铺直叙的故事情节,玩家也不一定能看得到,因此无法保证剧情的正确走向。

(3)交互方式多:VR 游戏通过佩戴 HMD 设备使用手柄进行操作,不需要鼠标、键盘等设备,通过眼球追踪、动作捕捉、声音控制甚至大脑信号读取的交互方式进行运作,从而达到高沉浸感的游戏体验。

(4)虚拟现实晕动症:VR 游戏会导致人类内耳前庭系统感受到的运动信号与 VR 设备产生的虚拟运动信号之间发生冲突,导致眩晕、恶心,会使玩家的游戏体验降低。

(5)沉浸感:VR 游戏的特点即为带给玩家真实的沉浸感体验,但这种高沉浸感会影响玩家的情绪,甚至使玩家混淆虚拟与现实的世界,因此在游戏尺度上引发了许多的道德争议。

7.2.3 电子竞技游戏产业

电子竞技游戏是一种新的游戏概念,是指用电子游戏达到竞技层面的活动,利用手机、计算机等电子设备进行,操作上强调人与人之间的智力、技巧和反应之间的对抗。2003 年 11 月,国家体育总局正式批准将电子竞技列为第 99 个正式体育竞赛项目,2008 年,国家体育总局将电子竞技改批为第 78 个正式体育竞赛项目。电子竞技可以锻炼玩家的反应能力,倡导奋发拼搏、健康益智、和谐合作的电子竞技体育文化精神,让人们从单纯的身体素质较量转向脑力技巧方面的较量。

电子竞技游戏可以分为两大类,一类是狭义上的对战类电子竞技游戏,另一类是电子化的传统体育和民间娱乐活动,如象棋、围棋等。对战类的电子竞技游戏比较广泛,其中比较成熟且受到广大玩家喜爱的有《魔兽争霸》《反恐精英》《星际争霸》、DOTA、《英雄联盟》等。

现如今也有许多电子竞技赛事,吸引无数电竞高手争霸。世界电子竞技大赛(World Cyber Games,WCG)是全球范围内第一个具有规模的游戏文化节,首届 WCG 于 2001 年开赛,以推动电子竞技全球化发展为目标。电子职业联赛(Cyberathelete Professional League,CPL)在 1997 年于美国创立,现在已经覆盖 5 个大陆,同时在 30 个国家被批准为专业的游戏竞技联赛组织。电子竞技世界杯(Electronic Sports World Cup,ESWC)在 2003 年于法国建立,在世界范围内获得广泛的认可。如图 7-9 和图 7-10 所示为 2020 年英雄联盟全球总决赛的现场。

截至 2021 年 5 月 16 日,中国电子竞技游戏用户超过 5 亿,市场规模超过 1000 亿元,是全球最大的电竞市场。在 2019 年 6 月人社部发布的电子竞技员的就业分析报告中提到,电

图 7-9　2020 年英雄联盟全球总决赛户外展示区

图 7-10　SN 战队与 DWG 战队赛前亮相

竞行业目前有 50 万的从业者,在未来的 5 年将有近 200 万的人才缺口。2016 年 9 月,教育部发布了《普通高等学校高等职业教育(专科)专业目录》,增补了电子竞技运动与管理专业,属于教育和体育大类下的体育类。2017 年,南京传媒大学(原中国传媒大学南广学院)设置了艺术与科技(电竞游戏策划与设计)和播音与主持艺术(电子竞技解说与主播)专业,是国内首家设立电竞相关专业的本科高校。同年,中国传媒大学开设艺术与科技(数字娱乐方向)专业,依托中国传媒大学艺术与科学相交叉的学科优势以及创新教育、与时俱进的原则,抓住时代发展的机遇,打造电子竞技与用户体验本科教育的国内领先学科。2017 年 12 月 15 日,中国传媒大学艺术学部引入宏碁全球首个高校电竞实验室,艺术学部与宏碁中国开启了战略合作计划,标志着中国传媒大学艺术学部数字媒体艺术(数字娱乐方向)专业教学与实践平台接轨的又一次飞跃。

　　电子竞技作为国家认证的体育竞技项目,发展正为迅猛。一场大型的电竞比赛所需的工作人员种类繁多,除了参与比赛的电竞选手外,还需要战队的筹备人员、比赛的承办人员、解说、转播等多种不同种类的工作人员。电子竞技相关专业并不是以培养电子竞技运动员为目的,而是培养电竞行业的管理人才、解说人才及运营人才为主。电竞专业所学的课程十分丰富,包括了电竞相关的产业管理、运营策划、战队管理以及对游戏的赏析与理解,同时还需要学习公共文化课如英语、计算机、政治、社会学、经济学、心理学等课程。许多人对电竞专业了解片面,认为电竞专业的学生只要打游戏好就能毕业,实际上并不然。本科层次的教育培养维度多、层面广,旨在培养复合型的专业人才。

电子游戏入门简单,但想成为职业的电竞选手需要付出巨大的努力。对于电竞选手来说,游戏已经不再是娱乐项目,而是人与人之间的思维、反应、技巧间的对抗,需要日复一日的高强度训练,一点点地消磨选手对于游戏的热爱、青春和健康,因此和其他的体育项目一样,电竞选手吃的也是"青春饭"。超过25岁之后,大部分选手的身体都会出现问题,反应能力下降,高强度的训练会带来腱鞘炎、颈椎病、胃病等伤病。

7.3 游戏核心模块与开发

7.3.1 游戏开发核心模块

游戏的开发包含多个模块,其中技术开发的模块包含以下几个部分。

(1) 游戏逻辑模块:负责游戏中包含的各种技能、物品、人物等状态,战斗时的各种逻辑运算。

(2) 动画模块:负责游戏中的画面,包括动画融合、状态机等。

(3) 物理模块:负责对游戏中的人物、物品等产生交互的部分进行刚体、流体、粒子等特性的赋予。

(4) AI模块:游戏中包含许多的AI智能部分,例如,AI智能导航,更深层次的AI模块还有利用机器学习实现的AI代替玩家操作等功能。

(5) UI模块:负责对游戏界面进行搭建,包括游戏中的地图、人物的造型等,UI模块涉及的细节极多,还需要进行很多的调整。

(6) 渲染模块:游戏的渲染是整个游戏表现力的核心所在,涉及的内容繁多且任务困难。

(7) 网络模块:是游戏的底层架构,负责游戏的同步、网络连接以及游戏中各部分的管理与优化任务。

(8) 输入处理模块:负责将玩家的操作作为输入转换成逻辑运算的部分。

(9) 游戏登录更新:游戏首页的登录界面以及在线更新等。

(10) 游戏开发中,除了网络模块外的其他模块都需要游戏项目的其他成员共同完成,如美工、策划等。

7.3.2 游戏开发基本流程

不同公司、不同游戏都有不同的开发流程,游戏开发比较常见的流程如图7-11所示。

(1) 计划阶段。

创意管理:游戏项目组成员商讨出游戏的创意,并进行记录。在项目开发的前期需要进行市场调查。

撰写草稿:对策划进行草案撰写,使项目组成员对项目的开发有大体的了解,明确目标。

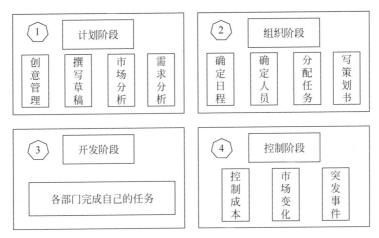

图 7-11 游戏开发流程

市场分析：确定目标客户，根据客户的属性可以确定游戏的难度等属性；估算成本，需要考虑服务器、人力成本、账号管理、办公室、宽带、网管、宣传推广、水电费、客户端等成本花费。

需求分析：撰写需求分析报告，包括美工需求，即游戏的地图场景、人物、道具、动画、界面、官方网站等；程序需求，即编辑器、内嵌游戏、功能函数等；系统需求，即系统升级、道具系统、招式系统等。

（2）组织阶段。

确定日程表：确定游戏开发各个步骤的进度安排，包括 Demo 阶段的前期策划、关卡设计、前期后期美工及程序实现时间以及内部测试时间、外部测试时间、游戏发行时间以及游戏版本升级时间。

确定人员：确定项目各个部分所需的人员，包括策划、程序员、美工、测试、音乐、产品营销等。

分配任务：将各部分任务细分给每个工作人员，撰写正式游戏策划书。

（3）开发阶段。

在此阶段，各个部分的工作人员做好自己本职工作的同时保持各部分之间沟通流畅，并对制作过程中出现的突发事件及时处理。

（4）控制阶段。

控制成本，关注市场变化。注意发行的档期，并且注意盗版游戏以及竞争对手的出现。由于项目开发周期较长，期间有很大的概率发生突发事件，如突击检查、投资人撤资等。

7.4 游戏引擎简介

7.4.1 游戏引擎基本概念

游戏引擎是指已经编写好的可以用于编辑计算机游戏的核心组件，为游戏的设计者提供编写游戏需要的各种工具，为游戏的创作打下一定的基础。无论是哪种游戏都需要一段起到控制作用的代码，经过游戏长时间的发展，游戏引擎也不断地升级，从简短的起到控制作用的代码发展成为由多个部分构成的结构复杂的系统,整个游戏开发的所有重要环节都包含在内,它是能够被机器识别的代码的集合,控制游戏的运行。一个游戏可以分为游戏引擎和游戏资源两个部分,游戏资源指的是游戏中的图像、声音、动画等部分,游戏引擎则是用于调用这些资源的程序代码。

最早的游戏大多简单而粗糙,但游戏开发的周期也需要 8 个月到 10 个月,不单单是由于技术上的不成熟,还因为每个游戏的实现都需要从头编写完整的代码,造成大量的重复劳动。游戏引擎便是为了解决这一问题,减少不必要的重复劳动而诞生的,用类似的游戏中的代码作为新游戏的框架,极大地节约了开发成本和时间。

从计算机被推广为家用个人计算机成为不可逆的时代浪潮开始,计算机性能发展速度就为满足用户逐渐发展的需要而日益提升。相应地,为了响应用户的需要,计算机所呈现出的游戏质量也不断提高,但要实现并推出更高质量的游戏,施加在技术研发人员身上的压力也是逐步增大的,既要实现游戏的趣味性,又要满足对低容量、高功效等性能上的诸多要求。为了使游戏的开发更加简洁高效,免去各种基础技术的困扰,市场上的诸多实力强大、有深厚根基的游戏公司便开始着眼于游戏引擎的研发。使用者可以通过引擎更加方便地调用已有的技术,而免除了为实现游戏系统底层,诸如图形成像、音频添加、素材调用等而浪费时间及精力的困扰。将开发者的更多精力和时间投入到面向服务对象的主要功能上,提升了游戏制作的效率,同时也加强了游戏的核心功能、美术动画质量。通过这种方式能够快速缩短游戏所需的开发周期,加快游戏的研发速度,使游戏能够更高速率、更高质量地实现产出。

7.4.2 游戏引擎基本组成

游戏引擎是一个复杂的系统,由多个子系统构成。下面对引擎的重要组成部分进行介绍。

(1) 光影效果:光影效果指的是游戏中的场景光线对人物的影响,包括光源的折射、反射等物理现象以及动态光源、彩色光源等游戏的画面效果,这些都是通过引擎实现的。

(2) 动画:动画是游戏的重要组成部分,游戏中的动画大致可以分为两种,一个是骨骼动画,是游戏中较为常见的动画系统,用设置好的骨骼架构来支撑人物或动物的运动。另一种是模型动画系统,是在设定好的模型上直接进行变形。

(3) 物理系统:物理系统是引擎中的重要组成部分,用于处理物体的运动规律,使其遵循现实中的物理规律,使游戏与现实更加接近,从而有更好的游戏体验。例如,游戏中光的反射、人物坠落的速度、起跳的高度、子弹飞行的速度与轨迹等。

(4) 碰撞探测:碰撞探测是物理系统的核心,用于探测游戏中物体的边缘,来更好地契合物理规律,例如,游戏中的墙体,确保人物不会穿过墙体,还要根据探测结果确定墙体和人物间的相互作用关系。

(5) 渲染:渲染是游戏引擎中最为重要的部分,渲染是在 3D 模型完成后将模型、动画、光效等游戏效果计算融合,是引擎中计算量最为庞大,实现过程最为复杂的步骤。

引擎的搭建给游戏设计师、建模师和动画师带来了极大的便利,只需要在游戏框架的基础上进行内容填充即可。因此游戏引擎的制作是一件庞大的任务,许多大型的游戏引擎需要四五年的时间才能完成,并且需要极大数额的开销,由于游戏市场的变化较大,这种周期极长的开发需要冒很大的风险。因此为了节约成本、降低风险,更多的开发者开始使用第三方的引擎来开发游戏。

7.4.3　当前主要商业引擎

比较著名的商业引擎有 Valve 公司的 Soure Engine 引擎、EA DICE 的寒霜引擎、BigWorld 公司的 BigWorld 引擎、Unity Technologies 公司的 Unity3D 引擎等。下面主要为大家介绍 Unity 3D 引擎。

Unity 3D 引擎的适用性广泛,在游戏层面之外,它还能够适用于影视动画领域及教育领域等诸多方向,在汽车、建筑、美术设计等诸多领域均占据一席之地,常见于虚拟展馆开发、VR 动画设计等技术领域。作为在专业领域独树一帜的游戏开发工具,Unity3D 为用户群体提供图形、物理碰撞、色彩渲染及声音等许多功能,内嵌有强大的场景编辑功能,便于游戏关卡的创立、编辑以及切换。Unity 能够自由调用互联网上当下大部分的主流美术资源格式,也能自由兼容如 3ds Max、Maya 等市场上主流 3D 软件设计的素材,更有对人物设计有极大帮助的 Skeleton 骨骼动画功能。在游戏脚本的开发语言方面,支持三种主流语言如 C♯、JavaScript 及 Boo 语言的编写。使用该引擎的游戏开发者不需要对底层系统深入了解便可以轻松上手,利用 Unity3D 的强大功能高效地开发出高质量、支持多平台的优秀游戏作品。同时,在保证了游戏开发效率的同时,Unity3D 引擎也有着在图片及动画方面值得引以为傲的特点,其配有高度优化的图像渲染管道、多种丰富的粒子效果系统、可以直接在引擎上实现动画制作的 Mecanim 系统。这些功能集于一身,使得 Unity 在与其他引擎诸如 Cocos2d-x、UDK、Cry Enigine3 等进行比较时,更加独具特色,优势显然。

Unity3D 引擎被诸多游戏开发者所推崇的另一个显著特点是它可以支持跨平台开发,减少了平台移植开发所带来的巨额工作量。举例而言,游戏主机层面,任天堂公司推出的 Switch、索尼公司推出的 PlayStation 系列以及微软公司推出的 Xbox 这三种主机均有各自的系统特征,使得跨平台的游戏开发成为一项难事。个人计算机用户群体中,使用 Windows 系统的用户与使用 macOS 系统的用户数量可以分庭抗礼。对于目前推行最广的移动电子设备而言,iOS 系统及 Android 系统也各自占据手机用户群体数量的半壁江山,大部分移动游戏想要占领更多的市场份额,都需要开发至少两个及以上的相应版本。而 Unity3D 支持的平台种类繁多,涵盖市面上所提供的大部分游戏平台,开发者只需要使用个人计算机进行开发测试,再对主体部分进行针对性调整,便可以打包发布各个版本,使游戏移植的难题被简化,节约了游戏开发中的大量调整时间。

同时,Unity3D 引擎还在官方网站上开设有人数众多的讨论区,方便开发者们互相交流开发经验,并设有服务于广大开发者的网络资源商店。开发者们通过在 Unity 网站注册的账户,可以自由地在该网站上上传自己制作的游戏资源,也可以根据自身的需求选择购买网站上展示的大量游戏资源素材,商店里也有大量免费素材可供下载,极大程度便利了中小型开发者面临的开发难处,节省了项目的各项成本。图 7-12 为素材商店的资源界面,简洁的图片呈递方式让开发者可以更高效地寻找到想要的素材。

Unity3D 引擎是一款基于组件结构的引擎,在游戏的开发性能方面给予了游戏开发者许多支持,其功能非常强大,涵盖许多分类。图 7-13 则是 Unity3D 引擎用于游戏开发时的知识体系图,想要开发游戏的新手用户可以从中了解与 Unity3D 相关的开发知识。图 7-13 展示了 Unity3D 引擎所包含的主要子系统和元素,例如,计时系统、碰撞系统、动画系统、声

图 7-12　素材商店

音系统等。从图 7-13 中的分类大致可以看出,Unity3D 的框架主要分为如下 4 个层次。

(1) 应用层。

应用层是 Unity3D 系统中封装后拥有独立功能的自主应用程序,即游戏中的各种实体,包含游戏中创建的对象、刚体、碰撞体、天空盒等。应用层中的实体可以附加挂载多种开发脚本,或者根据游戏需求修改本身的组件和数据。作为一款优秀的游戏引擎中不可缺少的一部分,应用层是游戏系统框架中的底层。

(2) 游戏对象。

游戏对象,指的是在游戏过程中的任何物象,包括且不限于作为静止背景改善游戏氛围的不可交互游戏对象、能够触发事件推动游戏进展的可交互游戏对象等。游戏对象的展现方式同样含有多样性,从空对象到文本对象,图片对象到动画对象,从飞禽走兽到星辰大海等都可以成为游戏中的游戏对象。整个游戏由各种游戏对象交错而成,各个游戏对象之间的巧妙合理搭配,多样化交互方式,对游戏最终呈递的游戏效果起决定性作用。

(3) 游戏组件或脚本。

在 Unity3D 引擎中,组件和脚本的相似度很高,组件可以被视为 Unity3D 系统自带的基础脚本,能够向游戏开发者提供一些所需要的常用功能。而脚本则是由开发者根据自身的功能需求,利用引擎自带的脚本编辑器,用可支持语言编写的一些具有指向性功能的组件,编写灵活,可以通过在游戏对象中添加组件,附加该脚本来实现。

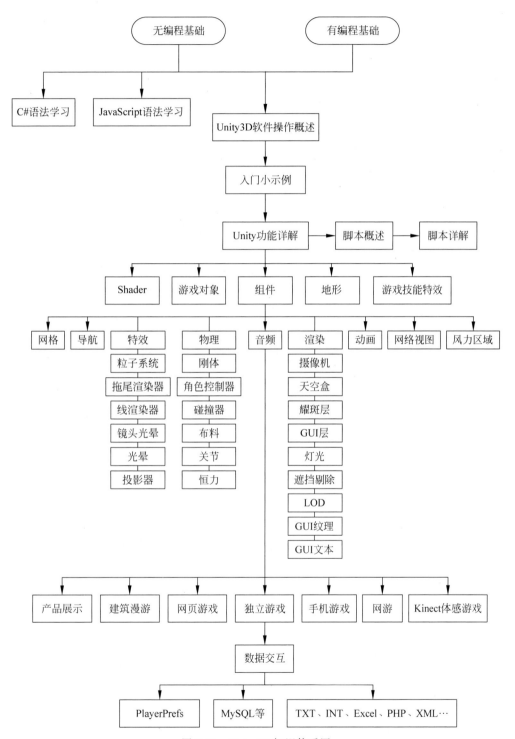

图 7-13　Unity3D 知识体系图

（4）场景。

游戏中少不了各个场景的存在，数个场景合理叠加相互连接，组成了开发者们所设计构建的整个游戏世界，而场景的组成则依赖于多个游戏对象的互相配合。用户对游戏对象的调用操作，实时反馈在场景界面上，依赖于场景界面的合理构建，有序切换，实现游戏的正常运行。通常，一个游戏会包含多个场景，假如将多个内容塞入同一个场景当中，会影响游戏体验，也意味着在场景切换时会占用更多的性能开销。恰如其分地设计场景内的功能与内容，合理地切换调用，将各个场景统筹合一，才能够保障游戏运行时的流畅性，获得舒适的游戏体验。

Unity3D引擎设有简洁明了的可视化开发窗口，作为一款集成度极高的专业引擎，Unity3D配置有各种复杂的进阶功能，可以向开发者提供各种专业的性能来满足复杂的编程工作和设计需要。图7-14展示了Unity3D程序的具体界面。

图7-14　可视化图形界面

从图7-14中可以看出，Unity的界面集成了菜单栏、开发面板、场景面板、层次面板、检视器和游戏构图组成六大部分。开发者可以在当前工作台上进行游戏的建设工作，在同一个界面上实现多个功能的选择调用、操作调试，降低了开发者的工作门槛，节约了大量的时间消耗，减少了底层设计的困扰，只需要熟练掌握引擎提供的设计功能，配合商店内提供的游戏素材与简单插件，就能够通过自己的想象力开发出一款属于自己的游戏，极大程度地面向新手，使得人人都可以成为游戏的开发者。

C/C++语言一直是图形渲染开发的主要脚本语言，相较于其他计算机语言，C系列语言与计算机的底层联系更加紧密，Unity3D也同样由C++语言开发。但基于游戏的交互性，玩家在运行游戏时主要使用的是图形界面。为了使得主要使用C♯、Java、Boo等脚本语言的Unity3D脚本能够顺利地与引擎进行桥接，Mono编辑器功不可没。具体而言，Mono编辑器的连接使得C++编写的图形引擎与使用安全语言编写的垃圾回收机制完美结合，带来了开发上的极大便利。

本 章 小 结

随着智能手机和互联网的普及,数字游戏已经成为人们生活中不可缺少的一部分,很多高校也开设了电子游戏竞技专业并设置了游戏开发相关的课程。本章首先介绍游戏的基本概念和分类,然后从国内和国际上游戏产业的现状进行对比分析,并重点介绍一些新兴技术对游戏产业的影响以及电子游戏竞技产业;接着对游戏开发的核心模块和基本流程进行简单的介绍;最后介绍游戏引擎,包括游戏引擎的基本概念、组成部分,并对主要的商业引擎进行重点介绍。

本 章 习 题

1. 简述数字游戏的特点。
2. 根据硬件平台的不同,可以将电子游戏分为哪几类?
3. 简述 5G 和虚拟现实等技术给游戏产业带来的主要影响。
4. VR 游戏的体验与传统游戏差距巨大,主要体现在哪些方面?
5. 简述电子竞技游戏的概念。
6. 举例说明电子竞技游戏与其他游戏相比有哪些特点。
7. 简述游戏开发主要有哪些模块以及每个模块的主要功能。
8. 简述游戏引擎的概念和作用。
9. 简述游戏引擎的主要组成部分。

第8章 数字媒体压缩技术

数字化进程的快速发展导致产生巨量的数字媒体数据,这些巨量数据给存储、传输和处理都带来巨大的压力。单纯靠提升存储容量和网络传输能力是不现实的,因此有必要对各类多媒体数据进行压缩处理。研究表明,音频、图像和视频数据中都存在着大量的冗余信息,去除这些冗余信息可以使得多媒体数据量大幅度减少,而不会影响用户的体验。例如,一幅具有中等分辨率(640×480像素)的真彩色图像,它的数据量约为每帧7.37Mb。若要达到每秒25帧的全动态显示要求,每秒所需的数据量为184Mb,而且要求系统的数据传输速率必须达到184Mb/s,这在目前是无法达到的。由此可见,如果不进行处理,计算机系统几乎无法对这些多媒体数据进行存取和交换。因此,在多媒体计算机系统中,为了达到令人满意的图像、视频画面质量和听觉效果,必须解决视频、图像、音频信号数据的大容量存储和实时传输问题。解决方法除了提高计算机本身的性能及通信信道的带宽外,更重要的是对多媒体数据进行有效的压缩。

8.1 数据压缩的基本原理

近年来,5G技术和计算机视觉领域的飞速发展,使得数字视音频成为日常生活中广泛传播的信息媒介。数字视频和音频编码技术使人们创造、传递和消费视听内容的方式发生了革命性的变化。多媒体技术和通信技术的快速发展,使得多媒体信息的来源不断扩大,多媒体正成为日常生活中越来越重要的获得信息的途径。图像和视频数据量呈几何级数增长,单靠存储设备的扩容和通信设备的更新已经难以支持。有效的解决方法之一便是通过图像和视频的压缩技术减少数据量,节省存储空间和传输带宽,因此高效的数字媒体压缩技术和标准的研究也越来越重要。

8.1.1 数字媒体在计算机中的表示

在计算机中,信息是以0和1的模式编码的,这些数字称为位(比特,意思是二进制数字)。尽管你可能倾向于把它们同数字0和1联系起来,但其实它们只是些符号,其意义取决于计算机正在处理的应用:它们有时表示数值,有时表示声音,有时表示图像。那么如何单单使用0和1两种符号可以将音频、图像和视频存储在计算机中呢?这些内容将会在本节一一介绍。

(1)数字音频。

数字音频是一种利用数字化手段对声音进行录制、存放、编码、压缩和传输的技术。计算机中的数据都是以二进制形式存储的,音频数字化便是将以正弦波形式存在的模拟声音信号转换为二进制表示的数字信号。播放则是将数字信号转换为模拟电平信号。

为了便于计算机存储和操作,对音频信息进行编码最常用的方法是,按照有规律的时间间隔对声波的振幅采样,并记录所得到的数值序列。例如,序列 0、0.5、1、1.5、2.0、2.5、3.0、4.0、3.0、0 可以表示这样一种声波:它的振幅先增大,然后经短暂的减小,再回升至较高的幅度,接着又减回至 0,如图 8-1 所示。这种技术采用每秒 8000 次的采样频率,已经在远程语音电话通信中使用了许多年。通信一端的语音被编码为数值,表示每秒 8000 次的声音振幅。接着,这些数值通过通信线路被传输到接收端,用来重现声音。

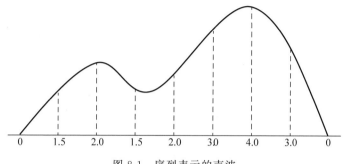

图 8-1　序列表示的声波

尽管每秒 8000 次的采样频率似乎是很快的速率,但它还是满足不了音乐录制的高保真需求。为了实现现在音乐 CD 重现声音的质量,需要采用每秒 44 100 次的采样频率。每次采样得到的数据要用 16 位的形式表示(32 位用于立体声录制)。因此,录制成立体声音乐,每秒需要 100 多万个存储位。

模拟信号转换为数字信号通常需要经过采样、量化、编码这一系列过程。本节将主要介绍脉冲编码调制,它是最常用同时也是最简单的一种波形编码方式。同时也存在其他方法,例如,脉冲密度调制(Pulse Density Modulation,PDM)。

① 采样。数模转换需要每隔一个时间间隔在模拟声音波形上取一个幅度值,将时域连续的波形变为有限个离散取值的过程,如图 8-2 所示。

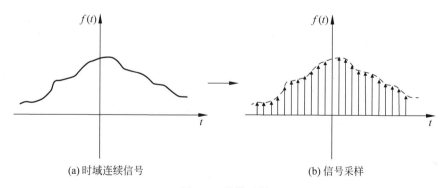

(a)时域连续信号　　　　　　　　　(b)信号采样

图 8-2　采样过程

通过奈奎斯特采样定理可知,当采样频率不小于模拟信号频谱中最高频率的 2 倍时,可以无失真地恢复模拟信号,即意味着声音信号的信息被完整地保留下来。采样频率是采样中一种非常重要的基础概念,采样率(采样频率)即每秒内进行采样的次数,符号是 f_s,单位是 Hz。采样率越高,数字波形的形状就越接近原始模拟波形,声音的还原就越真实。数字音频领域常用的采样率如表 8-1 所示。

表 8-1　数字音频领域常用的采样率

品 质 级 别	采样频率/kHz	对应频率范围/kHz
电话	8	0～3.4
AM 电台	11.025	0～5.512
FM 电台	22.025	0～11.050
好于 FM 电台(标准广播采样率)	32	0～16
CD	44.1	0～22.05
标准 DVD 及专业音频领域	48	0～24
蓝光 DVD	96	0～48
声卡支持的采样率	192	0～96

② 量化。量化是将采样后的幅度上无限多个连续的样值变为有限个离散值的过程。先将整个幅度划分为有限个幅度(量化步长)的集合,把落入某个阶距内的样值归为一类,并赋予相同的量化值。

③ 编码。量化后的信号还不是数字信号,需要将它转换成数字编码脉冲,这一过程称为编码。常见的编码形式为二进制编码。具体来说,就是用 n 比特二进制码来表示已经量化了的样值,每个二进制数对应一个量化值,然后把它们排列,得到二值脉冲组成的数字信息流。编码过程在接收端,可以按照所收到的信息重新组成原来的样值,再经过低通滤波器恢复原信号。用这样的方式组成的脉冲串的频率等于抽样频率与量化比特数的积,称为所传输数字信号的数码率。显然,抽样频率越高,量化比特数越大,数码率就越高,所需要的传输带宽就越宽。

(2) 数字图像。

图像的一种表示方法是,将图像看作一个个点组成的集合,每个点称为 1 像素;然后对每像素的显示进行编码,整个图像就表示成了这些编码像素的集合,这个集合被称为位图。这种方法很常用,生活中打印机和显示器都是基于像素概念操作的。

位图中的像素编码方式随着应用的不同而不同。对于简单的黑白图像(也叫作灰度图像),每像素都由 1 位表示,通常用 0 表示黑,1 表示白。对于一幅简单的黑白图像,在计算机中实际便是一组由 0 和 1 组成的矩阵。而对于更加精致的黑白图像,每像素由一组位(通常是 8 个)表示,8 位可以用三个二进制数表示,即用三个二进制数代表从黑到白的 8 种色度,这使得很多灰色阴影也可以表示出来。图 8-3 是一张精致的黑白图像与原图像的对比。

(a) 原始彩色图像　　　　　　　　　(b) 黑白图像

图 8-3　彩色图像与黑白图像对比

而彩色图像则是在此基础上由许多颜色组成,根据光学三原色理论可知,光学三原色(红色、绿色和蓝色)混合后,可以组成显示屏任意显示的颜色。因此,每个彩色图像都是由这三种颜色的三个通道(红色、绿色和蓝色)组成的。这意味着在彩色图像中,矩阵的数量或通道的数量将会更多。这些像素一样具有从 0 到 255 的值,但其中每个数字代表的不是黑白阴影的强度,而是红色、绿色和蓝色的阴影强度。最后,所有这些通道或所有这些矩阵都将叠加在一起,这样,当图像的形状加载到计算机中时,它会是 $X \times Y \times 3$。其中 X 是整个高度上的像素数,Y 是整个宽度上的像素数,3 表示通道数,如图 8-4 所示,一幅彩色图像由 3 个通道即 R、G 和 B 组成。

(a) 原始彩色图像

(b) 通道R

(c) 通道G

(d) 通道B

图 8-4　RGB 图像组成方式

(3) 数字视频。

视频是一系列运动关联的静态影像的表现形式,将其连续播放就可使人眼看见连续的动态影像,如图 8-5 所示,又泛指以电信号的形式对运动关联的静态影像加以捕捉、记录、处理、存储、传送与重现的一系列技术。连续的图像变化每秒超过 24 帧画面以上时,根据视觉暂留原理,人眼无法辨别单幅的静态画面;看上去是平滑连续的视觉效果,这样连续的画面叫作视频。视频技术最早是为了电视系统而发展的,但现在已经发展为各种不同的格式以便消费者将视频记录下来。网络技术的发展也促使视频的纪录片段以串流媒体的形式存在

(a) 单个图像

(b) 连续图像

图 8-5　图像向视频的转化

于因特网之上并可被计算机接收与播放。

8.1.2 数据压缩的意义

信息处理技术和传感器设备的迅速发展,使得图像的空间分辨率、时间分辨率以及量化深度不断提高,数据量也呈指数增长。例如,1995 年日本卡西欧公司发布的真正意义上的全球首款商用数码相机 QV-10,分辨率只有 320×240,25 万像素,而 2007 年瑞士 Seitz 公司推出的 Seitz 6×17 Digital,最高分辨率达 7500×21 250,1.6 亿像素,未压缩 RAW 图一幅 950MB。光谱相机除了空间分辨率、量化深度外,谱间分辨率也迅速提高。1972 年,搭载于 Landsat-1 卫星的国际上第一台多光谱成像仪成功升空,该成像仪仅有 4 个谱段。美国航空航天局 NASA 下属的喷气推进实验室推出的 AVIRIS'97 高光谱数据每个场景 224 个波段,每幅图约 140MB。我国"详查卫星"高分辨率 TDI-CCD 相机图像数据获取速度可达到 2500Mbps,美国侦察卫星 KH-11 更是高达 18Gbps。目前,卫星上数据的传输速率一般为 300～600Mbps,而电荷耦合器件相机获取图像数据的速率高达几至几十吉位每秒。所以,卫星上数据传输能力远远不能满足图像数据的实时传输的要求。不管从存储、传输设备的改善速度还是从社会经济成本来考虑,仅仅依赖硬件的提升已经很难跟上当前需求。较好的解决方法是在图像和视频存储和传输前进行压缩编码,其目的是对图像和视频数据按某种准则进行转换、重组等处理,从而用尽可能少的数据表征尽可能多的信源信息。

8.2 音频数据的压缩编码

8.2.1 数字音频压缩的基本原理

数字音频一般采用双声道或多声道传输,如果不经过压缩直接传输,会消耗极大的信道带宽资源,对信号的传输和处理都会带来极大的困难。数字音频压缩编码是在保证信号在听觉方面不产生失真的前提下,对音频数据信号进行尽可能大的压缩。通常采取去除声音信号中冗余成分的方法来实现。所谓冗余成分指的是音频中不能被人耳感知到的信号,它们对确定声音的音色、音调等信息没有任何的帮助。

冗余信号包含人耳听觉范围外的音频信号以及被掩蔽掉的音频信号等。例如,人耳所能察觉的声音信号的频率范围为 20Hz～20kHz,如图 8-6 所示。除此之外的其他频率人耳无法察觉,都可视为冗余信号。此外,根据人耳听觉的生理和心理声学现象,当一个强音信号与一个弱音信号同时存在时,弱音信号将被强音信号所掩蔽而听不见,这样弱音信号就可以视为冗余信号而不用传送。这就是人耳听觉的掩蔽效应,主要表现在频谱掩蔽效应和时域掩蔽效应。

一个强纯音会掩蔽在其附近同时发声的弱纯音,这种特性称为频域掩蔽,也称同时掩蔽。例如,一个声强为 60dB、频率为 900Hz 的纯音,另外还有一个 1000Hz 的纯音,前者比后者高 18dB,在这种情况下我们的耳朵就只能听到那个 900Hz 的强音。如果有一个 1600Hz 的纯音和一个声强比它低 18dB 的 800Hz 的纯音,那么我们的耳朵将会同时听到这两个声音。要想让 800Hz 的纯音也听不到,则需要把它降到比 1600Hz 的纯音低 45dB。一般来说,弱纯音离强纯音越近就越容易被掩蔽;低频纯音可以有效地掩蔽高频纯音,但高频

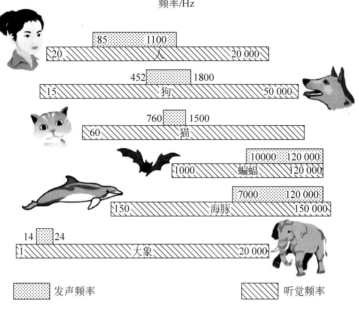

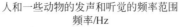

图 8-6　人类和其他动物听觉范围

纯音对低频纯音的掩蔽作用不明显。

当强音信号和弱音信号同时出现时,还存在时域掩蔽效应,即两者发生时间很接近时,也会发生掩蔽效应。时域掩蔽效应可以分成三种:前掩蔽、同时掩蔽、后掩蔽。前掩蔽是指人耳在听到强信号之前的短暂时间内,已经存在的弱信号会被掩蔽而听不到。同时掩蔽是指强信号与弱信号同时存在时,弱信号会被强信号所掩蔽而听不到。后掩蔽是指强信号消失后,需经过较长的一段时间才能重新听见弱信号。这些被掩蔽的弱信号即可视为冗余信号。

8.2.2　音频压缩方法

音频压缩方法通常有有损和无损两种类型。前者试图从音频数据中去除感知上不太重要的信息,同时保持音质与原始音频非常接近,有时无法区分。此类有损音频压缩算法的示例包括 MPEG-1 第 3 层(MP3)和 MPEG-2/4 高级音频编码(Advanced Audio Coding,AAC),提供良好的音质的同时,可以将音频压缩 20 倍以上。另一种压缩算法是无损压缩算法,它本质上保留了原始音频数据中的每位信息。目前,最先进的无损音频压缩算法可以实现大约两倍的压缩。

有损音频压缩由于本身的容量小,易传输的特性,主要用于一般音乐消费,例如,移动端播放音乐,或使用手机观看视频直播。相比之下,无损音频压缩主要用于高保真音频再现、音频数据库存档以及生物医学信号压缩,例如,无损心电信号压缩。在像无损音频存储这样的应用中,数据通常会被保存很长时间,因此可以正确解压缩而不丢失任何数据是至关重要的。与有损对应物一样,无损音频压缩也有国际标准,最近标准是在 2006 年作为 ISO/IEC

标准发布的,分别为 MPEG-4 音频无损编码和可扩展无损编码。此外,还有其他开源的无损音频压缩算法,如无损音频编解码器(Free Lossless Audio Codec,FLAC)。

(1) 无损压缩。

在无损音频压缩中,普遍采用的方法是结合使用线性预测和熵编码。线性预测器首先去除输入数据中的冗余并生成预测残差,然后由熵编码器对其进行编码。线性预测编码 LPC 和霍夫曼编码是最常用的预测和熵编码工具。

IEEE 1857.2 无损音频压缩系统框图如图 8-7 所示,其中上半部分是编码器,下半部分是解码器。在编码中,输入的音频样本首先由预测器处理,该预测器去除输入音频样本中的相关性,并生成预测残差。然后预测残差经过预处理步骤,信号的动态范围减小,换句话说即信号的幅度包络被拉平。平坦化的预测残差随后由熵编码器编码成无损比特流。在解码中,执行反向过程,其中无损比特流被熵解码、后处理(去扁平化)并无损重建为解码信号,该解码信号是原始输入音频的精确复制。

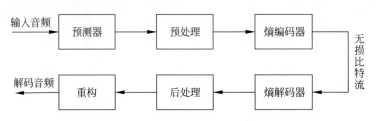

图 8-7　IEEE 1857.2 无损音频压缩系统框图

预测器的框图如图 8-8 所示。输入音频样本首先被分割成固定长度的帧。然后对每帧执行线性预测编码 LPC,部分相关(PARCOR)系数通过 Levinson-Durbin 算法计算。相关系数被量化并作为无损比特流中的辅助信息发送。量化的 PARCOR 系数也被局部去量化并转换为线性预测器的抽头系数,线性预测器为帧中的每个样本生成预测。输入样本与其预测之间的差异信号,也就是预测残差,被输出到下一个处理阶段。

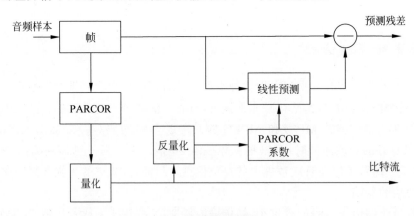

图 8-8　预测器框图

在重构中,量化的 PARCOR 系数从比特流中提取、解量化并转换为线性预测系数,这些系数与编码器中使用的系数相同。线性预测器生成一个预测,该预测被添加到解码后的预测残差中以重建原始输入样本。重构器的框图如图 8-9 所示。

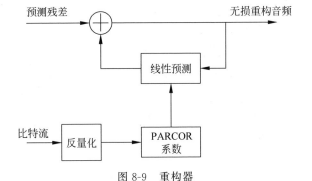

图 8-9　重构器

熵编码器是基于算术编码的。熵编码器的框图如图 8-10 所示。

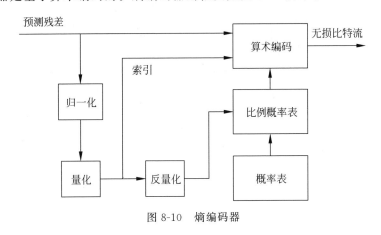

图 8-10　熵编码器

在 IEEE 1857.2 中,算法编码器采用了快速算法。在对每帧进行编码时,先对参数索引进行差分编码,再进行算术编码。然后,算术编码器利用比例概率表对帧中的预测残差进行编码。

(2) 有损压缩。

有损与无损压缩编码框架大致相同,首先使用离散余弦变换把空间域表示的图变换成频率域表示的图,然后使用加权函数对 DCT 系数进行量化,这个加权函数对于人的视觉系统是最佳的,最后使用霍夫曼可变字长编码器对量化系数进行编码。译码即解压缩的过程,与压缩编码过程正好相反。

有损压缩相较于无损压缩来说,损失了一部分信息,这一部分损失的信息是无法恢复的。有损压缩主要是牺牲了音频中的高频分量。当我们唱高音时,大部分人会感觉声音太高,上不去;唱低音时,感觉唱不出原唱的厚重感,这些就是声音频率不同的直观体现。所以想要唱得好听,必须使我们的嗓子可以发出极高或极低的频率,这需要天赋与后天的努力,同样地,我们的耳朵听见的声音也是有限的。有损压缩以损失部分信息为代价保证了较高的压缩率,而人的耳朵对高频声音不敏感,到一定频率后就完全听不到了。MP3 格式是最常见的有损压缩方式,图 8-11 便是 MP3 与无损压缩方式 FLAC 压缩后的频谱对比。

显而易见,对于 MP3 来说,有损压缩大部分损失在了高频部分。其他格式的有损音频大体类似,只是压缩算法可能更加高明,不会像 MP3 格式这样高频成分损失严重。

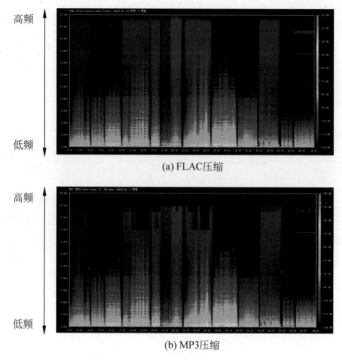

(a) FLAC压缩

(b) MP3压缩

图 8-11　FLAC 和 MP3 两种压缩格式音频对比

8.2.3　常见音频压缩格式

从目前的音频市场来看,音频格式主要分为两种:无损压缩和有损压缩。如果我们听不同格式的音频,音质上也会有比较大的差异。无损压缩的音频能在百分百保存源文件的所有数据的基础上,将音频文件的体积压缩得更小,然后将压缩的音频文件还原后,就能实现与源文件相同的大小、相同的码率。还有一种就是有损压缩的音频,这种就是降低音频采样频率和比特率,这样输出的音频文件会比源文件小。

(1) MP3。

MP3 是 MPEG Audio Layer3 的简写,是 20 世纪 90 年代成功开发的一种常用于播放器的有损压缩编码格式。它是利用人耳的掩蔽效应对声音进行压缩,使文件在较低的比特率下,尽可能地保持了原有的音质,是目前最为流行的压缩方式之一,也是现在网上音乐的主要格式,MP3 音频编码具有 10∶1～12∶1 的高压缩率的同时,基本保持低音频部分不失真,但是牺牲了声音文件中 12kHz 到 16kHz 高音频这部分的质量来换取文件的尺寸,在不小于128Kbps 传输率下,基本保持了原有音质,正是这一特性使得 MP3 相关产品保持着长盛不衰。

(2) CD。

激光唱盘 CD 存储采用音轨的形式,记录的是波形流,是一种近似无损的格式。Windows 系统中自带了一个 CD 播放器,多数声卡所附带的软件都提供了 CD 播放功能,是最为常用的音频格式之一。CD 采用 44.1kHz 的采样频率,速率为 1411kbps,16 位量化位数。

(3) WAV。

WAV 是微软和 IBM 公司在早期联合开发的一种声音文件格式,用于保存 Windows 平台的音频信息资源,被 Windows 平台及其应用程序所支持。WAV 格式支持许多压缩算法,支持多种音频位数、采样频率和声道,采用 44.1kHz 的采样频率,16 位量化位数,因此 WAV 的音质与 CD 相差无几,也是计算机上广为流行的声音文件格式,几乎所有的音频编辑软件都能识别 WAV 格式。

(4) MPEG。

MPEG 是动态图像专家组的英文缩写。这个专家组始建于 1988 年,专门负责为 CD 建立视频和音频压缩标准。MPEG 音频文件指的是 MPEG 标准中的声音部分即 MPEG 音频层。因特网上的音乐格式以 MP3 最为常见。虽然它是一种有损压缩,但是它以极小的声音失真换来了较高的压缩比。MPEG 的格式包括 MPEG-1、MPEG-2、MPEG-Layer3、MPEG-4。

(5) AIFF。

音频交换文件格式(Audio Interchange File Format,AIFF),是苹果公司开发的一种标准声音文件格式,它属于 Quick-Time 技术的一部分。这一格式的特点就是格式本身与数据的意义无关,因此受到了微软的青睐,并据此开发出 WAV 格式。AIFF 虽然是一种很优秀的文件格式,但由于它是苹果计算机上的格式,因此在 PC 平台上并没有得到很大的流行。不过由于苹果计算机多用于多媒体制作出版行业,因此几乎所有的音频编辑软件和播放软件都或多或少地支持 AIFF 格式。只要苹果计算机还在,AIFF 就始终还占有一席之地。由于 AIFF 的包容特性,所以它支持许多压缩技术。

(6) WMA。

WMA 格式是微软力推的一种数字音乐格式,音质要强于 MP3 格式,更远胜于 RA 格式,它和日本 YAMAHA 公司开发的 VQF 格式一样,是以减少数据流量但保持音质的方法来达到比 MP3 压缩率更高的目的,WMA 的压缩率一般都可以达到 1:18 左右。WMA 的另一个优点是内容提供商可以通过数字版权管理(Data Rights Management,DRM)方案加入防复制保护,具有相当强的版权保护能力。

(7) MIDI。

音乐设备数字接口(Musical Instrument Digital Interface,MIDI)格式被经常玩音乐的人使用,MIDI 允许数字合成器和其他设备交换数据。MID 文件格式由 MIDI 继承而来。MID 文件并不是一段录制好的声音,而是记录声音的信息,然后再告诉声卡如何再现音乐的一组指令。这样一个 MID 文件每存 1 分钟的音乐只用大约 5~10KB。MID 文件主要用于原始乐器作品、流行歌曲的业余表演、游戏音轨以及电子贺卡等。*.mid 文件重放的效果完全依赖声卡的档次。*.mid 格式的最大用处是在计算机作曲领域。*.mid 文件可以用作曲软件写出,也可以通过声卡的 MIDI 口把外接音序器演奏的乐曲输入计算机,制成 *.mid 文件。

(8) FLAC。

FLAC 与 MP3 相仿,都是音频压缩编码,但 FLAC 是无损压缩,也就是说音频以 FLAC 编码压缩后不会丢失任何信息,将 FLAC 文件还原为 WAV 文件后,与压缩前的 WAV 文件内容相同。这种压缩与 ZIP 的方式类似,但 FLAC 的压缩比率大于 ZIP 和 RAR,因为 FLAC 是专门针对 PCM 音频的特点设计的压缩方式。而且可以使用播放器直接播放 FLAC 压缩的文件,就像通常播放 MP3 文件一样。FLAC 文件的体积同样约等于普通音频

CD的一半,并且可以自由地互相转换,所以它也是音乐光盘存储在计算机上的最好选择之一,它会完整保留音频的原始资料,用户可以随时将其转回光盘,音乐质量不会有任何改变,而在播放当中,FLAC文件的每个数据帧都包含了解码所需的全部信息,中间的错误不会影响其他帧的正常播放,这保证了它的实用有效性和最小的网络时间延迟。在国内市场上,FLAC已经是和APE齐名的两大最常用无损音频格式之一,并且它的编码技术原理使得它在未来有超过APE的巨大的发展空间。

(9) APE。

APE是流行的数字音乐文件格式之一。与MP3这类有损压缩方式不同,APE是一种无损压缩音频技术,从音频CD上读取的音频数据文件压缩成APE格式后,还可以再将APE格式的文件还原,而还原后的音频文件与压缩前的一模一样,没有任何损失。APE的文件大小大概为CD的一半,随着宽带的普及,APE格式受到了许多音乐爱好者的喜爱,特别是对于希望通过网络传输音频CD的朋友来说,APE可以帮助他们节约大量的资源。当然,只能把音乐CD中的曲目和未压缩的WAV文件转换成APE格式,MP3文件还无法转换为APE格式。事实上APE的压缩率并不高,虽然音质保持得很好,但是压缩后的容量也没小多少。一个34MB的WAV文件,压缩为APE格式后,仍有17MB左右。

(10) RealAudio。

RealAudio文件是Real Networks公司开发的流媒体格式音频文件,也称为网络音频格式,包含在Real Networks公司所制定的音频、视频压缩规范Real Media中,主要用于在低传输速率的广域网上实时传输音频信息,根据网络链接速率的不同,将获得不同的音质。有RA、RM、RAM三种格式。

(11) AAC。

AAC是由Fraunhofer IIS-A、Dolby和AT&T联合开发的一种音频格式,它是MPEG-2规范的一部分。AAC所采用的运算法则与MP3的运算法则有所不同,AAC通过结合其他的功能来提高编码效率。AAC的音频算法在压缩能力上远远超过了以前的一些压缩算法(如MP3等)。它还同时支持多达48个音轨、15个低频音轨、更多种采样率和比特率、多种语言的兼容能力、更高的解码效率。总之,AAC可以在比MP3文件缩小30%的前提下提供更好的音质。

8.3 数字图像的压缩编码

图像和视频压缩编码技术经过多年的发展,已经取得了显著的研究成果,并形成了一门相对独立的学科。这些技术在一定程度上缓解了海量图像和视频数据对通信带宽和存储设备带来的压力,使人们在客观条件受限的环境下,可以获得相对满意的图像质量。

8.3.1 数字图像压缩基本原理

冗余信息的存在是压缩图像的基础,而压缩编码的过程便是去除图像各种冗余信息的过程,这些冗余信息主要包括如下几个部分。

(1) 空间冗余:图像和视频中相邻像素具有相近或者相同的像素值。

(2) 时间冗余:在视频图像里相邻帧之间具有很大的关联性。

（3）编码冗余：表示数字图像像素的平均比特数大于该数字图像的信息熵。

（4）结构冗余：有些图像的部分区域内存在很强的纹理结构或者区域之间存在强关联性，知道图像中的一部分信息就可推知另一部分信息。

（5）视觉冗余：由于人眼具有视觉掩盖的生物特性，人眼对图像中的某些信息不能感知或者不敏感，这部分信息就构成了视觉冗余。

（6）谱间冗余：高光谱图像中相邻谱段之间的像素存在着很强的关联性。

（7）量化冗余：在不影响主观视觉质量的前提下，采用较少的量化等级对原始图像信号进行量化。

针对不同的冗余，将会有不同的图像压缩方法，但总的来说数字图像压缩系统一般可以概括成图 8-12 所示的基本过程。压缩过程从原理上讲有三个基本环节：变换、量化、编码。

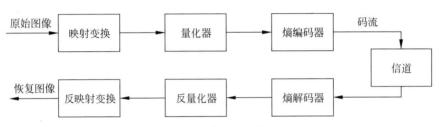

图 8-12　图像压缩基本过程

变换主要是指图像像素间的相关性不仅仅表现在静止的位置关系上，研究发现频域间也有关系，因此在空域无法解决的问题转换到频域就可以得到解决。常见图像的频率特征是低频信号幅值大，高频信号幅值小，信号能量主要集中于低频分量，而高频分量能量较小。将图像变换到频域中，低频分量与高频分量将会分离，显示到频域矩阵中则是右下角对应高频部分，左上角对应低频部分，且低频部分数值较大，通过保留低频信号，有效地去除图像像素间的相关性并使能量集中到低频区域。常见的变换有 K-L 变换、DCT 变换、小波变换等。

量化主要应用于从连续的模拟信号到数字信号的转换，其作用是将信号的连续取值近似为有限多个离散值。量化主要是在变换之后，对变换系数的量化处理，即用较少的量化值表示较多的变换系数，从而进一步地压缩数据。

熵编码的目标是去除信源符号在信息表达上的冗余，也称为信息熵冗余或者编码冗余。熵编码一般处于系统的末端，负责对编码过程中产生的变换系数、运动矢量等信息进行熵编码，并完成最终编码码流的组织。

8.3.2　二值图像压缩

图像分为彩色图像和灰度图像两大类，二值图像就是只有黑白两种灰度级的特殊灰度图像，如图 8-13 所示，例如，文件、气象图、工程图、指纹卡片、手写文字、地图、报纸等。此外，为了报纸的印刷，即使原来为灰度的图像，也要做成网纹的二值图像；而传真只能一点一点地传送二值数据，因此也要把灰度的图像转化为二值图像。二值图像压缩的目的和灰度图像的编码一样，也是为了减少表示图像所需的比特数。

除了只有黑白两个灰度外，二值图像还有以下特征。

首先，在统计特性上，由于只有两种灰度，即只有两种信源符号，所以只对应两种信源概率 P_0 和 P_1，且满足 $P_1 = 1 - P_0$，也就是说信源符号的概率可以只用一种概率来表示；其

(a) 灰度图像   (b) 二值图像

图 8-13　灰度图像和二值图像对比

次,图像数据量较小,单像素既可以用其灰度值(例如,0 和 255)来表示,也可以用二进制值 (0 和 1)来表示,显然后一种表示方法在存储和对图像进行数据处理时会比较简便;此外, 二值图像的结构也往往比较简单,黑、白像素区域多为连续分布、划分明显。这些特征对于 二值图像的压缩编码都具有重要的意义,大部分编码方法都是直接利用这些特征或者建立 在这些特征的基础上的。

由于灰度级别只有两种,所以用于表示二值图像的数据量本身就远小于同等尺寸的灰 度图像和彩色图像。但是,这并不意味着就不必再对它们进行压缩处理了。二值图像同一 般的图像一样,也有着很大的压缩空间。如果每像素用一位二进制码 0 或 1(白像素为 1,黑 像素为 0)表示,则称为直接编码。一位二进制码为 1 比特,因而直接编码时表示一帧图像 的比特数就等于该图像的像素数。直接编码对数据量是没有压缩效果的,因而通常把直接 编码得到的数据比特数作为该二值图像的原始数据大小,例如,二值图像以 Windows 操作 系统中的标准图像文件 BMP 格式存储就是这样一种情况。由于二值图像结构和统计上的 冗余特性,直接编码所形成的符号所携带的信息中必然包含了大量的冗余成分,所以,经过 各种编码处理,去掉这些冗余成分,能够使表示二值图像的比特数小于该图像的像素数(即 小于图像原始大小),达到压缩的目的。

二值图像在日常生活与科学研究中都大量存在,其传输和存储都占用着相当多的资源, 因此,不断研究二值图像压缩和编码技术,想方设法提高现有算法的压缩性能,创新编码方 法,都有着极其重要的理论意义和现实意义。众所周知,传真是一种静止图像通信方式,除 照片传真外,一般的文件传真都是二值图像。为了缩短传输每帧传真图片所需的时间,就应 通过有效编码减少表示每帧图片所需的比特数。例如,本来每帧图片需用 2Mb 表示,若用 2400b/s 的数据调解器在电话线上传输,则需 15min。如果希望经过编码,在 1min 内把它 传完,则压缩比应为 15。另外,在运动跟踪、目标检测、视频压缩等课题的研究过程中,也会 产生大量的二值图像,存于数据库或者用于分析研究,这些图像经过压缩再存储则可以节省 很多空间。

不同的二值图像往往需要用不同的编码方式才能达到最好的压缩效果。目前,常用的 二值图像编码方法主要有游程长度编码、跳白块编码、方块编码、识别编码、边界编码。下文 将会一一介绍。

游程长度编码(Run-Length Coding,RLC)的基本思想,是将具有相同数值、连续出现的信源符号构成的符号串用其数值及串的长度表示。把图像作为信源时,如果有连续的 L 像素具有相同的灰度值 G,则对其作游程编码后,只需传送一个数组(G,L)就可代替传送这一串像素的灰度值。这些连续的相同像素称为游程。很明显,游程长度越长,游程编码效率越高,因而特别适用于灰度等级少,灰度值变化小的二值图像。在实际应用中,游程编码往往与其他编码方法结合使用,即把所有游程对应的数组(G,L)作为信源符号再进行编码,每一个(G,L)分配一个码字,例如,被国际电报电话咨询委员会(International Telephone and Telegraph Consultative Committee,CCITT)选作文件传真三类机一维标准码的修正霍夫曼编码,就对不同长度的黑游程和白游程采用了最佳霍夫曼编码,如图 8-14 所示。

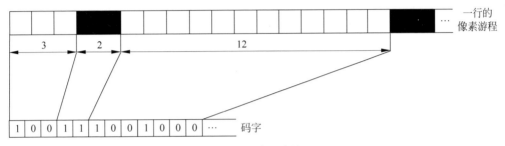

图 8-14　游程编码

跳白块编码是利用二值图像含有大量白色区域这一特点而提出的编码方法。编码方法是将图像每行分成若干子块,每块包括 N 像素。如果某块全部是白色,则该块用 1 比特字"0"表示;否则,如果某块至少包含一个黑色像素,则该块用 N+1 个比特表示:前缀码"1"加该块的直接编码(白色为"0",黑色为"1")。

方块编码,就是把整个图像分成等大小的子块,然后按每块内像素的不同排列所出现的概率分配不同长度的码字,概率高的分配短码字,不常出现的分配长码字,使平均码长达到最短。方块编码最先就是用在二值图像上,如传真图像,后来推广到灰度图像。由于设备简单,可以用于实时处理或传输系统中,获得人们越来越广泛的重视。

对二值图像取方块尺寸为 $m \times n$,则方块中像素可能有 2^{mn} 种不同排列,即为 2^{mn} 种消息,为了取得最高的压缩比,可以用霍夫曼编码方法对这些方块进行编码。但当方块尺寸大于 3×3 时,消息集合的数量太大,以致使霍夫曼编码方法难以应用,因此就提出了次优的编码方法。全白的方块最常出现,因此分配最短的码字"0",而其他含有黑色像素的排列均用直接编码,如图 8-15 所示(空白方格表示白像素)。由于与前面的跳白块编码的编码方法类似,方块编码有时也被称为二维跳白块编码。

早在 1974 年,就有学者提出了利用模式匹配技术进行二值图像压缩编码的概念,对于打印机和印刷的文字来说,可以利用图像识别的方法来大大提高压缩比。如果发送端能够识别字符,则可以为每个字符分配一个定长的二进

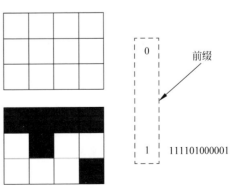

图 8-15　方块编码

制码字,传输时只传输该码字即可,在接收端将码字恢复成原来的字符就完成了解码。例如,传输 100 个不同的字符(对于一般的文档已经足够),由于 $2^7 > 100$,故每个字符只需要 7 位码字就够了。可以对比一下,如果字符采用直接编码,在一般的清晰度要求下,每英寸 100 像素,每个字符高 1/6 英寸、宽 1/12 英寸,那么每个字符所用的比特数为 $\frac{1}{12} \times \frac{1}{6} \times 100^2 \approx 139$,压缩倍数可达 $139/7 \approx 20$。这种编码依赖于字符识别技术,在应用方面有其局限性。

如果允许图像有一定的失真,则可利用识别编码的方法,也可使压缩倍数大为提高。Kundson 研究了这种近似的编码方法,他用每英寸 1000 像素对报纸和图片进行采样,然后把采样图像全部分成没有重叠的图像小块,每个小块的大小为 8×8 像素,这样的小图像块共有 2^{64} 种。Kundson 通过实验发现,只需挑选其中的 62 种来近似代替所有的 2^{64} 种,就能得到质量满意的图像。因为用定长码表示 62 种符号时,每个符号只需用 6 位二进制数,而每个小图像块若采用直接编码则需要 64 比特,所以不需要使用任何统计编码,就可以达到 10:1 的压缩比。

8.3.3 图像压缩编码技术

(1)预测编码。

预测编码是根据图像和视频数据在局域空间和时间内的强相关性,利用与当前像素相关性强的近邻像素值来预测当前像素值,然后对当前像素值和预测值的差进行量化和编码。近邻像素与当前像素相关性越强,预测值越接近当前像素值,预测误差越小,同等条件下需要的编码比特数就越少,压缩效率也就越高,因此,预测编码的核心是预测器的设计。在实际应用中,通常依据图像的统计概率分布来确定概率最佳的预测算法,或者根据图像数据的局部特征采用自适应预测器来加强预测效果。预测编码分为线性预测和非线性预测,或者帧内预测和帧间预测。最常用的预测编码算法是差分脉冲编码调制(Differential Pulse Code Modulation,DPCM),其原理如图 8-16 所示。

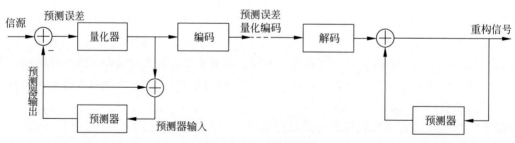

图 8-16　DPCM 框架

(2)熵编码。

熵编码是根据图像数据出现概率分布特征进行编码。它把表示图像像素的序列符号转变为一个压缩的比特流进行传输和存储。根本思想是出现概率大的像素值利用短码来表示,而出现概率小的像素值采用长码来表示。理论证明,根据概率不同分配不同长度的码字,输出码字的平均码长最短,接近信源的熵。统计编码是无失真数据压缩编码,常用的有霍夫曼编码、算术编码和行程编码等。D. Huffman 在 1952 年提出了接近信源熵的编码方法——霍夫曼编码,该编码具有瞬时性和唯一可解性,但需要扫描原始数据两遍,因此编解码速度慢。Elias 等学者在 1963 年提出了理论上达到香农第一定理界限的算术编码,该编码方法彻底摒弃了利用特定二进制字符串表示输入符号的思路,而是用 0 到 1 之间的数进行编码。霍夫曼编码和算术编码都是从消除编码冗余上实现压缩,而且需要原始信息的概率先验。20 世纪 50 年代出现了通过消除空间冗余来实现压缩的行程编码,行程编码中每个行程对包括指定一个新灰度的开始和具有该灰度的连续像素的数量。这些熵编码算法以不同组合的方式,例如,霍夫曼编码结合游程编码,算术编码联合游程编码等,被用作变换、预测等编码算法之后的进一步编码。

(3) 变换编码。

变换编码由 H. Andrews 等学者于 1968 年提出,它通过对图像进行某种函数变换,把图像从一个表示空间变换到另一个表示空间,然后通过量化消除能量特别小且人眼不十分敏感的高频分量,最后进行熵编码达到压缩的目的。从利用快速离散傅里叶变换进行图像数据压缩编码以来,出现了多种正交变换压缩编码算法,当时比较成熟的变换编码按照正交变换的不同可分为 K-Le 变换、离散余弦变换 DCT 和离散哈达码变换等。变换编码的基本过程是先将图像经过某种形式的正交变换获得变换系数矩阵,然后根据人类视觉特性对系数矩阵进行不同精度的量化,最后对量化后的系数矩阵进行熵编码,正交变换将图像数据从像素域映射到变换域,在该变换域上图像数据要最大限度地不相关。尽管正交变换自身并不带来数据压缩,可是图像正交变换后大部分能量集中在个别变换系数上,对这些系数进行恰当的量化和熵编码,能够完成对图像数据的有效压缩编码。图 8-17 显示了一个基于变换的编解码系统组成。编码器主要由图像块分解、变换、量化以及编码四部分组成。一幅大小为 $W \times H$ 的图像首先被分解成 $n \times n$ 的像素块,然后对这些像素块进行正变换,生成 $n \times n$ 的变换系数。变换的目的是对块内的数据去相关,使其用尽量少的变换系数表征尽可能多的信息。在进行量化时,可以通过不同的量化步长使幅值较小的系数用尽量少的比特数表示。对于量化结果,再采用之前的数据压缩方法进行编码,如熵编码。

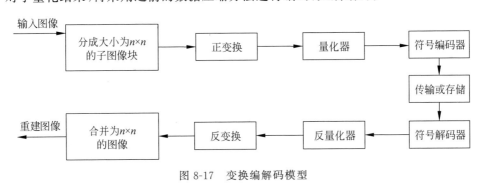

图 8-17　变换编解码模型

8.3.4　图像的常见压缩格式

(1) GIF。

GIF 是在 1987 年由 Compu Serve 公司为了填补跨平台图像格式的空白而发展起来的,它是一种位图。位图的大致原理是,图片由许多的像素组成,每像素都被指定了一种颜色,这些像素综合起来就构成了图片。GIF 采用的是 Lempel-Zev-Welch 压缩算法,最高支持 256 种颜色。由于这种特性,GIF 比较适用于色彩较少的图片,如卡通造型、公司标志等。

如果碰到需要用真彩色的场合,那么 GIF 的表现力就有限了。GIF 通常会自带一个调色板,里面存放需要用到的各种颜色。在网页运用中,图像的文件量的大小将会明显地影响到下载的速度,因此可以根据 GIF 带调色板的特性来优化调色板,减少图像使用的颜色数(有些图像用不到的颜色可以舍去),而不影响到图片的质量。

（2）JPEG。

JPEG 是用于连续色调静态图像压缩的一种标准,文件后缀名为.jpg 或.jpeg,它是最常用的图像文件格式。它主要采用预测编码 DPCM、离散余弦变换 DCT 以及熵编码的联合编码方式,以去除冗余的图像和彩色数据,属于有损压缩格式。它能够将图像压缩在很小的存储空间,一定程度上会造成图像数据的损伤。尤其是使用过高的压缩比例,将使最终解压缩后恢复的图像质量降低,如果追求高品质图像,则不宜采用过高的压缩比例。

然而,JPEG 压缩技术十分先进,它可以用有损压缩方式去除冗余的图像数据,换句话说,就是可以用较少的磁盘空间得到较好的图像品质。而且 JPEG 是一种很灵活的格式,具有调节图像质量的功能,它允许用不同的压缩比例对文件进行压缩,支持多种压缩级别,压缩比率通常在 10∶1 到 40∶1,压缩比越大,图像品质就越低;相反地,压缩比越小,图像品质就越高。同一幅图像,用 JPEG 格式存储的文件是其他类型文件的 $1/10 \sim 1/20$,通常只有几十 KB,质量损失较小,基本无法看出。JPEG 格式压缩的主要是高频信息,对色彩的信息保留较好,适合应用于互联网;它可减少图像的传输时间,支持 24 位真彩色;也普遍应用于需要连续色调的图像中。

JPEG 格式可分为标准 JPEG、渐进式 JPEG 及 JPEG2000 三种格式。

① 标准 JPEG 格式:此类型在网页下载时只能由上而下依序显示图像,直到图像资料全部下载完毕,才能看到图像全貌。

② 渐进式 JPEG:此类型在网页下载时,先呈现出图像的粗略外观后,再慢慢地呈现出完整的内容,而且存成渐进式 JPG 格式的文档比存成标准 JPG 格式的文档要小,所以如果要在网页上使用图像,可以采用这种格式。

③ JPEG2000:它是新一代的影像压缩法,压缩品质更高,并可改善在无线传输时,常因信号不稳定造成马赛克现象及位置错乱的情况,改善传输的品质。

（3）PNG。

PNG 是一种采用无损压缩算法的位图格式,其设计目的是试图替代 GIF 和标签图像文件格式(Tag Image File Format,TIFF),同时增加一些 GIF 文件格式所不具备的特性。PNG 使用从 LZ77 派生的无损数据压缩算法,一般应用于 Java 程序、网页或 S60 程序中,原因是它压缩比高,生成文件体积小。

（4）TIFF。

TIFF 是一种灵活的位图格式,主要用来存储包括照片和艺术图在内的图像,最初由 Aldus 公司与微软公司一起为 PostScript 打印开发。TIFF 与 JPEG 和 PNG 一起成为流行的高位彩色图像格式。TIFF 格式在业界得到了广泛的支持,如 Adobe 公司的 Photoshop、The GIMP Team 的 GIMP、Ulead PhotoImpact 和 Paint Shop Pro 等图像处理应用、QuarkXPress 和 Adobe InDesign 等桌面印刷和页面排版应用,扫描、传真、文字处理、光学字符识别和其他一些应用都支持这种格式。

（5）BMP。

BMP 是英文 Bitmap 的简写，它是 Windows 操作系统中的标准图像文件格式，能够被多种 Windows 应用程序所支持。随着 Windows 操作系统的流行与丰富的 Windows 应用程序的开发，BMP 位图格式理所当然地被广泛应用。这种格式的特点是包含的图像信息较丰富，几乎不进行压缩，但由此导致了它与生俱来的缺点——占用磁盘空间过大。

8.4 数字视频的压缩编码

8.4.1 视频压缩基本原理

视频是连续的图像序列，由连续的帧构成，一帧即为一幅图像。由于人眼的视觉暂留效应，当帧序列以一定的速率播放时，我们看到的就是动作连续的视频。由于连续的帧之间相似性极高，为便于存储、传输，需要对原始的视频进行编码压缩，以去除空间、时间维度的冗余。

视频压缩技术是计算机处理视频的前提。视频信号数字化后数据带宽很高，通常在 20MBps 以上，因此计算机很难对之进行保存和处理。采用压缩技术通常可以将数据带宽降到 1～10MBps，这样就可以将视频信号保存在计算机中并做相应的处理。

视频图像的分辨率越来越高，传输未压缩的数字视频所需要的数据量非常大，这些大数据的视频图像通常也难以存储，而且信道存在带宽的限制也让直接传输视频图像显得不现实，因而为了传输和存储视频图像，对视频图像的压缩便显得尤为重要。视频图像的相邻帧之间存在很强的时间相关性，同一帧内存在很强的空间相关性。去除这些相关性造成的时间和空间冗余，就能对视频图像进行有效的压缩。视频图像除了存在时间冗余、空间冗余外，还具有视觉冗余和编码冗余，这些数据冗余便是各个数字视频压缩编码方案压缩的落脚点。数字视频压缩的最终目的是在一系列变化的图像序列中，对其运用各种压缩编码技术，使得在压缩视频图像的同时，在保证解码后的视频图像质量的情况下，尽可能地减少输出数据的比特流，以便于在带宽一定的信道中传播。

8.4.2 帧间预测

帧间预测的目的是去除视频的时域冗余，在一个视频序列中，时间上相邻的两帧图像往往具有很高的相似性，所以一般会选择时域上相邻帧的已编码单元对当前编码单元进行预测。运动估计以及运动补偿是帧间预测的两个重要组成部分。

预测示意图如图 8-18 所示，在当前编码帧的临近已编码帧中搜索相似的已编码单元的过程称为运动估计，这个已编码单元叫作参考块，所在的编码帧叫作参考帧，运动估计需要找到一个最佳参考块（匹配块），并且计算出运动矢量（Motion Vector，MV）（当前块到参考块的位置偏移）。

在运动估计中，使用全搜索算法、TZSearch 算法等方法在相邻帧中进行运动搜索，利用块匹配法则在相邻帧中找到最佳匹配块，最小均方误差（Mean Square Error，MSE）和绝对误差和（Sum of Absolute Differences，SAD）是最常使用的匹配准则。式（8-1）表示的是 MSE 匹配准则，式（8-2）表示的是 SAD 匹配准则：

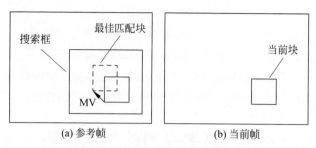

图 8-18　帧间预测示意图

$$\mathrm{MSE}(x,y) = \frac{1}{MN}\sum_{m=1}^{M}\sum_{n=1}^{N}\left[f_i(m,n) - f_{i-1}(m+x,n+y)\right]^2 \qquad (8\text{-}1)$$

$$\mathrm{SAD}(x,y) = \frac{1}{MN}\sum_{m=1}^{M}\sum_{n=1}^{N}\left[f_i(m,n) - f_{i-1}(m+x,n+y)\right] \qquad (8\text{-}2)$$

其中,M 和 N 分别表示当前编码块的长宽,$f_i(m,n)$ 用来表示当前块中的像素值,$f_{i-1}(m+x,n+y)$ 表示参考块中的像素值,(x,y) 则表示当前块到参考块的运动矢量。运动补偿是一种描述当前帧与参考帧之间差别的方法,具体而言就是描述参考帧中的参考块如何移动到当前帧中的某个位置,一般情况下需要基于某种运动模型进行运动补偿,计算出当前块的预测值。

帧间预测编码具体过程如图 8-19 所示,一般的过程是将当前帧与参考帧(也就是解码端输出的前一个重建帧)一并进入运动估计流程,经过运动估计获得最佳匹配块和运动矢量MV。将运动矢量 MV 输入后进入运动补偿流程,这一过程将使用运动矢量 MV 对输入的重建参考帧进行运动补偿,运动补偿过程中能够获得预测像素值以及它与原始像素值的差值——残差,残差和运动矢量 MV 经过变换和量化之后被发送到解码器端。解码器接收到残差码流信号后,进行反量化、反变换,与运动补偿后获得的预测像素值一起运算得出当前编码帧的重建像素值。

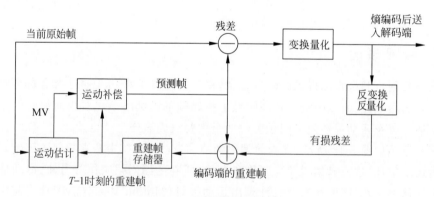

图 8-19　帧间预测编码过程

8.4.3　编码标准的发展历程

1948 年香农等利用脉冲编码调制技术对模拟信号的数字化处理,预示着数字视频压缩编码这一技术的起源。这一技术一经诞生便开始飞速发展。1950—1960 年,变长编码、差分预测编码调制最先应用于数字视频压缩编码。到了 20 世纪七八十年代,变换编码、量化编码的技术得到重大发展,此后相继出现了 DCT 技术、矢量量化技术。同时预测、变换、量化编码的混合编码模式也基本确定下来。之后出现的小波变换、自适应子带编码、比特分层编码、一般 B 帧、宏块、基于上下文的算术编码,便是对于这一技术的逐步优化,使之能够压缩分辨率越来越高的视频图像,同时保证压缩视频图像解压后的视觉质量。随着科技的发展,我国经历了标清、高清时代,现在 2K 视频也逐渐投入日常生活中。5G 时代的到来,如果没有配套的视频编码压缩标准,传输更高分辨率、更高质量的视频图像将寸步难行。

近些年来,图像编码技术得到了迅速的发展和广泛的应用,并日臻成熟,其标志就是几个关于图像编码的国际标准的制定,即 ISO/IEC 关于静止图像的编码标准 JPEG,CCITT 关于电视电话/会议电视的视频编码标准 H.26X 系列和 ISO/IEC 关于活动图像的编码标准 MPEG-X 系列以及我国自主研发的 AVS 标准系列。这些标准图像编码算法融合了各种性能优良的传统图像编码方法,是对传统编码技术的总结,代表了当前图像编码的发展水平。图 8-20 展示了这些标准的大致发展历程。

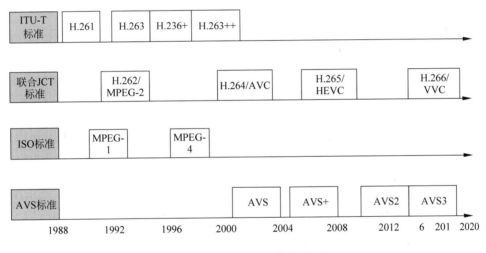

图 8-20 视频编码标准发展

8.4.4 MPEG-X 系列标准

MPEG-1 是 ISO/IEC MPEG 工作组研发的第一个视频编码标准,它的编码层次结构如图 8-21 所示。MPEG-1 专门为 CD 光盘介质定制,于 1991 年完成,1992 年被正式批准为世界通用标准。MPEG-1 在运动补偿方面运用了基于块的运动补偿,同时将运动矢量精度细化到半像素。此外,允许进行帧间双向预测。MPEG-1 还采用自适应量化,对每个频段采用单独的量化比例因子,以便于改善人们的主观视觉体验。MPEG-1 第一次定义了在预测编码模块中的 I、P、B 三种图像类型的编码结构,即 I 帧是帧内预测编码,P 帧是前向预测编码,B 帧是双向预测编码。I 帧内所有宏块使用帧内编码方式,P 帧、B 帧内所有宏块既可以使用帧内编码方式也可以使用帧间编码方式。

MPEG-2 视频编码标准通常被认为是一个 ISO 标准,但它是 ISO/IEC JTC1 和 ITU-T 组织共同开发的官方项目,最终完成于 1994 年。它主要应用于标准清晰度电视(Standard

图 8-21   MPEG-1 视频编码层次结构

Definition TV,SDTV),是它们的主流编码标准。直至今日,MPEG-2 仍然在数字视频广播
(Digital Video Broadcasting,DVB)和高清晰度电视上使用。MPEG-2 继承了 H.261 和
MPEG-1 的众多特点,在系统和传送方面做了改进,增加了很多规定和进一步的完善提升,
在 MPEG-1 的基础上实现了低码率的压缩和多声道的扩展。此外,MPEG-2 同时支持隔行
扫描和逐行扫描等。它使用的编码框架仍然是今天的主流。

MPEG-4 使用了视频编码标准 H.263 的算法作为起点,以便于 MPEG-4 的编解码器能
够兼容任何由 H.263 编解码而来的视频图像比特流,但同时 MPEG-4 开发了一些可以提高
压缩效率的其他附加功能。尽管 MPEG-4 的空间编码方式采用了 8×8 DCT 变换和标量量
化方式,但由于要兼容 H.263 标准的视频图像比特流,所以它同时支持两种标量量化方法,
即 H.263 样式和 MPEG 样式。与同一系列的前两个标准单纯将重点放在编码效率上不
同,MPEG-4 标准从对象的层次优化数据压缩,使用的视频编码方法与视频内容密切相关。
采用的新技术有细化到 1/4 像素精度的运动补偿技术、运动矢量场自适应搜索技术、基于特
征的快速鲁棒全局运动估计技术等。MPEG-4 标准多应用于可视电话、无线通信、视向电子
邮件等。

8.4.5   H.26x 系列标准

H.261 标准(如图 8-22 所示)是第一个主流的视频编码标准,制定的初始目的是在网络
带宽数值呈 64Kbps 倍数的综合业务数字网(Integrated Services Digital Network,ISDN)上
实现视频信号的传输而且能够保证视频主观质量可接受,主要用于比特率在大约 40Kbps
和 2Mbps 之间的视频。H.261 采用了基于"预测/变换"的混合编码框架,时间证明了它取
得了重大成功,以至于其后的视频编码标准等都在基于它的原有框架下不断地提升压缩后
视频图像的质量以及降低传输数据所需的比特数。其主要技术包括了基于运动估计和运动
补偿的帧间预测、离散余弦变换、量化以及熵编码。作为首次出现的主流标准,较为可惜的
是 H.261 只能够采取帧内编码和前向预测编码的预测编码技术,双向预测技术并未运用于
H.261 的编码框架中。

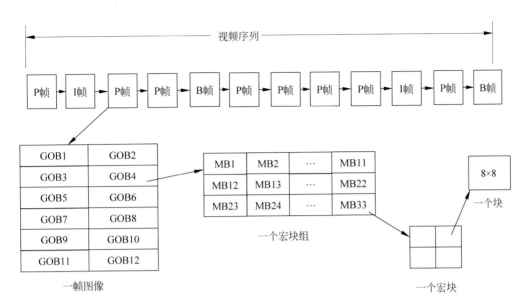

图 8-22　H.261 视频编码层次结构

H.262 是 VCEG 和 MPEG 合作制定的第一个视频编码标准,所以它又称为 MPEG-2。分别于 1994 年和 2000 年完成定稿和第一次修订。H.262 相较于其他的标准来说,在电视机、摄影机等音频视频产品中应用范围最广、应用频率最高。

H.263 是在 H.261 成功之后制定的又一新的标准,它使用了与 MPEG-2 类似的基本信源编码方法,包括帧内、帧间和跳过编码模式。但是它的主要技术发生了重要进步,使得它以更低的比特率得到更高的视频质量,主要采用中值运动矢量预测和 VLC 编码。H.263 的第一个版本使用了 8 个编码工具选项,即附件 A～G,这些编码工具的使用可以有效提高压缩效率。其中附件 D、E、F、G 控制信源编码选项来提高压缩性能。附件 D 规定了处理运动矢量参考图片以外的点以及使用比 H.263 基本档更长的运动估计矢量。附件 F 规定了重叠块运动补偿的使用以及为每个宏块分配 4 个运动矢量,每个运动矢量又被分为 8×8 子块,即使用可变块大小。因此,在可能的宏块模式集合中添加 8×8 编码模式。在 1998 年和 2000 年 ITU-T 又分别开发了 H.263 的改进版本,分别为 H.263＋和 H.263＋＋,同时增添了更多的编码工具选项以提高编码效率。2000 年底对 H.263 进行了第二次扩展,在此基础上增加了三种可选模式,此版本即为 H.263＋＋。

H.264/AVC 是 ITU-T 的 VCEG 和 ISO/IEC 的 MPEG 共同组织成立联合视频组(Joint Video Team,JVT)最后一次合作项目,也是目前最为成功的一个视频编码标准。H.264/AVC 设计包括视频编码层和网络适配层。在 H.264 中应用了许多新技术,例如,多参考帧的运动补偿,将可参考帧的数量从以往的 1 或 2 增加到 32;运动估计和运动补偿过程中的块大小可选择最大为 16×16,最小为 4×4,实现了运动物体更精细的划分,此外运动补偿的像素精度细化到了 1/4;亮度分量的预测值可以达到 1/2 像素,由一个六抽头的滤波器实现,减少了振铃效应等。H.264/AVC 相比于其他标准具有更高的压缩效率,统一的数据格式能够快速地在无线网络信道上传输,因此广泛地运用于数字视频压缩和传输领域。目前主要应用于数字电视、卫星电视、视频会议、远程通信、远程医疗、远程教育等领域。

H.265 是由 ITU-T 与 ISO/IEC 组建的 JCT-VC 研究组于 2010 年着手研究的视频编

173

码标准,名称为高效视频编码(High Efficiency Video Coding,HEVC)。随着互联网服务种类的不断增加,高清视频的日益普及以及超高清视频(例如 4K×2K 或 8K×4K 分辨率)的出现,H.264/MPEG 的编码效率就显得捉襟见肘。此外,移动设备和平板电脑的视频应用所引起的流量以及视频点播服务的传输需求,对当今的网络构成了严峻的挑战。HEVC 旨在解决 H.264/MPEG 所不能解决的所有现有应用问题,主要目标是将现有标准的压缩性能大幅提高,在不降低视频质量的前提下,将消耗的比特率降低 50%。在 HEVC 中采用了与以前编码标准中编码单元类似的结构——编码树单元(Coding Tree Unit,CTU),与 H.264 不同的是,支持使用树结构和类四叉树信令将 CTU 划分为较小的块,并且预测单元和变换单元有所区别。此外 HEVC 中加入了更多的帧内预测模式,在帧间预测层面引入了两种不同的模式,允许从邻近编码单元直接获取运动矢量,还有优化的去块、采样点自适应偏移滤波器等。

国际音视频编码标准的基本特点如表 8-2 所示。

表 8-2　国际音视频编码标准的基本特点

标　准	变　换	宏块尺寸	运动估计模块
MPEG-1	8×8 DCT	16×16	B 帧
MPEG-2	8×8 DCT	16×16 8×16	B 帧
MPEG-4	8×8 DCT	16×16 8×8	B 帧 全局运动估计
H.261	8×8 DCT	16×16	—
H.263	8×8 DCT	16×16 8×8	B 帧
H.264/AVS	4×4 DCT	8×4 4×4	B 帧 长期帧记忆 环路滤波 CAVLC/CABAC

8.4.6　AVS 系列标准

AVS 标准是我国拥有自主知识产权的信源编码标准,是针对中国音视频产业的需求,由中国数字音视频领域的科研机构和企业牵头,相关国际单位和企业广泛参与,按照国际开放式规则制定的系列标准。目前已经完成了两代 AVS 标准的制定。大致发展历程如图 8-23 所示。

2002 年,AVS 工作组开始起草第一代 AVS 标准。AVS1 包括系统、视频、音频、数字版权管理等 4 个主要技术标准和符合性测试等支撑标准。第一代 AVS 标准包括国家标准《信息技术先进音视频编码 第 2 部分:视频》(简称 AVS1,国标号:GB/T 20090.2—2006)和《信息技术先进音视频编码 第 16 部分:广播电视视频》(简称 AVS+,国标号:GB/T 20090.16—2016)。AVS+的压缩效率与国际同类标准 H.264/AVC 相当。目前已经有上千套 AVS+的高清内容上星播出。

为了更好应用于超高清电视节目并支撑引领未来几年内数字媒体产业,争取在相关国

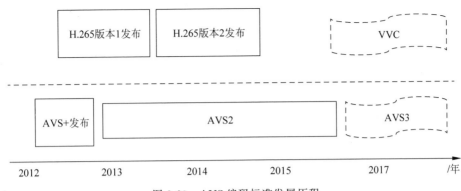

图 8-23　AVS 编码标准发展历程

际标准的制定中发挥关键作用,工作组进行了第二代标准 AVS2 的研究。首要应用目标是超高清晰度视频,支持超高分辨率(4K 以上)、高动态范围视频的高效压缩。2016 年 5 月,AVS2 被国家广播电视总局颁布为广电行业标准《高效音视频编码 第 1 部分:视频》(行标号:GY/T 299.1—2016)。2016 年 12 月,AVS2 被国家质检总局和国家标准委颁布为国家标准《信息技术高效多媒体编码 第 2 部分:视频》(国标号:GB/T 33475.2—2016)。同时提交了 IEEE 国际标准(标准号:IEEE—1857.4)申请。国家广播电视总局广播电视计量检测中心的测试结果表明:AVS2 的压缩效率比上一代标准 AVS+ 和 H.264/AVC 提高了一倍,超过国际同类型标准 HEVC/H.265。AVS2 还支持三维视频、多视角和虚拟现实视频的高效编码,立体声、多声道音频的高效有损及无损编码,监控视频的高效编码,面向三网融合的新型媒体服务。

2019 年 1 月 28 日,AVS 标准工作组历时 48 天完成了 AVS3 第一阶段标准参考平台的开发。2019 年 3 月确定了核心技术模块。AVS3 第一阶段包含两个档次:基准 8 位档次和基准 10 位档次。这两个档次的压缩效率相比 AVS2 和 HECV 预计提升超过 20%。AVS3 第二阶段标准预计在 2021 年制定完成,目标编码性能比 AVS2 提升一倍。

随着广播电视信号质量的不断提升,4K 超高清信号越来越多地应用于电视节目制作中,中央广播电视总台于 2018 年 10 月 1 日开播了国内首个上星超高清电视频道——CCTV 4K 超高清频道,到 2021 年陆续开播在播公共频道的 4K 超高清播出频道。根据总局《实施指南》的要求,中央广播电视总台 4K 超高清频道编码压缩系统基于全自主知识产权的 AVS2 编码标准,在国内外首先面向春晚、国庆阅兵、两会报道等重大事件开展了基于 AVS2 超高清电视广播应用示范。

4K 超高清频道编码压缩系统从播出系统接入主、备两路基带 4X3G 信号,经过有源分配设备进行放大后,分别接入主、备压缩系统的主、备 AVS2 编码器进行编码,主、备系统的播出信号交叉接引。系统通过切换器后使用独立的编码器的设计,对 4K 超高清播出信号进行高质量的视频信号编码,视频编码器使用 TS/IP 方式输出,并通过数据交换机将信号送往复用器和加扰器进行复用和加密处理,之后通过卫星或 IPTV 等形式将视频流送入用户端。管理和监控系统能够通过轮询方式巡查编码器的状态;在网管的统一管理下,系统内各个编码器、复用器等关键设备均可以进行主、备切换,保证其中一路出现异常,不对节目播出造成影响。

175

AVS3 的提出与完善为我国 8K 超高清电视传输分发及终端呈现系统设备国产化打下了坚实基础,中央广播电视总台 8K 超高清试验频道的成功开播,是我国超高清领域科技创新成果的集中展示。2021 年初,总台已研发完成 8K 超高清电视制播呈现全链路试验系统,它主要包括 8K 演播室系统、8K IP 调度分发系统、8K 后期制作系统、8K 播出系统、8K AVS3 编码系统、8K IP 电视集成分发系统、8K AVS3 机顶盒和 8K 大屏幕播放系统。从技术先进性角度来看,在 4K/8K 视频上 AVS 压缩效率比 H.265 高约 30%,采用智能编码的 AVS3 标准更有效地提升了编码决策模式筛选效率,使编码性能又提升了至少 5%;从产业化方面来说,针对 8K 超高清视频产业,与其他标准相比,AVS3 标准的产业应用成熟度相对较高。技术先进、专利清晰、产业链全的 AVS3 显然是 5G+8K 超高清视频编码标准的最佳选择,标志着我国已走在世界超高清电视发展的前列。

本 章 小 结

虽然硬件设备的存储容量和传输带宽都在快速增长,数字媒体数据的压缩还是必不可少的。本章首先介绍数据压缩的基本原理,然后分别对数字音频、数字图像和数字视频的压缩编码技术进行详细的介绍;在每类数据使用的主要压缩方法的基础上,对常见的压缩格式和标准进行总结,如数字视频点常用的压缩标准 MPEG 系列;最后,重点介绍我国自主知识产权的音视频编解码标准 AVS,并展示 AVS 的应用场景。

本 章 习 题

1. 声音信号的数字化分为采样、量化和_____。

2. 对带宽为 300~3400Hz 的语音,若采样频率为 8kHz,量化位数为 8,采用单声道,则其未压缩时的码率约为_____ Kbps。

3. 灰度图像的位平面数位 1,彩色图像有_____个或更多的位平面。

4. 计算机动画是采用计算机生成一系列可供实时演播的连续画面的一种技术。设电影每秒放映 24 帧画面,现有 2800 帧图像,它们大约可播放_____分钟。

5. 把声音数据中超过人耳辨认能力的细节去掉的数据压缩方法称为_____。

6. 数码相机所采用的既支持无损压缩又支持有损压缩的图像文件格式是_____。

7. 评价图像压缩编码方法的优劣主要看哪些方面?

8. 简述对数字媒体压缩的必要性。

9. 说出常见的编码标准及其典型应用场景。

10. 简述 PCM 编码原理。

11. 简述哪些音频文件格式是有损压缩,哪些是无损压缩。

第9章 媒体大数据与可视化技术

随着数字文明和信息时代的到来,媒体融合发展已成为应对挑战的最好选择,发挥数据关键优势,打造舆论新生态。在大数据背景下,"所有人对所有人"的传播样态悄然出现,全媒体融合发展已经从推进产品融合、渠道融合,发展到推动平台融合、生态融合,传统媒体和新兴媒体优势互补,一体化发展趋势明显。身处大数据时代,如何更好地利用数据来促进生活生产,是全球专家学者都在关注的问题,也是关乎人们社会生活方方面面的话题。另一方面,可视化是利用计算机图形学和图像处理技术,将数据转换成图形或图像在屏幕上显示出来,并进行交互处理的理论、方法和技术。它涉及计算机图形学、图像处理、计算机视觉、计算机辅助设计等多个领域,是研究数据表示、数据处理、决策分析等一系列问题的综合技术。正在飞速发展的虚拟现实技术也是以图形图像的可视化技术为依托的。

9.1 大数据概述

9.1.1 数据的概念

数据是符号的集合,是表达客观事物的未经加工的原始素材,例如,图形、符号、数字、字母等都是数据的不同形式。数据也可看成是数据对象和其属性的集合,其中属性可被看成是变量、值域、特征或特性,例如,人类头发的颜色、人类体温等。单个数据对象可以由一组属性描述,也被称为记录、点、实例、采样、实体等。属性值可以是表达属性的任意数值或符号,同一类属性可以具有不同的属性值,例如,长度的度量单位可以是英尺或米。不同的属性也可能具有相同的取值和不同的含义,例如,年份和年龄都是整数型数值,而年龄通常有取值区间。

可以说,数据是反映客观事物属性的记录,是信息的具体表现形式。

9.1.2 大数据的定义

在信息社会里,每个人的口袋里都有一部手机,每个办公桌上都有一台计算机,每个办公室都与局域网甚至互联网相连,信息爆炸已经积累到了一定程度。它不仅使世界比以往任何时候都充满了更多的信息,也导致了信息形式的改变。随着天文学和遗传学的发展,"大数据"的概念应运而生,几乎已经应用到人类发展的所有领域。

所谓大数据,在狭义上可以被定义为,用现有的一般技术难以管理的大量数据的集合。现在的大数据和过去相比,主要有三点区别:第一,社交媒体等飞速发展并普及,人们每时每刻都在产出大量且多样的数据;第二,硬件和软件技术的成熟使得数据的存储、处理成本大幅下降;第三,大数据的存储、处理环境已经无须自行搭建,云计算的兴起解决了这些问题。研究机构 Gartner 给出了这样的定义:"大数据"是需要新处理模式才能具有更强的决策力、洞察发现力和流程优化能力的海量、高增长率和多样化的信息资产。

麦肯锡说:"大数据指的是所涉及的数据集规模已经超过了传统数据库软件获取、存储、管理和分析的能力。"这是一个主观性的定义,并且是一个关于多大的数据集才能被认为是大数据的可变定义,也就是说,并不是大于一个特定大小的数据集合才能被认定为大数据。随着技术的不断发展,符合大数据标准的数据集容量会不断增长,并且不同的行业也有不同的标准。因此,大数据在今天不同行业中的范围可以从几十太字节(Tera Byte,TB)到几拍字节(Peta Byte,PB)。

大数据、数据仓库、数据安全、数据分析、数据提取等正在成为各行业的焦点,在全球引领了新一轮数据技术革新的浪潮。

9.1.3 大数据的特点

业界对大数据的认识一直在不断地变化与完善。IBM提出:"可以用三个特征相结合来定义大数据:数量(Volume,或称容量)、种类(Variety,或称多样性)和速度(Velocity),或者说就是简单的3V,即庞大容量、极快速度、种类丰富的数据。"这被认为是大数据3V特点的来源,如图9-1所示。

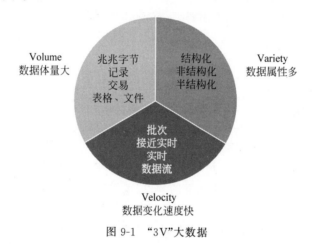

图 9-1 "3V"大数据

(1) Volume(体量)。

用现有技术无法管理的数据量,从现状来看,基本上是指从几十TB到几PB这样的数量级。当然,随着技术的进步,这个数值也会不断变化。

如今,存储的数据数量正在急剧增长中,我们存储所有事物,包括环境数据、财务数据、医疗数据、监控数据等。有关数据量的对话已从TB级别转向PB级别,并且不可避免地会转向泽它字节(Zetta Byte,ZB)级别。可是,随着可供企业使用的数据量不断增长,可处理、理解和分析的数据比例却不断下降。

(2) Variety(种类、多样性)。

随着传感器、智能设备以及社交协作技术的激增,企业的数据也变得更加复杂,因为它不仅包含传统的关系型数据,还包含来自网页、互联网日志文件(包括点击流数据)、搜索索引、社交媒体论坛、电子邮件、文档、主动和被动系统的传感器数据等原始、半结构化和非结构化的数据。

种类表示所有的数据类型,其中爆发式增长的一些数据,如互联网上的文本数据、位置信息、传感器数据、视频等,用企业中主流的关系型数据库是很难存储的,它们都属于非结构化数据。当然,在这些数据中,有一些是过去一直存在并保存下来的。和过去不同的是,除了存储,还需要对这些大数据进行分析,并从中获得有用的信息,例如,监控摄像机中的视频数据。近年来,超市、便利店等零售企业几乎都配备了监控摄像机,最初目的是为了防范盗窃,但现在也出现了使用监控摄像机的视频数据来分析顾客购买行为的案例。美国高级文具制造商万宝龙过去是凭经验和直觉来决定商品陈列布局的,后来尝试利用监控摄像头获取的数据对顾客在店内的行为进行分析,将最想卖出去的商品移动到最容易吸引顾客目光的位置,使销售额提高了 20%。

(3)Velocity(速度)。

数据产生和更新的频率也是衡量大数据的一个重要特征。就像我们收集和存储的数据量和种类发生了变化一样,生成和处理数据的速度也在变化,不要将速度的概念限定为与数据存储相关的增长速率,而是应动态地将此定义应用到数据,即数据流动的速度。有效处理大数据需要在数据变化的过程中对它的数量和种类执行分析,而不只是在它静止后执行分析。例如,遍布全国的便利店在 24 小时内产生的销售点 POS 机数据、电商网站中由用户访问所产生的网站点击流数据、高峰时达到每秒近万条的微信短文、全国公路上安装的交通堵塞探测传感器和路面状况传感器(可检测结冰、积雪等路面状态)等,每天都在产生着庞大的数据。

近年来,随着科学技术的发展,获取、分析、存储数据的手段发生了巨大的变化,3V 已经不足以形容现今的大数据。在 2012 年,包括科技巨头 IBM、谷歌和国际调查机构 Gartner、IDC 等纷纷对大数据提出新的论述,将 3V 提升至 5V,即 Velocity(时效性)、Variety(多样性)、Volume(体量)、Value(价值)、Veracity(准确性),如图 9-2 所示。

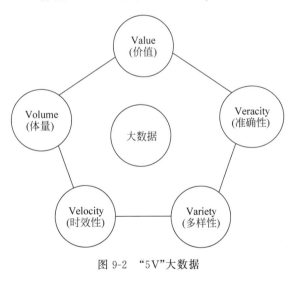

图 9-2 "5V"大数据

9.2 数据分析和数据挖掘

我们身处数据为王的时代。在我们的世界中,信息量与日俱增,每天都有大量的数据在我们身边被创建、复制和传输,海量数据带来了相应的海量处理及分析需求。近年来,以数据为研究对象的电子科学、信息科学、语义网络、数据组织与管理、数据分析、数据挖掘和数据可视化等手段,可以有效地提取隐藏在数据中的有价值的信息,并且将数据利用率提高到传统方法所不能及的高度。

9.2.1 数据分析和数据挖掘的定义

(1) 数据分析。

数据分析指有目的地采集数据、详细研究和概括总结数据,从中提取有用信息并形成结论的过程,其目的是从一堆杂乱无章的数据中集中、萃取和提炼出信息,探索数据对象的内在规律。概念上,数据分析的任务可以分解为定位、识别、区分、分类、聚类、分布、排列、比较、内外连接比较、关联、关系等活动。基于数据可视化的分析任务则包括识别、决定、可视化、比较、推理、配置和定位。基于数据的决策则可分解为确定目标、评价可供选择方案、选择目标方案、执行方案等。从统计应用上讲,数据分析可以被分成描述性统计分析、探索式数据分析和验证性数据分析三类。

数据分析从统计学发展而来,在各行业中体现出极大的价值。具有代表性的数据分析方向有统计分析、探索式数据分析、验证性数据分析等,其中探索式数据分析主要强调从数据中寻找出之前没有发现过的特征和信息,验证性数据分析则强调通过分析数据来验证或证伪已提出的假说。统计分析中的传统数据分析工具包括排列图、因果图、分层法、调查表、散布图、直方图、控制图等,为面向复杂关系和任务,又发展了新的分析手段,如关联图、系统图、矩阵图、计划评审技术、矩阵数据图等。流行的统计分析软件如 R、SPSS、SAS,支持大量的统计分析方法。

数据分析与自然语言处理、数值计算、认知科学、计算机视觉等结合,衍生出不同种类的分析方法和相应的分析软件,例如,科学计算领域的 MATLAB,机器学习领域的 Weka,自然语言处理领域的 SPSS/Text、SAS Text Miner,计算机视觉领域的 OpenCV。

(2) 数据挖掘。

数据挖掘指设计特定算法,从大量的数据集中去探索发现知识或者模式的理论和方法,是知识工程学科中知识发现的关键步骤。面向不同的数据类型,如数值型数据、文本数据、关系型数据、流数据、网页数据和多媒体数据等,可以设计特定的数据挖掘方法。数据挖掘的定义有多种,直观的定义是通过自动或半自动的方法探索与分析数据,从大量的、不完全的、有噪声的、模糊的、随机的数据中提取隐含在其中的、人们事先不知道的、潜在有用的信息和知识的过程。

数据挖掘不是数据查询或网页搜索,它融合了统计、数据库、人工智能、模式识别和机器学习理论中的思路,特别关注异常数据、高维数据、异构和异地数据的处理等挑战性问题。基本的数据挖掘任务分为两类:基于某些变量预测其他变量的未来值,即预测性方法(例如,分类、回归);以人类可解释的模式描述数据(例如,聚类、模式挖掘、关联规则发现)。

数据挖掘被认为是一种专门的数据分析方式,与传统数据分析方法的本质区别是,前者是在没有明确假设的前提下去挖掘知识,所得到的信息具有未知、有效和实用三个特征,并且数据挖掘的任务往往是预测性的而非传统的描述性任务。数据挖掘的输入可以是数据库或数据仓库,也可以是其他的数据源类型,例如,网页、文本、图像、视频、音频等。在预测性方法中,对数据进行分析的结论可构建全局模型,并且将这种全局模型应用于观察可预测目标属性的值,而描述性任务的目标是使用能反映隐含关系和特征的局部模式,以对数据进行总结。

9.2.2 数据挖掘的作用

一般而言,数据挖掘任务可以分为描述性的和预测性的。描述性挖掘任务刻画目标数据的一般性质;预测性挖掘任务在当前数据上进行归纳,以便做出预测。如图 9-3 所示,常见的数据挖掘功能包括聚类、分类、关联分析、数据总结、偏差检测和预测等,其中聚类、关联分析、数据总结、偏差检测可以认为是描述性任务,分类和预测可以认为是预测性任务。

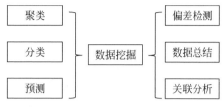

图 9-3　数据挖掘的主要功能分类

（1）聚类。

聚类是一个把数据对象划分成子集的过程,每个子集是一个簇。数据对象根据最大化类内相似性、最小化类间相似性的原则进行聚类或分组。因为没有提供类标号信息,聚类通过观察学习而不是通过示例学习,是一种无监督学习。

（2）分类。

分类是一种重要的数据分析形式,它提取刻画重要数据类的模型。这种模型称为分类器,预测分类的(离散的、无序的)类标号,是一种监督学习,即分类器的学习是在被告知每个训练元组属于哪个类的“监督”下进行的。

（3）关联分析。

若两个或多个变量的取值之间存在某种规律性,就称为关联。关联可分为简单关联、时序关联、因果关联等。关联分析的目的是找出数据中隐藏的关联网。有时并不知道数据库中数据的关联函数,即使知道也是不确定的,因此关联分析生成的规则带有可信度。

（4）数据总结。

数据总结是从数据分析中的统计分析演变而来的,其目的是对数据进行浓缩,给出它的紧凑描述。其中,数据描述就是对某类对象的内涵进行描述,并概括这类对象的有关特征。数据描述分为特征性描述和区别性描述,前者描述某类对象的共同特征,后者描述不同类对象之间的区别。

（5）偏差检测。

偏差包括很多潜在的知识,如分类中的反常实例、不满足规则的特例、观测结果与模型预测值的偏差、量值随时间的变化等。偏差检测的基本方法是寻找观测结果与参照值之间有意义的差别,对分析对象中少数的、极端的特例进行描述,解释内在原因。

（6）预测。

预测是通过对样本数据(历史数据)的输入值和输出值的关联性学习,得到预测模型,再利用该模型对总体(未来)的输入值进行输出值预测。

9.2.3 数据挖掘的标准流程

一个通用的数据挖掘处理流程可概括为以下几个步骤。

（1）数据采集。

大数据的采集是指接收来自客户端(网页、App 或者传感器形式等)的数据,并且用户可以对这些数据进行简单的查询和处理工作。在大数据的采集过程中,主要挑战是并发数高,因为同时可能会有成千上万的用户来进行访问和操作,例如,每年春运期间的12306火车票售票网站和"双11"期间的天猫商城,它们并发的访问量在峰值时达到上百万甚至更高,所以需要在采集端部署大量数据库才能支撑。代表工具包括Flume、Kafka等。

(2)数据存储。

互联网的数据"大"是不争的事实。除了互联网企业外,数据处理领域还是传统关系型数据库管理系统的天下。随着互联网的出现和快速发展,尤其是移动互联网的发展,加上数码设备的大规模使用,今天数据的主要来源已经不是人机会话了,而是通过设备、服务器、应用自动产生的。传统行业的数据同时也多起来了,这些数据以非结构、半结构化为主,而真正的交易数据量并不大,增长并不快。机器产生的数据正在以几何级数增长,如基因数据、各种用户行为数据、定位数据、图片、视频、气象、地震、医疗数据等。近年来,通过扩展和封装Hadoop来实现对互联网大数据存储、分析的技术越来越成熟。代表工具包括HDFS文件系统、HBase列数据库等。

(3)提取转换加载。

在数据采集时,要对这些海量数据进行有效的分析,还要将这些来自前端的数据导入到一个集中的大型数据库或者分布式存储集群,并且在此基础上做一些简单的清洗和预处理工作。大数据时代的提取转换加载(Extract Transform and Load,ETL)面临的挑战主要是导入的数据量大,每秒的导入量经常会达到百兆字节甚至千兆字节级别。另一方面,在大数据平台完成计算、分析和挖掘后,生成的结果通常是比较小的,为了做可视化展示或与其他业务系统交互,可能需要将其再导入到关系型数据库中。典型的ETL工具包括Sqoop、DataX等,可以满足不同平台的数据清洗、导入导出等需求。

(4)数据计算。

大数据计算主要体现在数据的快速统计与分析上。统计与分析主要利用分布式数据库或者分布式计算集群来对存储于其内的海量数据进行普通的分析和分类汇总等,以满足大多数常见的分析需求。常见的工具包括MapReduce分布式并行计算框架、Spark内存计算模型、Impala大数据交互查询分析框架等。

(5)数据分析与挖掘。

大数据的数据挖掘与传统的数据挖掘方法也存在一定的差异。首先,在大数据平台下,数据的体量对挖掘的时效性提出了更高的要求;其次,数据的体量和多样性对模型的绝对计算精度要求降低,可以通过相对计算精度的提升在处理数据上获得更好的计算精度;最后,大数据平台下的数据挖掘可以没有预先设定好的主题,主要是在现有数据上面进行基于各种算法的计算,从而起到预测的效果,实现一些高级别数据分析的需求。常用的工具包括Mahout、MLlib等数据挖掘和机器学习工具。

(6)数据可视化。

对于数据分析,最困难的一部分就是数据展示,解读数据之间的关系,清晰有效地传达并且沟通数据信息。大数据可视分析旨在利用计算机自动化分析能力的同时,充分挖掘人对于可视化信息的认知能力优势,将人、机各自的强项有机融合,借助人机交互式分析方法和交互技术,辅助人们更为直观和高效地洞悉大数据背后的信息、知识与智慧。大数据时代数据的来源众多,且多来自异构环境,即使获得数据源,数据的完整性、一致性、准确性都难以保证,数据质量的不确定问题将直接影响可视分析的科学性和准确性。数据可视化已经融入大数据分析处理的全过程当中,逐渐形成了基于数据特点、面向数据处理过程、针对数据分析结果等多方面的大数据可视分析理论。典型的可视化工具或组件包括 D3. js、ECharts 等。

9.2.4 数据分析和数据挖掘的工具

针对特定的数据,使用合适的数据分析和挖掘方法,得到所需的信息,往往是可视分析不可缺少的一步,本节介绍具有代表性的数据分析和挖掘软件。

(1) SAS 语言。

统计分析系统(Statistics Analysis System,SAS)语言是一种专用于数据管理与分析的语言,它的数据管理功能类似于数据库语言(如 FoxPro),但又添加了一般高级程序设计语言的许多成分(如分支、循环、数组)以及专用于数据管理、统计计算的函数。基于 SAS 语言的 SAS 系统的数据管理、报表、图形、统计分析等功能都可编写 SAS 语言程序调用。

(2) WEKA。

怀卡托智能分析环境(Waikato Environment for Knowledge Analysis,WEKA)是一个基于 Java 的机器学习软件,支持经典的数据挖掘任务如数据预处理、聚类、分类、回归等。WEKA 利用 Java 的数据库链接能力访问结构化查询语言(Structured Query Language,SQL)数据库,支持数据库查询结果的处理,被学术界广泛使用。

(3) R 语言。

R 语言是一种被广泛使用的统计分析软件,它基于 S 语言,是 S 语言的一种实现,可运行于多种平台,包括 UNIX、Windows 和 macOS。

R 主要是以命令行操作,有扩充版本自带图形用户界面。R 支持多种统计、数据分析和矩阵运算功能,比其他统计学或数学专用的编程语言有更强的面向对象程序设计功能,其分析速度可媲美专用于矩阵计算的自由软件 GNU Octave 和商业软件 MATLAB。R 的另一个强项是可视化功能。ggplot2 是支持可视化的 R 语言扩展包,其理念根植于(Grammar of Graphics《图形的语法》)一书中的"可视化是将数据空间映射到视觉空间的方法"。ggplot2 的特点在于并不定义具体的图形(如直方图、散点图),而是定义各种底层组件(如线条、方块),允许用户以非常简洁的函数合成复杂的图形。R 语言中另一个用于可视化的扩展包是 lattice 包。与 ggplot2 比较,lattice 入门容易,图形函数种类多,且支持三维可视化,但是 ggplot2 学习时间长,实现方式简洁且优雅,此外,ggplot2 可以通过底层组件创造新的图形。

(4) KNIME。

康斯坦茨信息挖掘工具(Konstanz Information Miner,KNIME)是一个开源的数据集成、处理和分析平台。它以可视化的方式创建数据流或数据通道,允许用户选择性地运行一些或全部分析步骤。KNIME 基于 Java 和 Eclipse,通过插件的方式,软件可集成到各种各样的开源项目中,如 R 语言、Weka、Chemistry Development Kit 等。

(5) NLTK。

自然语言工具包(Natural Language Toolkit,NLTK)的本质是一个将学术语言技术应用于文本数据集的 Python 库。使用 NLTK 可以完成基本的文本处理和相对复杂的自然语言的语法及语义分析。NLTK 被组织成具有栈结构的一系列彼此关联的层(断词;为单词加标签;将成组的单词解析为语法元素;对最终语句或其他语法单元进行分类),每一层依赖于相邻的更低层次的处理。NLTK 可计算不同语言元素出现的频率并生成统计图表。

9.3 视觉大数据及应用

9.3.1 视觉大数据概念

人类感官接受的各种信息约有 80% 来自视觉,人类的视觉功能允许人类对大量抽象的数据进行分析。视频和图像等可视信息是对客观事物形象、生动的描述,是直观而具体的信息表达形式,是人类社会最重要的信息载体。根据对大数据定义的延伸,可以说,海量视频就是视觉大数据,同样具有大数据的特征。

视觉大数据的基本特征首先体现为"大"。以视频监视系统产生的视频数据为例,随着各个城市联网视频监控系统以及高清摄像头的普及,视频数据快速增长。以某个部署 10 000 个标清摄像机的中等城市为例,每个摄像机每秒采集到的视频数据经压缩编码后的数据量约为 0.2MB,每天产生的视频数据量约为 172.8TB,每个月产生的视频数据量约为 5.184PB,尽管在实际系统中,为了降低存储压力,通常仅存储关键事件(如人、车、物)的画面和描述信息,假设记录需保存 3 年,每条记录平均需要占用 0.4MB(2 秒视频)的存储空间,则保守估计所需的总存储空间约为 37.8PB,这样的数据量是惊人的。同样,视频分享网站产生的视频数据量也很巨大,近几年随着智能手机等具备视频采集功能设备的普及,视频上传量更是呈现爆发式增长。海量视频数据集记录数众多,容量巨大,是包含了多源视频数据的聚合,不仅包含源视频数据的所有数据量,而且通过分析各视频的内在联系,还能挖掘出单个视频无法提取的信息。视觉大数据的特点和挑战如图 9-4 所示。

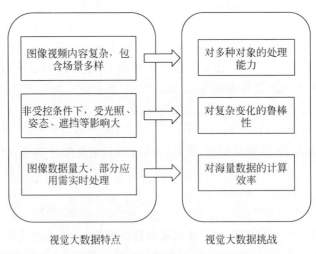

视觉大数据特点   视觉大数据挑战

图 9-4 视觉大数据的特点、挑战

海量视频数据的来源多种多样,也就决定了视觉大数据形式的多样性。任何以视觉形式存在的数据都在视觉大数据的范畴内,像监控系统、人脸识别系统、行为检测系统、视频管控系统都会统计、处理相关的视觉数据来进一步得到有价值的内容。

数据无时无刻不在产生,视觉大数据的产生非常迅速。生活中每个人都离不开视觉大数据,也就是说每个人每天都在提供视觉大数据,同时,基于这种情况,视觉大数据对处理速度有非常严格的要求,很多时候都需要做到实时处理。

现实生活中的视觉数据中,有价值的数据所占比例很小,与其他大数据一样,视觉大数据最大的价值在于通过从大量不相关的各种类型的数据中挖掘出对未来趋势与模式预测分析有价值的数据,从而发现新规律和新知识,最终达到改善社会治理、提高生产效率、推动科学研究的效果。

视觉数据信息相较其他大数据信息具有更多混杂的特征,所以数据的真实性就显得尤为重要,如果许多不科学、不真实、不可靠、未经验证的数据进入了数据库,会对视觉大数据的进一步挖掘产生严重的误导。数据出处的真实可靠是对大数据进行科学分析、挖掘和研究的前提条件。

视觉大数据比起"大",更重要的是"在线"。视觉大数据能随时调用,是它在互联网高速发展背景下的特征,也是它商业价值的重要体现之一。随着5G等技术的普及,实时在线性将成为视觉大数据被关注的焦点。

9.3.2 视觉大数据应用

视觉大数据的典型应用领域如下。

(1) 情报侦察领域。

在公开的媒体视频数据中有时会包含某个重要目标的局部特征片段,情报机构通过分析海量视频数据,将包含类似目标的视频数据进行提取和汇总,有可能挖掘出有价值的目标信息。

(2) 公共安全领域。

通过分析遍布大街小巷、车站码头、商场酒店等场所的摄像机数据,借助视频分析技术,安全部门可以及时发现异常情况,并在第一时间做出响应,搜寻事发现场的可疑目标及其去向;借助人脸搜索技术,通过和公安系统嫌疑人信息数据库对接,可以及时发现网上追逃的嫌疑人员等。

该领域的典型应用为大规模人脸搜索系统和暴力行为检测系统。

① 大规模人脸搜索系统。在海量视频和图像数据中,可根据某个人的人脸图片、画像、监控人像、目击者描述等,快速查找出该人的相关视频和图像,然后获取到其姓名、单位、住址、微博、微信、爱好、亲友等关联信息,最后统计出他(她)的社会关系、日常行踪与活动轨迹,这就是大规模人脸搜索系统,如图9-5所示。采用视频人脸检测、跟踪、人脸识别及视频监控等技术,能对重点监控人员进行实时人脸识别分析和报警的智能视频监控产品,满足社会公共安全对大规模网格化动态人脸识别监控分析的布控需求。

无论在监控视频数据库中还是在社交网络上,都存在海量的人脸视频或图像。人脸搜索系统通过摄像机或视频监控设备等获取若干图像或视频片段后,首先利用计算机对输入图像或视频进行人脸检测,搜索图像或视频中是否存在人脸并判断其位置和大小,提取出人脸面部图像;然后根据决策系统下达的任务指令进行识别,把人脸与身份信息对应起来,或者利用人脸对个体进行跟踪定位;接着与网络系统或者数据库相连接,搜索与该个体相对应的附属信息,如兴趣爱好等。此外,决策系统通过干预整个搜索系统,对其进行反馈修正,

图 9-5　大规模人脸搜索系统

指导输入图像或视频的选取与采集。一个典型的人脸搜索系统如图 9-6 所示。人脸搜索系统涉及图像处理、模式识别、计算机视觉、统计学、人工智能、认知科学等多个领域,具有广泛的应用前景。

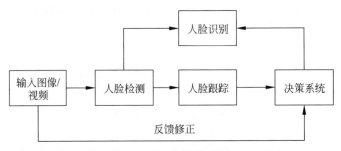

图 9-6　人脸搜索系统

②　暴力行为检测系统。随着高清视频监控技术的迅速发展,面向海量视频的实时监视、分析和报警是一个大难题,人工监视和分析无法满足高安全应用要求,智能监控需求非常强烈。暴力行为危害性大,是视频监控系统的监视重点,采用视觉计算、机器学习、人工智能等自动检测暴力行为,有助于及时发现治安和恐怖隐患,避免事态升级。

暴力行为是指个人或团体为达到自身目的,借助于身体、机械、武器等,发出的一种区别于正常行为的激烈而具有强制性力量的行为以及对抗这些行为所产生的抵抗行为。暴力行为可能威胁公民的人身和财产安全(如斗殴、抢劫、追逐等治安事件),甚至威胁社会公共安全(如打、砸、抢等骚乱事件),因此,及时发现和制止暴力行为,避免暴力行为的升级,对社会和谐稳定意义重大。在复杂监控场景中,人体目标的完整轮廓不易提取,且不同人体之间会发生遮挡现象,此时暴力行为的检测非常困难。当发生暴力行为时,由于场景中人与人之间相互影响,会导致人体一些部位出现高速运动和局部紊乱现象,此外,因为人与人的距离逐渐接近,人体部位的局部变化趋向于隐蔽或不隐蔽的情况会经常发生,从而导致这些部位表面的颜色变化剧烈。因此,可以通过分析每个场景中运动部位的时间和空间的行为着色问题,来解决暴力行为的识别问题,具体流程如图9-7所示。

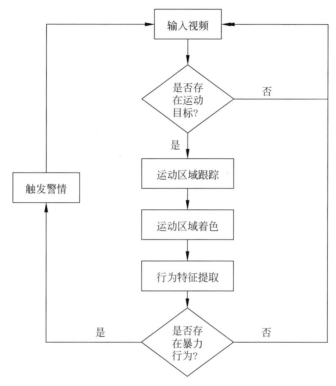

图 9-7　基于运动着色的暴力检测系统

（3）智能交通领域。

通过分析管辖范围内所有道路摄像机的监视数据,实时分析道路交通流量,交通主管部门可以综合分析和统计全城的交通状况;通过建立统一的车辆信息数据库,借助车牌识别、车型识别、车标识别技术,交通主管部门可以快速发现套牌车和假牌车、快速搜索并定位特定车辆的轨迹和位置。图9-8展示了一个基于5G技术的智能交通分析系统。

图 9-8　智能交通分析系统

下面将介绍基于形状特征的车牌区域检测系统。系统主要通过在待处理视频图像中搜索车牌区域固有的几何形状特征,如边缘特征、整体轮廓特征、局部矩形连通区域等,发现可能存在的车牌区域,以达到车牌识别的目的。

① 边缘定位方法。数字图像中边缘的特点为,其两侧分属于两个区域,各区域内部灰度相对均匀一致,而这两个区域之间的灰度存在较大差异,交界处形成边缘。边缘检测的目的是在抑制噪声的前提下精确定位边缘。检测的边缘算子有多种,如 Roberts 算子、Prewitt 算子、Sobel 算子、Laplace 算子等,上述算子利用物体边缘处灰度变化相对剧烈的特点,可以检测图像中可能存在的边缘。各算子对不同边缘类型的敏感程度不同,检测结果也有差别。针对不同的环境和要求,应合理选择恰当的算子用于边缘检测,才能达到更好的效果。当检测到边缘之后,再具体研究各边缘之间的方向、位置关系,当搜索到大致围成矩形框的 4 条边缘时,则可初步定位该 4 条边缘围成的矩形区域即为车牌区域。定位流程如图 9-9 所示。

图 9-9　基于边缘检测的车牌定位流程

② 模板匹配方法。在实际应用中,摄像机高度和角度确定后,获取的图像就相对稳定,车牌的大小变化范围较小。因此可以定义一个尺寸略大于实际图像中待处理牌照大小的模板,并用该模板对整个图像逐点扫描,统计各个模板区域内边缘点的个数,如果某一区域内的边缘点个数达到一定的比例,就认为该区域是一个牌照的候选区域。由于对整幅图进行搜索耗时较长,为了加快搜索速度,可采用分块策略。

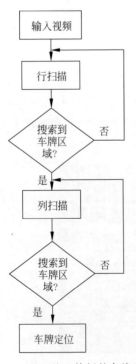

图 9-10　基于纹理特征的车牌定位

③ 纹理特征方法。纹理反映物体表面颜色或灰度的某种变化,与物体本身属性相关,纹理特征可直观地描述区域的平滑、稀疏、规则性等特性。我国车牌边缘在灰度上呈现屋顶状边缘,在车牌区域内部,字符和牌底的灰度均匀地呈现波峰波谷,形成比较稳定的纹理特征。基于灰度纹理特征进行车牌定位的处理流程如图 9-10 所示。

在处理过程中,基于灰度图像进行行扫描,找出图像中每一行可能的车牌线段,记录它们的起始坐标和长度,如果连续若干行均存在车牌线段,且行数大于某一预设阈值,则可判断为在行方向检测到一个车牌候选区域,并记录该候选区域的起始行和高度。针对已检测到可能存在车牌的区域进行列扫描,获得该车牌候选区域的起始列和长度,结合前一步骤获取的起始行坐标和高度,从而确定一个车牌区域,继续在其他可能存在的车牌区域进行类似搜索,直至遍历完成所有的车牌候选区域。纹理特征方法对于牌照倾斜、变形、光照不均具有较好的适应性,但对噪声比较敏感。针对背景复杂的图像,可以将纹理特征与垂直投影相结合,有效地降低复杂背景的干扰。

（4）休闲娱乐领域。

网络视频点播已经成为广播电视传播的重要方式,通过建立分布式云存储架构,用户在任何时间、任何地点,只要通过联网终端,就可以随时点播和观看喜欢的视频节目,以便更好地安排工作和休闲时间。

（5）个性广告领域。

网络广告已经成为广告业的重要分支,从业者通过收集、分析用户与广告间的海量互动视频,可以分析出什么内容的广告更能吸引客户,什么长度的广告不会引起用户的反感,什么时段适合哪些广告的投放,什么网站的用户更倾向于哪些类型的广告等。

9.4 可视化技术

9.4.1 可视化的概念

可视化是指人通过视觉观察并在头脑中形成客观事物的影像的过程。可视化技术以人们惯于接受的表格、图形、图像等形式,并辅以信息处理技术(例如,数据挖掘、机器学习等),将被感知、被认知、被想象、被推理、被综合及被抽象了的对象属性及其变化发展的形式和过程通过形象化、模拟化、仿真化、现实化的技术手段表现出来。可以说,可视化不仅是客观现实的形象再现,也是客观规律、知识和信息的有机融合。数据挖掘与信息可视化对比如图 9-11 所示。

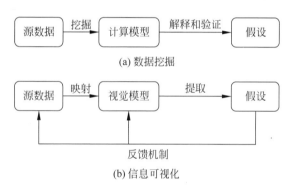

(a) 数据挖掘

(b) 信息可视化

图 9-11 数据挖掘与信息可视化对比

信息可视化是可视化技术在数据领域的应用,由斯图尔特·卡德(Stuart K. Card)、约克·麦金利(Jock D. Mackinlay)和乔治·罗伯逊(George G. Robertson)于 1989 年提出,是一个跨学科领域,旨在研究大规模非数值型信息资源的视觉呈现以及利用图形学方面的技术与方法,帮助人们理解和分析数据。在金融、网络通信、生物学和电子商务等各领域,信息可视化技术都有着广泛应用。

信息可视化利用计算机交互式地显示抽象数据,从而使人们增强对抽象信息的认知。它实际上是人和信息之间的一种可视化界面,是研究人、计算机表示的信息以及它们之间相互影响的技术,结合了科学可视化、人机交互、数据挖掘、图像技术和图形学等诸多学科的理论和方法,将抽象信息以直观的视觉方式表现出来,使人们能够充分利用视觉和感知能力去观察、处理信息,从而发现信息之间的关系和隐藏的模式。

190

信息可视化将信息对象的特征值抽取、转换、映射、高度抽象与整合,用图形、图像、动画等方式表示信息对象内容特征和语义。信息对象包括文本、图像、语音(即图、文、声)等类型,它们的可视化分别采用不同的模型方法来实现。如图 9-12 所示为斯图尔特·卡德等提出的可视化参考模型,描述了原始数据、数据表格、可视化结构和视图之间的转换关系以及用户根据不同要求,通过交互界面进行数据交换、可视化映射、视图变换等操作。

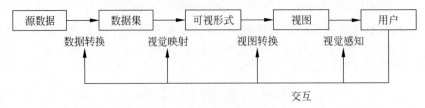

图 9-12　信息可视化参考模型

根据斯图尔特·卡德信息可视化模型可以将信息可视化的过程分为以下 3 个阶段。

(1) 数据集预处理和转换,是将原始数据集转换成可视化系统可以使用的形式,分成两部分工作:第一部分是将数据集映射成计算机可以理解的基本数据类型;第二部分是处理特殊事件,如数据丢失、输入错误、数据规模超出处理能力等。丢失的数据可以通过插值获得,大数据可以采用诸如采样、过滤、聚合、分块的方法来处理,另外,可以对数据集进行处理,如数据挖掘、聚类等。这样可以有效地协助发现规律。

(2) 可视化映射,是可视化过程的核心,即把数据集转换为可视化结构,包括几何形状、颜色、声音等。表达性和有效性在数据集的可视化中起着至关重要的作用,通常以此作为可视化的评价标准。

(3) 绘制转换,即将几何类型数据映射到视图中,在屏幕上显示可视化结构,并提供各种视图转换,如导航。通过人类的视觉系统,视图被呈现给用户,用户可以通过定义位置、缩放比例、裁剪等技术进行视图变换。除了完成图像信息输出功能外,还需要把用户的反馈信息传送到软件层中,以实现人机交互。

9.4.2　大数据与可视化

计算机技术和信息技术发展的速度越来越快,随着大数据时代的到来,我们要处理的数据和信息量都在不断地增加,这就使数据和信息的处理越来越困难和复杂。对大数据的研究一直是当今世界各个国家的热点问题,已有的数据挖掘、机器学习、统计分析等方法在处理复杂数据或进行探索式分析时,依然存在着不容忽视的问题,目前许多研究者都认为在机器智能中结合人类的认知能力是提高机器计算、分析效率的有效手段。

处理纷繁复杂的大数据的挑战主要在于数据的复杂性、认知的局限性和任务的多样性。首先,很多场合的数据分析和决策以人为中心,需重点考虑人的感知和认知因素,设计复杂数据(海量高维、多源异构、实时变化、动态模糊)的高表现力呈现方式,探索支持交互的数据组织、查询、挖掘的高效方法;其次,随着各类大数据、物联网等理念的落地和需求的扩展,涌现出更多精细化分析和智能化挖掘的要求,在复杂空间对事件进行分析和推理,对分析方法在认知的直观性、实时性和精准性等多个方面形成巨大挑战;再者,大数据中蕴含复杂且尺度巨大的空间结构、快速的物理运行演化以及大量的人类生活和社会活动,导致需求的无限多样性,如何发挥人的智能和机器智能的各自优势成为核心挑战。

信息可视化是一种交互的可视界面,是辅助人类从数据中获取知识的方法,通过将数据转换为易理解、易解释的视觉表达,来综合人脑智能和机器智能,大幅度提高数据处理的效率。可视技术不仅能够将具象的数据和信息显现出来,还能将抽象的数据信息转化为具象的、可视化的显现,这样更能方便我们观察数据的变化规律。

21 世纪初以来,国际上逐步形成了可视分析学的研究热潮,信息可视化的用途已经深入人心,逐渐成为科学计算、商业智能、传媒、安全等领域的普惠技术。

9.4.3 可视化发展历程

广义的信息可视化具有悠久的历史,最早的信息可视化实践可以追溯到旧石器时代,那时人们在岩画或陶土上通过图形、图画的形式来记录星象运动,绘制导航地图,制订农作物种植计划等。18 世纪初期,信息可视化开始形成科学、普适的方法论,但当时世界上既没有线状图也没有柱状图。自 18 世纪后期数据图形学诞生以来,抽象信息的视觉表达手段一直被人们用来揭示数据及其他隐匿模式的奥秘。1786 年,苏格兰工程师、经济学家威廉·普莱费尔(William Playfair)出版了《商业与政治图解集》,共计 44 个图表,记录了 1700—1782年期间英国贸易和债务,展示出这段时期的商业事件。这些图表是对当时通行表格的重大改进,他提出了三种标准化的数据可视化方法,即饼状图、条形图、线形图,图 9-13～图 9-15分别是威廉·普莱费尔制作的史上第一张饼状图、史上第一张条形图和史上第一张线形图,这三种方法沿用至今,并发展出了多种变化形式。

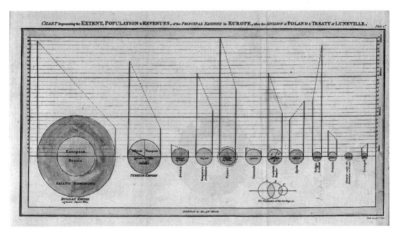

图 9-13　史上第一张饼状图

进入 20 世纪,由于计算能力的发展,信息可视化的发展取得了卓越的成就。在 20 世纪早期,信息可视化领域的进展不大,人们做了一些努力来改进现有的模型,但整体而言,虽然可视化仍在向前发展,但是这门学科似乎没有突显出来,也很少有惊人的进步。而 20 世纪下半叶的信息技术发展,创造了信息可视化学科的发展和繁荣,并持续至今。1967 年,一位法国制图工作者 J. Bertin 发表了图形理论,这一理论指明了图表的基本元素,描述了图表的设计框架;1983 年美国耶鲁大学统计学教授 E. R. TuRe 发表了数据图理论。Bertin 与 TuRe 的理论在许多领域是有影响的,这引起了信息可视化的大发展。在信息可视化的发

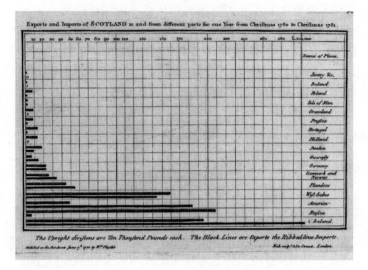

图 9-14　史上第一张条形图

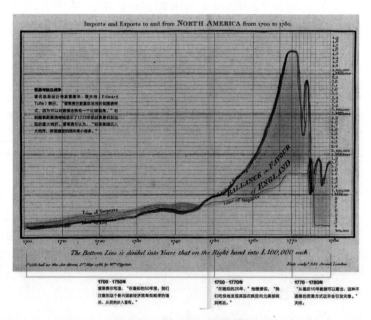

图 9-15　史上第一张线形图

展过程中,科学可视化的产生与发展起了决定性的推动作用。1987 年美国图形学特别兴趣小组(ACM SIGGRAPH)出版了《科学计算中的可视化》特刊,在此之后,电气和电子工程师协会等国际学术组织相继举办了多次信息可视化领域的学术会议。1989 年由斯图尔特·卡德(Stuart K. Card)、约克·麦金利(Jock D. Mackinlay)和乔治·罗伯逊(George G. Robertson)创造出信息可视化的英文术语"Information Visualization"。20 世纪 90 年代期间新近问世的图形化界面,则使得人们能够直接与可视化的信息之间进行交互,从而带动了信息可视化研究。

　　随着相关技术的进一步发展以及信息可视化的应用渗透到社会生活的方方面面,信息可视化在未来将由传统的低维可视化向高维可视化发展,由静态可视化向动态可交互的智能可视化发展,在可预见的未来,信息可视化在虚拟现实和增强现实、大数据分析、人工智能等前沿领域中的应用前景十分广阔。

9.4.4　可视化主要技术

可视化的数据分为一维数据、二维数据、三维数据、多维数据、时态数据、层次数据和网络数据,其中后 4 种数据的可视化是当前研究的热点。

(1) 多维数据可视化技术。

在对多维数据进行处理时,如若沿用传统的二维图像,存在着较大的弊端,无法满足需求,不能有效保证信息量,不能够满足复杂性等要求。通过采用多维数据可视化技术,就能够对上述的弊端进行有效的解决。多维数据可视化技术种类较多,下面介绍一些典型的多维可视化技术。

① 基于几何的可视化方式。在这种类型中,应用较多的有平行坐标系(图 9-16)及散点图矩阵(图 9-17)。前者主要是通过轴线平行性来展示出相应的维度,将数据刻画于轴线之中,并将轴线上某一数据项的坐标点通过折线进行连接,在二维模式下就能够明显观察到多维数据,另外,平行坐标可以进一步扩展到三维可视化的方式以展示高维动态的数据。后者主要是通过二维坐标中的数据点来展示出变量之间的联系。在日常生产生活中,这类方式往往是与其他方式进行组合使用来增强显示多维数据效果,能够有效地提升信息数据的显示效果,适用于规模较大的数据。

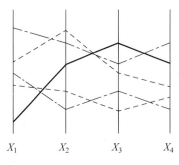

图 9-16　平行坐标系

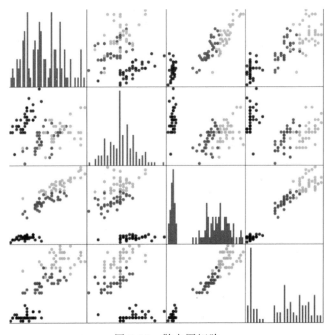

图 9-17　散点图矩阵

② 基于图标的可视化方式。这类方式主要是将具备可视化特点的几何形状作为图标对多维数据进行刻画。图标往往具备较多的可视化属性,诸如长度、颜色、形状及大小都能够被用作维度,通过图标属性与多维数据之间的映射,能够有效体现出可视化效果。在这一类型中,应用较多的主要是星绘法及 Chernoff 面法。前者主要通过由点辐射到线的方式,来体现数据信息维度,而线段的长度则表示相应的维度数量。后者主要是对人脸特征进行识别,来体现数据信息维度,通过对脸图的绘制,能够得到多维数据,并遵循相应的规则进行排序,从而使信息数据通过可视化模式直观地展现。

(2) 时态数据可视化技术。

时态数据可视化技术主要是指对信息数据通过时间的发展特点进行收集整理,通过相应的手段使其呈现可视化形式。通过这一技术所呈现的可视化形式一般有以下几个种类。

① 线形图:线形图是生产生活中应用最为普遍的一种形式,通过原始点来展示出时间发展下的数据信息变化。在通过线形图进行可视化呈现时,如若信息数据具备较多的时间维度,就应当为所有的维度创建出相应的图标,并将其进行对齐,从而能够明确地对比出事件发展趋势。

② 堆积图:堆积图主要是对时间序列进行累积,能够通过这一方法求得序列的总和。这类方法存在着一定的缺陷,不能够对所有的序列进行比较,且在处理时如若出现了负数,将会大大影响最后呈现效果。图 9-18 展示不同类型的图表。

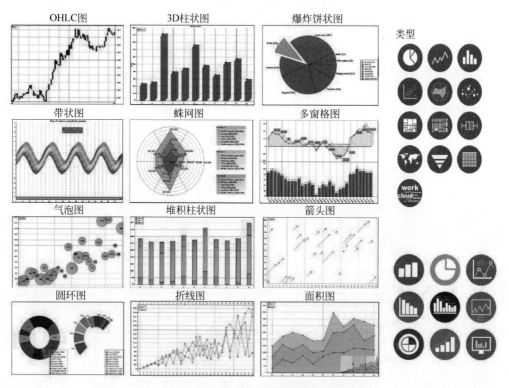

图 9-18　不同类型的二维图表展示

③ 时间线:时间线是指以时间轴为水平轴线,将数据信息以图标或图片的形式按时间顺序置于水平轴坐标系内,如图 9-19 所示。时间线的最主要的问题就是由于时间范围过长从而难以在长度有限的时间轴上全面展示重要的信息细节。

图 9-19　时间线

（3）层次数据可视化技术。

层次数据是常见的数据类型，可以用来描述生命物种、组织结构、家庭关系、社会网络等具有等级或层级关系的对象。层次数据的可视化方法主要有节点链接图和树图。

节点链接图是将层次数据组织成一个类似于树的节点的连接结构，画出节点和连线来代表数据项和它们之间的关系，节点链接图能清晰直观地展现层次数据内的关系，缺点是当数据量较大时，可能会因为分支混乱而造成视觉混淆现象，如图 9-20 所示。

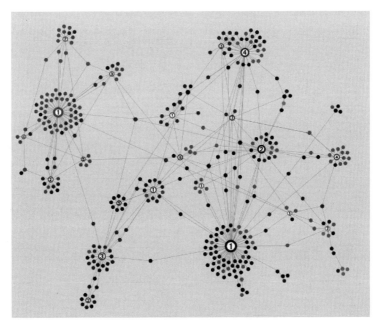

图 9-20　节点链接图

树图由一系列的嵌套环、块来展示层次数据,能够在有限的空间内展示大量数据,但是无法展示节点的细节内容,如图 9-21 所示。为了能展示更多的节点内容,一些基于"焦点+上下文"的交互方法被开发出来,包括几何变形、语义缩放、"鱼眼"技术等。

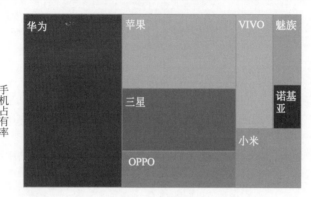

图 9-21　树图

（4）网络数据可视化技术。

网络数据可视化是通过多种类型的监控、分析工具了解进出数据网络上的所有流量,然后从中收集目标数据,进行预分析处理,再把对应的数据精确分发给不同的处理设备,这样一来,不仅大大降低了应用部门数据交互时产生的不必要的成本,还提高了准确性和效率。例如,专门分析数据流量的设备可以全神贯注地分析流量,专门分析数据安全的设备可以更加专心致志地分析安全。

网络数据具有网状结构,如互联网网络、社交网络、合作网络及传播网络等。自动布局算法是网络数据可视化的核心,目前主要有以下三类:一是仿真物理学中力的概念来绘制网状图,即力导向布局;二是分层布局;三是网格布局。很多研究是基于以上布局算法的应用或者是对以上算法的进一步优化。图 9-22 展示了基于网络的汽车销量大数据可视化。

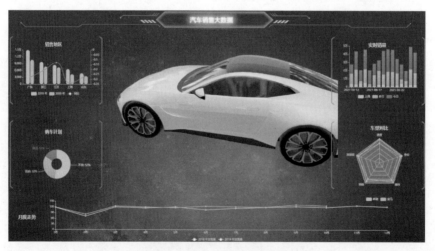

图 9-22　汽车销量大数据可视化

本 章 小 结

　　大数据技术的应用极大推动了信息的快速获取和数据的高效计算等领域的发展。一方面,新媒体平台应用大数据技术,可以多方位展示社会事件的各个细节以及具体内容,帮助人们在相对隔离的大环境下从宏观角度认识事物;另一方面,信息智能推荐促进了内容的快速有效分发,将智能生成与分散渠道有机融合,优化了媒体的传播形式。本章首先介绍大数据的基本概念、定义和特点,然后简单介绍数据分析和数据挖掘的相关知识,并重点介绍视觉大数据的概念和应用。最后,讲解可视化技术的概念,并对可视化的发展历程和主要技术进行梳理和总结。

本 章 习 题

1. 大数据的起源是(　　)。
　　A. 金融　　　　　　　　B. 互联网　　　　　　C. 电信　　　　　　　D. 公共管理
2. 简述大数据的特点。
3. 简述通用的数据挖掘处理流程的主要步骤。
4. 简述分类和聚类的区别。
5. 简述视觉大数据的主要应用领域。
6. 信息可视化服务对象是(　　)。
　　A. 人　　　　　　　　　B. 计算机　　　　　　C. 政府机关　　　　　D. 管理机构
7. 从宏观角度看,数据可视化的功能不包括(　　)。
　　A. 信息记录　　　　　　　　　　　　B. 信息的推理分析
　　C. 信息清洗　　　　　　　　　　　　D. 信息传播
8. 散点图矩阵通过(　　)坐标系中的一组点来展示变量之间的关系。
　　A. 一维　　　　　　　　B. 二维　　　　　　　C. 三维　　　　　　　D. 多维

第10章 媒体存储及网络传输技术

媒体存储就是根据不同的应用环境通过采取合理、安全、有效的方式将媒体数据保存到某些介质上并能保证有效的访问,总的来讲可以包含两个方面的含义:一方面它是数据临时或长期驻留的物理媒介;另一方面,它是保证数据完整安全存放的方式或行为。存储介质又称为存储媒体,是指存储二进制信息的物理载体。常见的存储介质主要有半导体器件、磁性材料和光学材料。传输媒体也称传输介质或传输媒介,它就是数据传输系统中在发送器和接收器之间的物理通路。网络传输媒介的质量的好坏会影响数据传输的质量,包括速率、数据丢包率等。计算机网络中采用的传输媒体可分为有线和无线两大类。有线传输媒介主要有同轴电缆、双绞线及光缆;无线传输媒介主要有微波、无线电、激光和红外线等。卫星通信、无线通信、红外通信、激光通信以及微波通信的信息载体都属于无线传输媒体。

10.1 存储的基本概念及发展历史

10.1.1 数据与信息概述

数据是指对客观事件进行记录并可以鉴别的符号,是针对客观事物的相互关系、状态和性质等进行记录的物理符号或多种物理符号的组合。在计算机科学中,数据是指输入到计算机内的所有可以被计算机处理的符号或符号组合的总称。现在计算机处理的对象十分广泛,存储的内容多样,即表示这些对象的数据也随之变得越来越复杂。存储网络工业协会关于数据的定义是"数据是对任意形式的任何事物的数字表示"。

信息是一种经过挑选、分析和综合的数据,用户可以在使用过程中对正在发生的事件有更清晰的认知。也就是说,信息是加工后的数据,信息是数据的表现形式。如图10-1所示,各种不同类型的多媒体信息都可以转换成二进制数据进行存储和传输。

例如,有人说"人的嘴巴上方有鼻子,鼻子上方有眼睛",因为这是预料中的事,所以你从这个消息中得到的信息量很少。但如果有人说"人的鼻子上方有嘴巴,嘴巴上方有眼睛",就会让人很震惊,因为这是预料之外的事,它所含的信息量就很大。这说明了,一个消息越不可预测,它所含的信息量就越大。

10.1.2 存储系统介绍

存储系统是指计算机中由存放程序和数据的各种设备、控制部件及管理信息调度的设备(硬件)和算法(软件)所组成的系统。如图10-2所示,是一个常见的存储层次结构。在计算机存储系统中按照速度由慢到快、容量由大到小、价格由低到高,可分为磁带/光盘、磁盘、磁盘高速缓存 cache、主存、高速缓存 cache、寄存器。

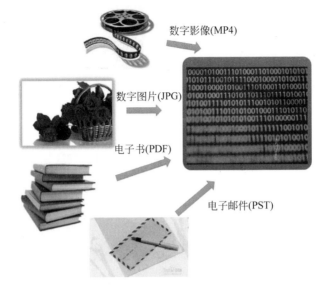

图 10-1　数据与存储

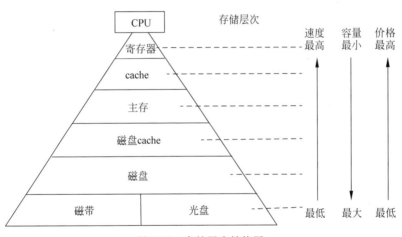

图 10-2　存储层次结构图

数据存储的模型可分为以下几种。

（1）集中式：终端连接到与内部或外部存储设备（磁盘、磁带）相连的大型机。

（2）分散式：开放系统出现后，企业内的业务部门纷纷采用客户端－服务器模型。

（3）集中式：网络存储，当前信息技术（Information Technology，IT）环境中使用的"最佳做法"模型。

与磁盘阵列相比，基于磁带的存储比较便宜。在早期，它们曾用作主要的存储解决方案。磁带机使用读/写磁头将数据位记录到磁带表面的磁性材料上。此项技术后来不断发展，可提供更大的存储容量、更高的可靠性以及更好的性能。一个字节接着一个字节，按顺序从头到尾记录数据。因为数据是沿磁带长度线性存储的，所以随机访问特定数据位的速度会很慢且非常耗时，这严重限制了磁带作为实时快速访问数据的介质的用途，导致磁带无法在多个用户或应用程序之间同时共享。

199

设计和部署存储系统需要理解输入/输出(Input/Output,I/O)访问路径,I/O访问路径是指指令和数据在存储系统中传递的通道。其包含物理过程和逻辑过程两部分,前者是数据在硬件部件上流动的实际流程,后者是软件对数据的处理过程。

图10-3所示为一个主机访问远程的存储设备的物理I/O路径。文件请求通过网络文件协议驱动程序发给网络接口卡,并通过网络连接设备(如交换机)发送给远程存储设备,如网络附加存储(Network Attached Storage,NAS)。

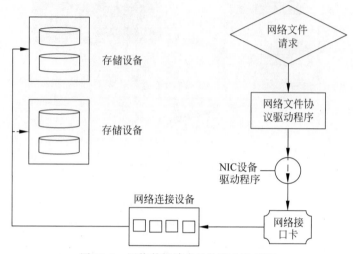

图 10-3　网络数据请求的物理 I/O 路径

图10-4所示为存储系统的逻辑I/O路径,包括系统调用接口、文件系统、设备驱动程序等。

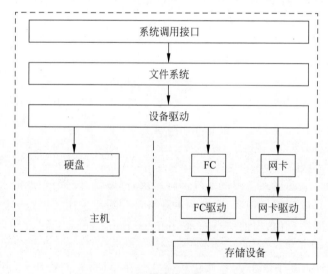

图 10-4　数据请求的逻辑 I/O 路径

因此,主机内部的I/O访问需要经历系统调用接口、文件系统访问接口、设备驱动层、驱动硬件、磁盘访问接口等环节,这些环节对数据存储的可靠性、安全性和性能都会产生重要影响。从独立主机的角度看,主机内部I/O流程各个环节共同构成了数据存储的内部应用环境。

在计算机软件系统中,文件系统是在存储设备上组织文件的方法。文件系统的功能包括管理和调度文件的存储空间,提供文件的逻辑结构、物理结构和存储方法;实现文件从标识到实际地址的映射,实现文件的控制和存取操作,实现文件信息的共享并提供可靠的文件保密和保护措施。如图10-5所示,硬盘数据的管理通过文件分区表记录数据的地址,然后通过地址记录实现对数据的读取。

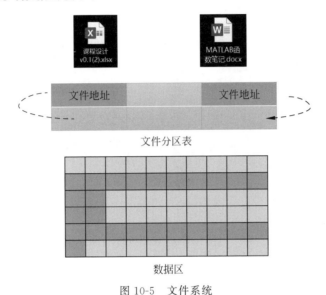

图 10-5 文件系统

10.1.3 存储架构的发展

如今,无处不在的科技都离不开网络、计算和存储。其中信息存储的发展历史最悠久,堪称万年进化史。从文明诞生以来,人类就一直在寻求能够更有效存储信息的方式。在远古的时候,人们通过结绳的方式来记事,如图10-6所示。《易.系辞下》中有"上古结绳而治,后世圣人易之以书契。"孔颖达疏曰:"结绳者,郑康成注云,事大大结其绳,事小小结其绳,义或然也。"

图 10-6 结绳记事

19世纪末,在殷代都城遗址今河南安阳小屯一带发现了刻在龟甲兽骨上的甲骨文,如图10-7所示。

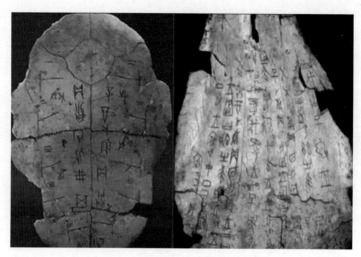

图 10-7 甲骨文

东汉时候,蔡伦发明了用植物纤维造纸的方法,他将树皮、麻头、破布、渔网等植物原料经过挫、捣、抄、烘等工艺,最终制造成纸张,这是现代纸的渊源,如图10-8所示。

图 10-8 造纸术

现代的数据存储发展历经了百年左右的时间,发生了翻天覆地的变化,100年前的人怎么能想到现在每秒输入输出程序设计系统(Input/Output Operations Per Second,IOPS)可以到200万以上的全闪存阵列呢?

在18世纪末到19世纪后期,穿孔磁带和穿孔卡片被用于"程序化"的纺织机和其他工业机器,如图10-9所示。这项技术被赫尔曼·霍尔瑞斯特用于1890年的人口普查中的数据存储中,他最初设计了一个12行24列数组的圆孔阵列原型。

1932年在奥地利出现了早期计算机的磁鼓内存,就是磁鼓存储器,如图10-10所示,主要包括旋转圆筒包围铁磁介质条和一排固定的读/写磁头。

一个三维模拟的磁鼓存储器形成一个阵列,相当于一个硬盘,这是一种低成本的实现方法,可以大幅提升存储器的存储能力和速度。磁滚筒存储成功地运用在IBM 650超级计算机中,并于1953年发布。IBM 650长为16英寸,直径4英寸,鼓旋转速度为750kHz,可以存储多达8.5KB的数据。

图 10-9　穿孔卡片　　　　　　　　　　　图 10-10　磁鼓存储器

　　1946 年 1 月，Rajchman 和他的同事们在美国无线电公司（Radio Corporation of America，RCA）发明了选数管，它是一个真空管建立的数字存储设备，数据以静态电荷的形式存储。

　　1950 年，世界上第一台具有存储程序功能的电子延时存储自动计算器（Electronic Delay Storage Automatic Computer，EDSAC）由冯·诺依曼博士领导设计，如图 10-11 所示。它的主要特点是采用二进制，使用汞延迟线作存储器，指令和程序可存入计算机中。

图 10-11　冯·诺依曼计算机

　　1951 年 3 月，由电子数值积分计算机的主要设计者莱斯特·埃克特和莫奇利设计的第一台通用自动计算机 UNIVAC-I 交付使用，如图 10-12 所示。UNIVAC-I 第一次采用磁带机作外存储器，首先用奇偶校验方法和双重运算线路来提高系统的可靠性，并最先进行了自动编程的试验。

　　为了寻找更好的存储器，人们费尽了心血，几乎所有能利用的物理现象都被探索过，例如，电、光、声、磁等。研制电子数值积分计算机的工程师莫奇利想到了水银延迟线（这也是二战期间为军用雷达开发的一种存储装置）作为内存，如图 10-13 所示。

　　之前，所有的组织在其数据中心都有集中的计算机和信息存储设备。开放系统的发展

图 10-12　第一台通用自动计算机 UNIVAC-I

图 10-13　水银延迟存储装置

及其提供的部署的简单性和易用性,使得组织内的不同商业单元都可以拥有自己的服务器和存储设备。

图 10-14 所示为以服务器为中心的存储架构,每个服务器拥有一定数量的存储设备。然而,对服务器进行维护或者增加存储容量都会导致信息的暂时无法访问。并且,服务器往往分散布置于企业内部各部门,这导致了信息的难于保护、不易管理,并产生了信息孤岛以及增加了操作的开销。

为了应对这些问题,以服务器为中心的存储架构被以信息为中心的架构所取代。在以信息为中心的架构中,存储设备集中管理、不再依附服务器,多个服务可共享存储设备。部署新服务器时,从共享存储设备中为它分配存储空间。共享存储的容量可以通过添加新设备的方式动态增加而不影响信息的可用性。以信息为中心的架构让信息管理变得简单,同时拥有更好的成本效益。

存储技术和存储架构的不断发展,使得各组织能对其数据进行更好的融合、保护、优化和利用,从而在其信息资产上获得更高的回报。

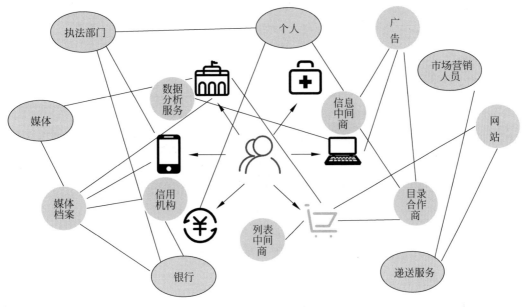

图 10-14　大数据生态系统

10.2　融媒体数据中心

10.2.1　数据中心基础设施

　　企业组织通过数据中心为整个企业提供集中的数据处理能力。数据中心存储和管理着大量的数据。数据中心基础设施包括硬件组件和软件组件。硬件组件包括计算机、存储系统、网络设备和后备电源等。软件组件包括应用、操作系统和管理软件等。此外,空调、灭火和通风装置等环境设备也是基础设施的组成部分。大型组织通常维护多个数据中心,以便分散数据处理负担,并在灾难发生时提供数据备份。

　　数据中心的特点如下。

　　(1) 可用性:有需求时,一个数据中心必须保证数据的可用性。

　　(2) 安全性:数据中心应建立完整的安全策略和流程,防止对信息泄露。

　　(3) 性能:数据中心的部件应能根据服务等级提供最佳的性能。

　　(4) 数据完整性:保证数据在存取和接收时保持一致。

　　(5) 容量:数据中心需要足够的资源来高效地存储和处理海量数据。

　　(6) 可管理性:数据中心对于部件的管理应该尽量简单和统一。

　　图 10-15 所示的特点对数据中心基础设施的所有部件都适用,但这里只关注存储系统。

10.2.2　数据中心的运作与结构

　　数据中心实现基本功能的 5 个核心部件如下。

　　(1) 应用:提供计算机操作逻辑的计算机程序。

　　(2) 数据库管理系统(Database Management System,DBMS):提供了以一种结构化方

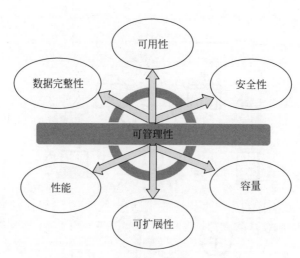

图 10-15　数据中心部件的关键特征

式,把数据存储成具有关联关系的逻辑表。

　　(3)主机或计算:指运行应用和数据库的计算平台。

　　(4)网络:联网设备之间通信的数据通路。

　　(5)存储:持续存储数据以供后续使用的设备。

　　通常这些核心部件都被视为独立的管理单元,但是只有所有这些部件一起工作才能达到数据处理的要求。图 10-16 展示了一个在线订单处理系统示例,其中包含 5 个核心部件以及它们在商业处理中的作用。

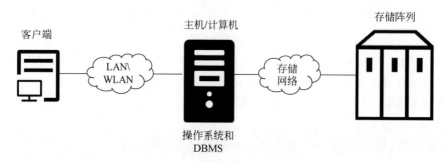

图 10-16　在线订单处理系统

　　用户在一台客户端上下了订单,客户端通过局域网或广域网与主机联网,主机上运行着订单处理应用。客户端通过此应用访问主机上的数据管理系统,获取订单相关的信息,如客户姓名、地址、支付方式、订购产品和数量等。数据库管理系统通过主机操作系统将数据写入存储阵列的物理磁盘内。存储网络为主机和存储阵列之间的通信提供连接,并在两者之间传输数据读写请求。存储阵列在接到主机发来的请求后,在物理磁盘执行相应的操作。

　　数据中心选址的关键要素是电力资源充足且便宜、空气清洁、地理位置合适、温度适宜等。因此,数据中心往往建在贵州。贵州位于云贵高原地区,地理位置适宜;出现台风、地震、泥石流等地质灾害的概率很小,这有利于大数据中心的稳定;贵州温度和湿度较稳定且偏低,非常适合大数据中心;并且贵州的电力资源十分丰富,据调查显示,贵州很多电量都是输送到省外。其中,空气清洁这一点很重要,由于贵州不是工业省,其污染少,对电路板、机房的腐蚀损毁较少,大量节省了人力物力等资源。另外,大数据中心需要的土地面积非常巨大,例如,腾讯数据中心位于贵州省贵安新区,总面积差不多有770亩,大概30万平方米。如果这个大数据中心建立在深圳,按照1平方米1万元的土地价格计算,那光土地成本就要30亿元了。而贵州的经济相对落后,地广人稀,土地成本相对较低,可以节省大数据中心的土地成本。

10.2.3 多媒体数据库

多媒体数据库是数据库技术与多媒体技术结合的产物。多媒体数据库不是对现有的数据进行界面上的包装,而是从多媒体数据与信息本身的特性出发,考虑将其引入到数据库中之后而带来的有关问题。

如图10-17所示,多媒体数据库的层次结构主要有以下几个部分。

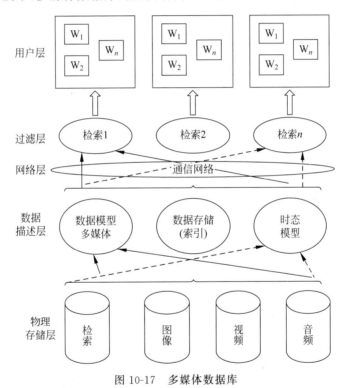

图 10-17 多媒体数据库

(1) 物理存储层:描述如何在文件系统中存储多媒体数据。

(2) 数据描述层:也是核心层。这一层负责对原始信息进行解释和描述,并处理索引提出的数据快速存取请求。

(3) 网络层:媒体对象可能存储在不同的系统中,用户可以在计算机网络上进行数据存取。

(4) 过滤层:负责分析和处理用户的查询要求。用户可以用不同的方法查询数据库,这取决于用户所需要信息的类型。

（5）用户层：应用和用户之间的接口，负责实现数据库中数据的浏览以及人机交互。

多媒体数据库主要有以下特点。

（1）数据量巨大且媒体之间量的差异十分明显，而使得数据在数据库中的组织方法和存储方法复杂。如不同层次的数据形式不一样，在进行数据组织时不能采取统一的格式，需要进行格式转换等。

（2）媒体种类繁多使得数据处理变得非常复杂。实际上，在具体实现时，常常根据系统定义、标准转换而演变成几十种媒体形式，这为数据处理增加了非常大的工作量。

（3）多媒体不仅改变了数据库的接口，使其声、图、文并茂，而且也改变了数据库的操纵形式，查询的结果也不仅是一张表，而是多媒体的一组"表现"。接口的多媒体化将对查询提出更复杂的设计要求。

多媒体数据库的应用前景十分广泛，主要有如下几方面。

（1）数据压缩、图像处理方面的应用

随着网络、有线通信系统、无线通信系统的迅猛发展，交互式计算机和交互性电视技术的普遍应用以及视频、音频数据综合服务等应用的发展，对计算机多媒体数据压缩编码、解码技术及其遵循的标准提出更多更高的要求。

（2）视频、音频信息的处理应用

数据压缩技术为图像、视频和音频信号的压缩，文件存储和分布式利用，提高通信干线和传输效率等应用提供了一个行之有效的办法。同时可以使计算机实时处理音频、视频信息，以保证播放出高质量的视频、音频节目。

（3）网络应用

随着国际互联网的普及，计算机正经历一场网络化的革命。在这场革命中，传统多媒体手段却由于其大传输量的特点而与当今网络传输环境发生了矛盾。因此，应该致力于在慢速的网络传输的条件下实现多媒体技术。

10.3　云计算与融媒体

10.3.1　云计算简介

云计算是指通过网络按需提供可动态伸缩的廉价计算服务，是与信息技术、软件、互联网相关的一种服务。云计算采用的是一种按使用量付费的模式，这种模式可提供可用的、便捷的、按需的网络访问，进入可配置的计算机资源共享池（资源包括网络、服务器、存储、应用软件、服务），这些资源能够被快速提供，如图 10-18 所示。

云计算不是一种全新的网络技术，而是一种全新的网络应用概念。云计算的核心概念就是以互联网为中心，在网站上提供快速且安全的云计算服务与数据存储，让每一个使用互联网的人都可以使用网络上的庞大计算资源与数据中心。相对于传统存储技术，云计算有以下诸多优点。

（1）数据在云端：不怕丢失，不必备份，可以任意恢复。

（2）软件在云端：不必下载，自动升级。

（3）无所不在的计算：在任何时间、任意地点、任何设备登录后就可以进行计算服务。

（4）无限强大的计算：具有无限空间、无限速度。

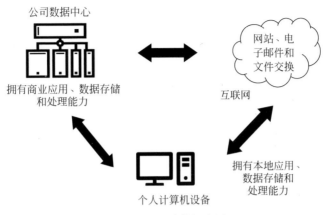

图 10-18　云计算概念图

云计算按服务类型可以分为三类：基础设施即服务（Infrastructure as a Service，IaaS）、平台即服务（Platform as a Service，PaaS）、软件即服务（Software as a Service，SaaS），如图 10-19 所示。

例如，建立信息系统。IaaS 提供机房、服务器、网络以及配套设施的出租服务；PaaS 提供操作系统的搭建、配置环境等服务；SaaS 提供各种应用软件开发的服务。最终协助用户建立信息系统。

云计算的五大特点如下。

（1）大规模、分布式服务器。

（2）采用虚拟化技术，用户操作便捷。

（3）高可用性和扩展性。

（4）按需服务。

（5）安全网络。

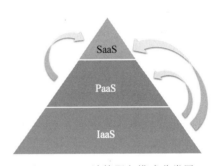

图 10-19　云计算服务模式分类图

10.3.2　分级存储系统

分级存储是根据数据的重要性、访问频率、保留时间、容量、性能等指标，将数据采取不同的存储方式分别存储在不同性能的存储设备上，通过分级存储管理实现数据客体在存储设备之间的自动迁移，如图 10-20 所示。数据分级存储的工作原理是基于数据访问的局部性，通过将不经常访问的数据自动移到存储层次中较低的层次，释放出较高成本的存储空间给更频繁访问的数据，以获得更好的性价比。

在分级数据存储结构中，存储设备一般有磁带库、磁盘或磁盘阵列等。一般情况下，磁盘或磁盘阵列等成本高、速度快的设备，用来存储经常访问的重要信息；而磁带库等成本较低的存储资源用来存放访问频率较低的信息。

对存储系统进行分级的原因是，首先，在存储集群中，出于对访问性能、成本等因素的考虑，可能会同时引入固态硬盘（Solid State Drive，SSD）和机械硬盘（Hard Disk Drive，HDD）。在这种情况下，如果不进行存储分级，就可能会导致某些对访问性能要求不高的数据或归档数据被存储在 SSD 中，而某些对访问性能要求较高的数据则被存储在了 HDD 中。

这无疑会影响数据的访问性能,同时也提高了数据的存储成本。并且,有的数据对可靠性要求很高,需要将其以三副本的形式进行存储;有的数据对可靠性要求没那么高,可以考虑将其以两副本的形式进行存储,节省存储空间。此外,存储提供商不同,也需要对其进行分级存储。

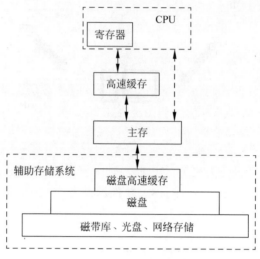

图 10-20　分级存储系统

10.3.3　边缘计算与边缘缓存

边缘计算指的是接近于事物、数据和行动源头处的计算,用更通用的术语来表示,即邻近计算或者接近计算。如果云计算是集中式大数据处理,边缘计算则可以理解为边缘式大数据处理。边缘计算已经逐步在物联网、AR/VR 场景以及大数据和人工智能行业有所应用。

从 2016 年开始,巨头们已经在边缘计算的路上展开了激烈的角逐,赛道已经非常拥挤。图 10-21 所示是一个边缘计算网络的概念图,它是连接设备和云端的重要中间环节。

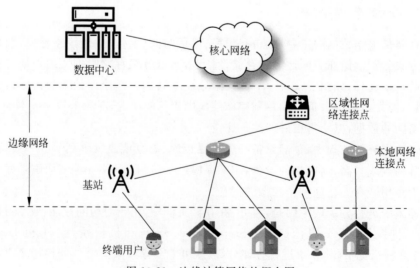

图 10-21　边缘计算网络的概念图

边缘计算起源于广域网内搭建虚拟网络的需求,运营商们需要一个简单的、类似于云计算的管理平台,于是微缩版的云计算管理平台开始进入了市场。从这一点来看,边缘计算其实是脱胎于云计算的。随着这一微型平台的不断演化,尤其是得益于虚拟化技术的不断发展,人们发现这一平台有着管理成千上万边缘节点的能力,且能满足多样化的场景需求。经过不同厂商对这一平台不断改良,并加入丰富的功能,使得边缘计算开始进入了发展的快车道。

在分布式企业中,"边缘存储"是指端点设备中的数据存储,例如,笔记本电脑、移动设备、物联网设备和小型分支机构的文件服务器。

实现云计算和边缘计算协同作用所需的关键技术是边缘缓存,通常采用边缘网关的形式。如图 10-22 所示,这些网关采用原有服务器中的所有文件,其中包括现有的安全 ACL和共享,并将所有文件推送到云端,同时提供与传统网络共享相同的体验。

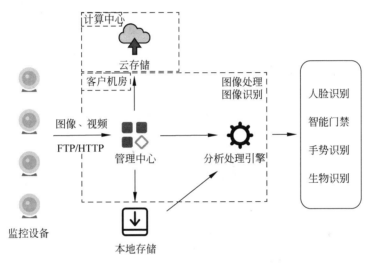

图 10-22　边缘存储原理图

边缘计算具有如下优点。

(1) 低延迟:计算能力部署在设备侧附近,设备请求实时响应。

(2) 低带宽运行:将工作迁移至更接近于用户或数据采集终端的能力,这能够降低站点带宽限制所带来的影响。

(3) 隐私保护:数据本地采集、分析、处理,保护了数据隐私。

边缘计算的主要应用场景如下。

(1) 分布式业务处理。例如,合规监控、财务交易分析、远程办公。

(2) 个人监测。例如,可穿戴设备(包括健康监视器、健身设备、脉搏追踪器)。

(3) 沉浸式体验。例如,身临其境的电子商务、虚拟现实互动娱乐、VR/MR 工作区。

(4) 客户端内容交付。例如,流媒体视频、存储网关/缓存。

(5) 沉浸式协作。例如,VR/MR 会议室/教室/自习室、多人游戏。

(6) 设备控制和维护。例如,基于业务规则的远程控制、软件供应和补丁、数据下载(如更新商品价格)。

（7）业务自动化。例如，业务控制回路、根据事件和来自事件的警报编排操作、机器学习。

（8）数据/事件报告。例如，定期更新资产状态、信号处理、基于条件/预测性/规范性的维护信息、交通/环境监测、监控视频流和分析。

10.3.4　现代存储应用

（1）磁盘阵列技术的应用。

磁盘阵列技术主要针对硬盘。其原理是利用数组方式来做磁盘组，配合数据分散排列的设计，提升数据的安全性，如图 10-23 所示。增加磁盘的存取速度，防止数据因磁盘故障而丢失以及有效地利用磁盘空间是现代存储技术急需解决的问题。因此，磁盘阵列的安全管理作为计算机安全工作的重要组成部分，除了精心组织，做好人员安排以外，还要根据实际情况和不同的业务数据量、不同的数据安全性要求，并且结合使用的磁盘阵列产品技术支持情况，制订出适合本部门的技术安全管理措施。

图 10-23　磁盘阵列

（2）NAS 的应用。

NAS 是一种特殊的专用数据存储服务器，有自己的核心，如 CPU、内存、操作系统、磁盘系统等，也被称为网络附加存储。NAS 阵列通过网络将文件系统和磁盘存储系统连接在一起。其中，控制器发挥交通警察的作用，运行文件系统，判断数据去向。与传统服务器相比，NAS 作为专业的存储服务器更加便宜和方便。网络传输速度是 NAS 的主要性能指标，这个传输速度通常是使用文件级协议在设备上传或者下载大型文件时测量的。文件级传输或者块级传输的重要性取决于 NAS 的使用情况。因此，它在运行自己的操作系统的同时，既可供 Windows、UNIX、Linux、macOS 等操作系统访问，又不要求特定的客户端支持。

（3）存储区域网络的应用。

当前，存储区域网络（Storage Area Networking，SAN）已成为许多现代数据中心的标准配置，在采用服务器虚拟化技术的数据中心中，其应用更为广泛。在存储网络中，服务器和存储设备之间的物理路径有时会出现故障，如果两者之间只有一条路径，那么很可能会出现问题。SAN 多路径技术通过在硬件之间建立多条路径的方式可以解决这个问题。

10.4　网络传输技术

10.4.1　通信网络概念

有线通信是一种通信方式,现代的有线通信狭义上是指有线电信,即利用金属导线、光纤等有形媒质传送信息的方式。光或电信号可以代表声音、文字、图像等,有线通信原理如图 10-24 所示。

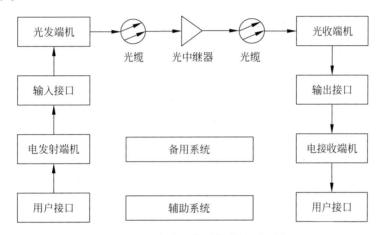

图 10-24　有线通信系统传输原理图

有线通信有以下 4 种分类方式。

(1) 按传输内容,可分为有线电话、有线电报、有线传真等。

(2) 按调制方式,可分为基带传输、调制传输。

(3) 按传输信号特征,可分为数字通信、模拟通信。

(4) 按传送信号的复用方式,可分为频分复用、时分复用、码分复用。

有线通信的调制方式为基带传输,基带传输是一种很老的数据传输方式,一般用于工业生产中。基带传输系统主要由码波形变换器、发送滤波器、信道、接收滤波器和取样判决器等 5 个功能电路组成。

无线通信系统是指通过无线协议实现通信的一种方式。无线通信包括各种固定式、移动式和便携式应用,例如,双向无线电、手机、个人数码助理及无线网络。其他无线通信的例子还有 GPS、车库门遥控器、无线鼠标等。

大部分无线通信技术会用到无线电,包括距离只到数米的 Wifi,也包括和航海家 1 号通信、距离超过数百万公里的深空网络。但有些无线通信的技术不使用无线电,而是使用其他的电磁波无线技术,例如,光、磁场、电场等。

如图 10-25 所示,根据网络覆盖范围的不同,可以将无线网络划分为无线广域网(Wireless Wide Area Network,WWAN)、无线局域网(Wireless Local Area Network,WLAN)、无线城域网(Wireless Metropolitan Area Network,WMAN)和无线个人局域网(Wireless Personal Area Network,WPAN);根据网络应用场合的不同,可以将无线网络划分为无线传感器网络(Wireless Sensor Network,WSN)、无线 Mesh 网络(也称为多跳网络)、可穿戴

213

式无线网络和无线体域网络(Wireless Body Area Network,WBAN)等；根据无线网络拓扑结构的不同,无线网络又可以划分为星型网和网状网。

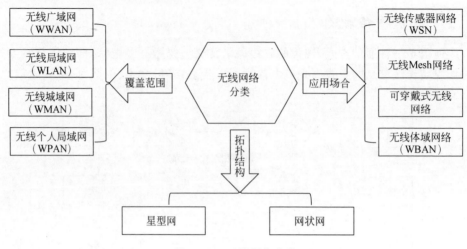

图 10-25　无线网络分类

10.4.2　有线电视网络传输

有线电视(Community Antenna Television,CATV)网络是一种采用电缆、光缆或者微波等方式进行传输,在用户中分配信号,为用户提供上百套电视节目以及各种信息服务的电视网络体系。1950 年,美国首先使用共用天线电视系统；1973 年,中国使用共用天线电视系统；2003 年,我国开始有线电视数字化；到 2014 年 2 月,我国有线数字电视用户保有量达到 16 426.3 万户,有线数字化程度约为 73.33%。有线电视网络系统的发展是从小型到大型共用天线电视系统,再到城市电缆电视系统,最后是光纤同轴电缆混合网(Hpa Hybrid Fiber Coaxial,HFC)以及双向 HFC 宽带网络。

有线电视系统是由接收信号源系统、前端处理系统、干线传输系统、用户分配系统、用户终端五部分组成。如图 10-26 所示,信号源包括卫星地面站、微波站、电视广播接收天线、摄像机、录像机、计算机。前端处理系统指的是对信号源传来的传输信号进行一些技术处理的设备组合。干线传输系统指远距离传输的超干线或干线,它位于前端处理系统和用户分配系统之间。干线传输包括同轴电缆网、光缆网、微波网和混合网 4 种方式。用户分配系统是把干线传输系统传来的信号进行放大和分配,把信号均匀地分配给每家用户,让每家用户终端都能得到规定的电平。

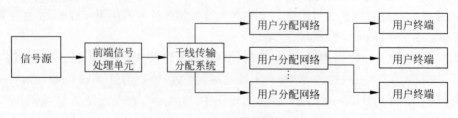

图 10-26　有线电视系统的组成

10.4.3　卫星广播传输

卫星广播电视系统主要由四部分组成：上行发射站、星载转发器、测控站、地球接收站。如图 10-27 所示，上行发射站把节目制作中心传来的信号加以处理，通过定向天线向卫星发射上行波段信号；同时也接收由下行转发来的微弱的微波信号，监测卫星转播节目的质量。星载转发器就相当于空间中继站的作用，接收地面上行站发来的上行微波信号并将它放大、变频，再放大后发射到地面服务区内。地面接收站接收来自卫星的信号，经过调制重新得到正确的视频信号和音频信号，直接送到电视监视器或者电视机，重现彩色图像和重放伴音。

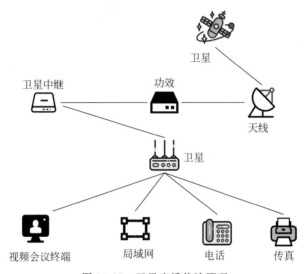

图 10-27　卫星广播传输原理

卫星广播传输的优点是信号质量好、数字化简单、覆盖面积最大、不受地域条件限制等，这就决定了卫星广播电视可以为世界各地服务，可以跨地域服务。现如今，卫星广播电视推广事业在不断向前发展，发展前景良好。尤其是数字化技术的加入，把卫星广播电视带入了一个崭新的世界，使得卫星广播多功能得以利用，使信息得以全面交流，不断为数字化技术的推广做出巨大贡献。因我国土地面积辽阔、城市和农村人口分散广、地势较为复杂（平原、丘陵、高原）等，我国采用卫星广播传输方式是提高电视人口覆盖率的最好途径。卫星广播电视因其独有的优势，也引起国家和地区广泛关注。

10.4.4　移动通信网络

移动通信是指通信双方至少有一方处于移动（或暂时停止）状态下的通信，包括移动体与固定体之间的通信，移动体之间的通信等。简单来说，移动通信就是移动中的信息交换。

移动通信网络指的是实现移动用户与固定点用户之间或移动用户之间的通信的通信介质，有一定的专业性。移动通信网是通信网的一个重要分支，由于无线通信具有移动性、自由性以及不受时间地点限制等特性，广受用户欢迎。在现代通信领域中，它是与卫星通信、光通信并列的三大重要通信手段之一。

当前的移动通信网，按照系统的覆盖范围和作业方式可以分为双向对话式蜂窝公用移动通信、单向或双向对话式专用移动通信、单向接收式无线寻呼、家用无绳电话及无线本地用户环路等。专用移动通信网是一个独立的移动通信系统,也可纳入公共网。集群系统是一种具有代表性的专用网,这是除了蜂窝网外,又一种提高频谱利用率的有效方法。所谓"集群",在通信意义上,就是将有限通信资源(信道)自动地分配给大量用户共同使用。近年来,这种高效网十分受青睐。当然随着公网技术的发展,这种集群系统会自动纳入专用网。

移动通信网络的发展共经历了五代,分别如下。

(1) 第一代——模拟蜂窝通信系统(1G)。

模拟通信阶段。第一代移动电话系统采用了蜂窝组网技术,蜂窝概念由贝尔实验室提出,20世纪70年代在世界许多地方得到研究,第一个试运行网络在芝加哥开通,美国第一个蜂窝系统高级移动电话业务在1979年实现。

(2) 第二代——数字蜂窝移动通信系统(2G)。

数字通信阶段。由于模拟制式存在的各种缺点,20世纪90年代开发出了以数字传输、时分多址和窄带码分多址为主体的移动电话系统,称之为第二代移动电话系统。代表产品分为两类:①TDMA系统,有代表性的制式有泛欧GSM、美国D-AMPS和日本PDC;②N-CDMA系统,N-CDMA(码分多址)系列主要是以高通公司为首研制的基于IS-95的N-CDMA(窄带CDMA)。

(3) 第三代——数字蜂窝移动通信系统(3G)。

进入高速数据传输阶段,传输速度384Kbps～3.6Mbps。全球主要有WCDMA、CDMA2000和TD-SCDMA三大分支,中国2008年派发执照。3G实现不同无线网的无缝连接,满足多媒体传输要求,是内容更丰富的无线通信服务。

(4) 第四代——数字蜂窝移动通信系统(4G)。

长期演进(Long Term Evolution,LTE)项目是3G的演进,改进并增强了空中接入技术,采用正交频分多路复用技术(Orthogonal Frequency Division Multiplexing,OFDM)和多输入多输出(Multiple Input Multiple Output,MIMO)作为其无线网络标准,主要特点是在20MHz频谱带宽下提供下行100Mbps与上行50Mbps的峰值速率,提高容量,降低网络延迟。由于ITU-R对4G标准放宽,LTE以及其他3.9G技术被认为是"4G"。

(5) 第五代——数字蜂窝移动通信系统(5G)。

5G目前处于发展导入阶段。5G是具有高速率、低时延和大连接特点的新一代宽带移动通信技术,是实现人机物互联的网络基础设施。

10.4.5　5G超高清传输

我国5G发展具有先发优势,截至2022年底已实现重点城市的5G覆盖,到2025年将实现城乡的基本覆盖。超高清视频是5G应用的主要领域之一。5G能解决超高清视频信号实时传输问题,并给现场边缘音视频内容生产、沉浸式视频分发等提供支撑。

视频是信息呈现和传播的主要载体,超高清视频是继视频数字化、高清化之后新一轮重大技术革新。超高清是指国际电信联盟批准的"4K"分辨率(3840×2160),也适用于8K。4K超高清视频的画面分辨率是高清视频的4倍。通过高分辨率、高帧率、高色深、宽色域、高动态范围和三维声6个维度技术的全面提升,超高清视频将带来更具全新的沉浸式的用户体验。

超高清内容在广电领域最先落地,继 2019 年央视春晚首次进行 4K 超高清直播,实现 5G 内容传输后,2019 年男篮世界杯、国庆庆典活动以及 2020 年全国"两会"成功开展 8K 直播试验,给观众带来全新的观看体验,如图 10-28 所示。此外,杭州、广州、上海等地方 4K 超高清电视频道陆续上线,IPTV 4K 专区节目资源不断扩充。

图 10-28　4K 超高清直播

在文娱方面,超高清慢直播也日渐兴起,如图 10-29 所示。2020 年初,中国电信通过 5G 技术对火神山、雷神山的建造过程进行直播,使亿万网友见证了与时间赛跑的中国速度。此后,从 5G 慢直播 VR 视角"云登顶看珠峰",到慢直播直击各地汛情,再到云游天府、云赏江苏等慢直播,中国电信利用 5G 融合 VR、AR 等技术开启云游模式,深刻地改变人们的视听体验和生活娱乐的方式,带来更多维度的消费内容。

图 10-29　超高清在文娱方面的应用

在医疗健康领域,通过 5G 技术、超高清视频等,可以提供让病人少跑腿,让信息多跑路的便捷服务,如图 10-30 所示。利用中国电信 5G 双千兆+远程 CT 扫描助手以及超高清视频,四川大学华西医院放射科医生为甘孜州 3 例新冠肺炎患者进行远程 CT 扫描,意味着远程医疗由传统的"会诊"模式逐渐过渡到"实操"模式。

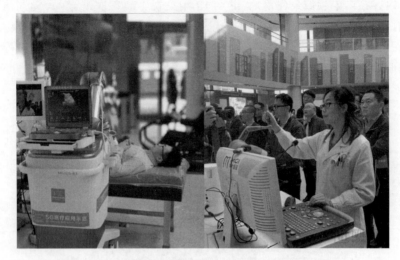

图 10-30　超高清在医疗方面的应用

10.4.6　视频会议

视频会议是一种为两地或多地的用户之间提供语音和画面双向实时传送的视听会话型会议。视频会议系统是一种不受地域限制,建立在宽带网络基础上的双向、多点、实时的音视频交互系统。

视频会议的各类系统应用于我们的生活中,有依托于软件平台的视频会议,也有基于硬件系统的视频会议系统。软件类的视频会议有腾讯会议、钉钉、ZOOM、好视通等,提供硬件视频会议解决方案的厂商有宝利通、华为、科达等。相比较软件视频会议,基于硬件设备的视频会议更具备专业性和稳定性,在低带宽下的传输也比软件视频会议效果更好。一套设备齐全的视频会议系统由多点控制单元(Multipoint Control Unit,MCU)、视频会议终端、摄像头、麦克风、触摸屏、显示大屏构成,如图 10-31 所示。

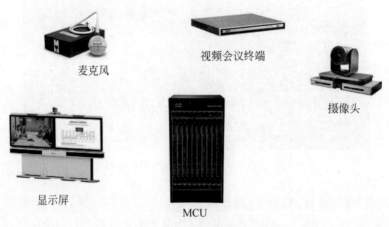

图 10-31　视频会议系统

简单来说,视频会议终端接上大屏作为显示设备,接上网络作为传输媒介就可以工作了。一台终端通常具备核心编码功能、一个摄像头、一个全向麦克风以及遥控器。核心编解码将摄像头和麦克风输入的图像及声音编码通过网络传出,同时将网络传来的数据解码后,将图像和声音还原到大屏和音响上,即实现了与远端的实时交互。如果有6点以上会场,就必须采用MCU进行管理。

视频会议终端将输入进来的视频使用 H.261、H.263、H.264 或 H.265 协议,音频使用 G.711、G.722 或 G.728 协议,数据、控制信令进行单独编码,然后将编码后的数据进行"复用"打包后形成遵循网络协议的数据包,通过网络接口传到 MCU 供选择广播。从 MCU 传来的其他会场的数据包通过"解复用",分别还原成视频、音频以及数据,控制信令分别在相应的输出设备上回显或执行,如图 10-32 所示。

图 10-32　视频会议原理

2020 年初开始,由于受到疫情的影响,许多传统会议都转战线上,通过视频会议开启远程医疗、远程办公、远程教育等。此外,在这次疫情中,为了避免集中开会造成的潜在感染风险,不少政府单位也通过视频会议进行了快速部署布防。视频会议在疫情期间起到了非常重要的作用,视频会议也成为了疫情期间各单位沟通的主要方式。视频会议为此次疫情期间远程医疗提供了远程会诊解决方案,为减少感染提供了条件,同时也为此次疫情跨省市的医疗会诊节省了时间。此次疫情过后,各医疗系统也会升级内部的会诊联动系统,这势必会给视频会议行业带来发展机会。

10.5 三网融合

10.5.1 政策及概念

2015年9月,国务院办公厅印发《三网融合推广方案》(以下简称《方案》),加快在全国全面推进三网融合,推动信息网络基础设施互联互通和资源共享。

《方案》提出6项工作目标。一是将广电、电信业务双向进入扩大到全国范围,并实质性开展工作,二是网络承载和技术创新能力进一步提升,三是融合业务和网络产业加快发展,四是科学有效的监管体制机制基本建立,五是安全保障能力显著提高,六是信息消费快速增长。

《方案》明确,一要在全国范围推动广电、电信业务双向进入。各省(区、市)结合当地实际确定业务开展地区,电信、广电行业主管部门按照相关政策要求和业务审批权限开展业务许可审批,加快推动IPTV集成播控平台与IPTV传输系统对接,加强行业监管。二要加快宽带网络建设改造和统筹规划。加快下一代广播电视网、电信宽带网络建设,继续做好电信传输网和广播电视传输网建设升级改造的统筹规划。三要强化网络信息安全和文化安全监管。完善网络信息安全和文化安全管理体系,加强技术管理系统建设和动态管理。四要切实推动相关产业发展。加快推进新兴业务发展,促进三网融合关键信息技术产品研发制造,营造健康有序的市场环境,建立适应三网融合的标准体系。

为保障三网融合工作的全面推进,《方案》确立了4项保障措施。一是建立健全法律法规,为广电、电信业务双向进入提供法律保障。二是落实相关扶持政策,支持三网融合共性关键技术、产品的研发和产业化,推动业态创新。三是提高信息网络基础设施建设保障水平。四是完善安全保障体系,加快建立健全监管平台。

《方案》要求,各地区、各有关部门要充分认识全面推进三网融合的重要意义,切实加强组织领导,落实工作责任,完善工作机制,扎实开展工作,确保完成推广阶段各项目标任务。

三网融合是指电信网、广播电视网、互联网在向宽带通信网、数字电视网、下一代互联网演进过程中,三大网络通过技术改造,其技术功能趋于一致,业务范围趋于相同,网络互联互通、资源共享,能为用户提供语音、数据和广播电视等多种服务。三网融合并不意味着三大网络的物理合一,而主要是指高层业务应用的融合。三网融合应用广泛,遍及智能交通、环境保护、政府工作、公共安全、平安家居等多个领域。以后的手机可以看电视、上网,电视可以打电话、上网,计算机也可以打电话、看电视。三网融合在概念上从不同角度和层次上分析,可以涉及技术融合、业务融合、行业融合、终端融合及网络融合。

三网融合的优点如下。

(1) 信息服务将由单一业务转向文字、话音、数据、图像、视频等多媒体综合业务。

(2) 有利于极大地减少基础建设投入,并简化网络管理,降低维护成本。

(3) 将使网络从各自独立的专业网络向综合性网络转变,网络性能得以提升,资源利用水平进一步提高。

(4) 三网融合是业务的整合,它不仅继承了原有的话音、数据和视频业务,而且通过网络的整合,衍生出了更加丰富的增值业务类型,如图文电视、VoIP、视频邮件和网络游戏等,极大地拓展了业务提供的范围。

（5）三网融合打破了电信运营商和广电运营商在视频传输领域长期的恶性竞争状态，各大运营商将在一口锅里抢饭吃，看电视、上网、打电话资费可能打包下调。

10.5.2 技术基础

（1）基础数字技术。

数字技术的迅速发展和全面采用，使电话、数据和图像信号都可以通过统一的编码进行传输和交换，所有业务在网络中都将成为统一的"0"或"1"的比特流，从而使得话音、数据、声频和视频各种内容（无论其特性如何）都可以通过不同的网络来传输、交换、选路处理和提供，并通过数字终端存储起来或以视觉、听觉的方式呈现在人们的面前，如图 10-33 所示。数字技术已经在电信网和计算机网中得到了全面应用，并在广播电视网中迅速发展起来。

图 10-33　基础数字技术

（2）宽带技术。

宽带技术的主体就是光纤通信技术。网络融合的目的之一是通过一个网络提供统一的业务。若要提供统一业务就必须要有能够支持音视频等各种多媒体或流媒体业务传送的网络平台。这些业务的特点是业务需求量大、数据量大、服务质量要求较高，因此在传输时一般都需要非常大的带宽。另外，从经济角度来讲，成本也不宜太高。这样，容量巨大且可持续发展的大容量光纤通信技术就成了传输介质的最佳选择。宽带技术特别是光通信技术的发展为传送各种业务信息提供了必要的带宽、传输质量和低成本。作为当代通信领域的支柱技术，光通信技术正以每 10 年增长 100 倍的速度发展，具有巨大容量的光纤传输是"三网"理想的传送平台和未来信息高速公路的主要物理载体。无论是电信网，还是计算机网、广播电视网，大容量光纤通信技术都已经在其中得到了广泛的应用。

（3）软件技术。

软件技术是信息传播网络的神经系统，软件技术的发展，使得三大网络及其终端都能通

221

过软件变更,最终支持各种用户所需的特性、功能和业务。现代通信设备已成为高度智能化和软件化的产品。今天的软件技术已经具备三网业务和应用融合的实现手段。

(4) IP技术。

内容数字化后,还不能直接承载在通信网络介质之上,还需要通过IP技术在内容与传送介质之间搭起一座桥梁。IP技术(特别是IPv6技术)的产生,满足了在多种物理介质与多样的应用需求之间建立简单而统一的映射需求,可以顺利地对多种业务数据、多种软硬件环境、多种通信协议进行集成、综合、统一,对网络资源进行综合调度和管理。IP协议的普遍采用,使得各种以IP为基础的业务都能在不同的网上实现互通,具体下层基础网络是什么已无关紧要。

10.5.3 发展与应用

三网融合技术的持续发展可以不断地提高传输网络和访问网络技术。结合国内网络发展状况,我们必须进行改革和引入新的网络技术,将技术不断应用到用户真正所需的方面,让用户用得舒心和放心。加强网络新型传播技术和访问技术的结合,为可视化电子视觉网络技术、电子信息广播传输技术以及交互式网络传输技术的不断完善和提高创新能力奠定基础,使三网融合技术能够更好地为网络发展提供动力和保障。但是,按传统的办法处理三网融合将是一个长期而艰巨的过程,如何绕过传统的三网来达到融合的目的,那就是寻找通信体制革命的这条路,我们必须把握技术的发展趋势,结合我国实际情况,选择我们自己的发展道路。

与发达国家相比,我国的数据通信起步晚,传统的数据通信业务规模不大,比起发达国家的多协议、多业务的包袱要小得多,因此,可以尽快转向以IP为基础的新体制,在光缆上采用IP优化光网络,建设宽带IP网,加速我国互联网的发展,使之与我国传统的通信网长期并存,既节省开支又充分利用现有的网络资源。

本 章 小 结

随着大数据时代的到来,大量多媒体数据的存储与传输直接影响着用户的体验。本章首先介绍了数据存储的基本概念和发展历史,重点介绍了融媒体数据中心的基础设施、架构及多媒体数据库等知识;接着介绍了云计算技术,包括云计算架构下的分级存储系统、边缘计算和缓存、现代存储应用等;此外,对网络传输技术进行了系统介绍,在讲解通信网络概念的基础上,介绍了不同类型的网络传输,包括有线电视网络、卫星广播网络、移动通信网络等;最后,介绍了我国的三网融合政策和相关的技术及应用。

本 章 习 题

1. 按照速度由慢到快、容量由大到小、价格由低到高的顺序,写出一个常见的存储系统的层次结构。

2. 简述主机内部I/O访问的流程。

3. 举例说明数据中心的特点。

4. 举例说明数据中心的选址要求。

5. 多媒体数据库的层次结构有哪些？举例说明多媒体数据库的应用场景。

6. 云计算按服务类型可以分为哪几类？简述每个类型的特点。

7. 简述边缘计算的定义并简单介绍它的特点和应用场景。

8. 现代存储的应用主要有哪些？

9. 简述无线网络的常见类型。

10. 简述有线电视系统的组成原理。

11. 简述移动通信网络的发展史。

12. 举例说明5G超高清技术在我国的应用。

13. 简述视频网络会议系统的主要组成部分及其功能。

14. 简述三网融合的概念及其优点。

第 11 章　融媒体安全技术及应用

计算机技术的飞速发展使得信息网络成为了社会发展的重要标志。信息网络中的信息有很多是敏感信息,所以难免会吸引来自世界各地的各种人为攻击,如信息泄露、信息窃取、数据篡改、数据删添、计算机病毒等。随着数字时代的来临,数字内容的信息安全、保护等都成了众多学者广泛研究的课题,一系列数字媒体保护和认证技术走入人们的视野并逐渐成为热点。融媒体业务更具开放性,同时信息互联互通的程度也更为深入,因此网络安全防护已经成为各地、各级融媒体中心建设的重中之重。融媒体平台安全防护的目标是保护基础设施、网络、应用、数据等的安全。

11.1　融媒体安全概述

11.1.1　融媒体安全播出需求

自 2014 年以来,媒体融合过程经历了从"推动传统媒体和新兴媒体融合发展"到"构建全媒体传播格局"再到"推进媒体深度融合发展"的三个阶段,随着媒体深度融合的脚步加快,一系列关于融媒体安全播出的问题也浮现了出来,原有的安全播出保障方式迫切需要改善。

媒体的安全播出,是指受众能够顺利地获取流畅、真实的媒体内容,这其中不仅需要做到信号传输安全、视频播放安全、播出内容真实无误,还得保障观众能够接收稳定的信号。如今,媒体已经渗透人们生活的方方面面,各类媒体是人们获取信息的重要窗口,所以媒体的播出安全显得尤为重要。

11.1.2　相关标准及政策

在 2014 年由国家广播电视总局修订的《安全播出事件事故管理实施细则》规定,广播电视安全播出事件是指影响或威胁广播电视节目正常播出和传输的突发事件,主要分为以下几种:一是破坏侵扰事件,包括干扰插播、攻击破坏等;二是信息安全事件,包括有害程序、网络攻击、信息破坏、信息内容安全、设备设施故障等;三是自然灾害事件;四是技术安全事件,是技术系统在运维过程中发生的人身伤亡、设备设施软硬件严重损坏等;五是其他影响安全播出的事件。

在 2015 年国家广播电视总局发布的《广电"十三五"科技发展规划总体思路》提出全面升级广播影视信息和网络安全技术体系和系统,进一步提升广播影视融合媒体安全播出、监测监管和信息安全保障能力的主要任务。

2021 年国家广播电视总局修订的《广播电视安全播出管理规定》表明广播电视安全播出工作应当坚持不间断、高质量、既经济又安全的方针,指出安全播出责任单位的技术系统配置应当符合以下规定:符合国家、行业相关技术规范和国务院广播影视行政部门规定的分级配置要求;针对播出系统特点采取相应的防范干扰、插播等恶意破坏的技术措施;采用录音、录像或者保存技术监测信息等方式对本单位播出、传输、发射的节目信号的质量和效果进行记录,记录方式应当符合省、自治区、直辖市以上人民政府广播影视行政部门的有关规定,记录信息应当保存一周以上;使用依法取得广播电视设备器材入网认定的设备、器材和软件,并建立设备更新机制,提高设备运行可靠性;省级以上广播电台、电视台、卫星地球站应当配置完整、有效的容灾系统,保证特殊情况下主要节目安全播出;新建广播电视技术系统投入使用前,试运行时间不得少于一个月。

11.1.3 融媒体安全播出机制

融媒体安全播出的技术体系架构应包含安全物理环境、安全通信网络、安全区域边界和安全计算环境等几个层面的一些安全控制要素。

融媒体安全播出机制的体系框架如图 11-1 所示。其中安全物理环境包括地理位置选择、物理访问控制等方面,安全通信网络包括网络架构、通信传输、可信验证等方面,安全区域边界包括边界防护、访问控制、入侵防范、病毒防护等方面,安全计算环境包括身份鉴别、访问控制、安全审计、恶意代码防范、数据完整性、数据保密性、数据备份恢复等方面。通过要求相关部门完善上述的安全播出体系架构,保障融媒体平台所在的物理环境安全可靠,保障基础网络的业务能力始终在线,做到检测并防止网络攻击行为,实现安全事件的事后追溯,防护融媒体平台的相关设备及系统的安全。

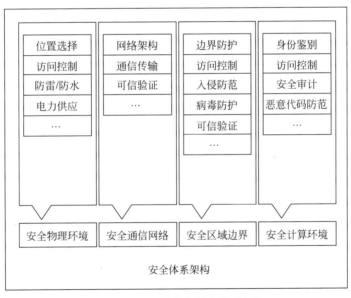

图 11-1　融媒体安全播出体系框架

11.2　密码学及加密算法

11.2.1　密码学的历史

人类一开始用笔书写,便学会了使用密码,几千年来,密码技术与战争有着紧密的关系。

《孙子兵法》有云：知己知彼，百战不殆。在战争中，军事家都需要对自己国家的战略战术和军力部署等重要信息进行加密，还要想方设法截获和破解对手的密报来知晓重要情报，所以说国家与国家、地区与地区之间不停歇的战争，极大地促进了密码技术的研究与发展，也为密码学蒙上了一层神秘的面纱。

密码学发展的初期是从人们学会使用文字到 19 世纪末，这个时期，密码基本上都是基于字符的密码，主要采用代换密码与置换密码两种密码算法，如图 11-2 所示的金字塔密文、图 11-3 所示的 skytale 加密和图 11-4 所示的福尔摩斯密码。代换密码是将明文中的字符替换为密文中的另一个字符，收到密文者对密文做反向替换即可破译，得到明文。置换密码是不改变明文中所含有的字符，只将它们的顺序通过某种方式打乱，破译时需要知晓字符被打乱的方式然后将其还原。古时候的人们为了做到秘密传递信息，还会使用物理或化学手段来隐藏信息，如暗号、隐写药水等，这些虽不是我们所定义的密码，但在密码学的发展历史上也有着一定的地位。

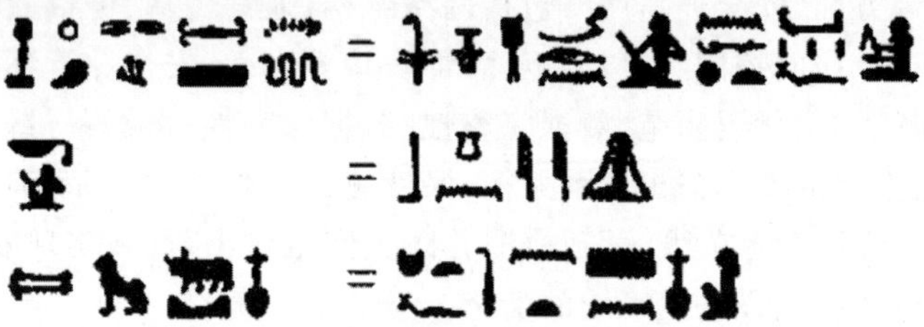

图 11-2　金字塔密文

图 11-3　skytale 加密工具

图 11-4　福尔摩斯密码

电报在 20 世纪的应用与普及，特别是在军事通信中的广泛应用，有力地推动了密码学的发展。由于电报易被截获，为了适应电报通信，在第一次世界大战与第二次世界大战时期，密码设计者们设计出了一系列采用复杂的机械和电动机械设备实现加解密的体制，称为"近代密码体制"。这个时期的密码体制主要是像转轮机那样的机械或电动机械设备运行，如图 11-5 所示,从如今的科学水平来看,他们的密码结构较简单,但是破译时往往需要非常大的计算量。

图 11-5　电报机

被称为"信息论之父"的香农在 1949 年发表了划时代的经典论文《保密系统的通信理论》,论证了密码编码需要数学的支持,提出了如图 11-6 所示的通信保密系统模型。在此之前,人们虽然在密码体制几千年的发展历程里积累了非常丰富的加解密经验,但是始终没有揭示出通信保密中的一些本质的东西,所以无法用一种统一的理论和方法对密码学进行定量的分析和计算。香农将各种各样的密码体制概括成一对加密和解密变换器,把整个系统概括为一条传输密钥的秘密信道、受密钥控制的加密解密变换和传输这种变换的普通信道,从而使用数学模型和现代信息论对任意一个通信保密系统进行定量分析。由此,密码学学科形成,并随之催生出了"现代密码体制"。

图 11-6　密码系统模型

20 世纪 70 年代的对称密钥密码算法的发表以及公开密钥思想的提出,加速了密码学的蓬勃发展。电子计算机的出现标志着信息化时代的开始,信息传输、变换、控制以及处理等过程已经可以全部归结到计算机中,采用计算机对加密信息进行截获和破译的技术越来越先进,也使得人们加快了对数据加密技术和手段的研究。基于不断变化的应用需求和不断提高的密码分析技术,密码编码技术不断有新的突破。

密码学分为密码编码学和密码分析学两个方向,其中密码编码学是研究如何对信息进行加密以隐藏信息,密码分析学是研究如何破译密码以获取信息。密码体制有两种:对称密码体制和非对称密码体制。

11.2.2　古典加密算法

古典加密算法主要有代换与置换两种。代换密码又可以分为单表代换密码和多表代换密码。此外,还有将代换与置换的方法结合起来的乘积密码。

1. 单表代换密码

代换密码是把明文中的字符用其他字符替代。单表代换密码,顾名思义,该加密算法在加密过程中只有一个明文字母表到密文字母表的确定映射。典型的单表代换密码主要有加法密码、乘法密码和仿射密码等。

(1) 加法密码。

加法密码的加解密代换公式如下:

$$c = E_k(m) = (m + k) \pmod{26} \tag{11-1}$$

$$m = D_k(c) = (c - k) \pmod{26} \tag{11-2}$$

其中 c 为密文,m 为明文,k 为密钥。凯撒密码就是典型的加法密码,它的密钥 $k=3$,代换字母表如图 11-7,如明文是 hello,则密文输出为 khoor。

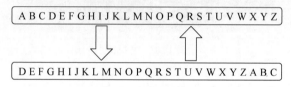

图 11-7　凯撒密码代换表

(2) 乘法密码。

设 $0 \leqslant k \leqslant 25$ 且 $\gcd(k, 26) = 1$,定义乘法密码的加解密代换公式如下:

$$c = E_k(m) = km \pmod{26} \tag{11-3}$$

$$m = D_k(c) = k^{-1}c \pmod{26} \tag{11-4}$$

其中 c 为密文,m 为明文,k 为密钥,k^{-1} 是 k 的乘法逆元。

(3) 仿射密码。

设 $0 \leqslant k_1 \leqslant 25, 0 \leqslant k_2 \leqslant 25$ 且 $\gcd(k_2, 26) = 1$,定义仿射密码的加解密代换公式如下:

$$c = E_k(m) = (k_1 + k_2 m) \pmod{26} \tag{11-5}$$

$$m = k_2^{-1}(c - k_1) \pmod{26} \tag{11-6}$$

其中 c 为密文,m 为明文,k_1、k_2 为密钥,k_2^{-1} 是 k_2 的乘法逆元。

2. 多表代换算法

多表代换密码在加密过程中有若干个明文字母表到密文字母表的映射。密钥决定了明文中各字母与密文中各字母的映射关系,所以出现在明文中不同位置的相同字母,在密文中可用不同的字母替代。

维吉尼亚密码是最具代表性的多表代换算法之一。设明文 m 是某固定的正整数,P、C、K 分别为明文空间、密文空间、密钥空间,且 $P = C = K = (Z_{26})^m$,对一个密钥 $k = (k_1, k_2, \cdots, k_m)$,定义维吉尼亚密码的加解密代换公式如下:

$$e_k(x_1, x_2, \cdots, x_m) = ((x_1 + k_1)(\bmod 26), (x_2 + k_2)(\bmod 26), \cdots, (x_m + k_m)(\bmod 26)) \tag{11-7}$$

$$d_k(y_1, y_2, \cdots, y_m) = ((y_1 - k_1)(\bmod 26), (y_2 - k_2)(\bmod 26), \cdots, (y_m - k_m)(\bmod 26)) \tag{11-8}$$

其中 $(x_1, x_2, \cdots, x_m)$ 是一个分组,m 是分组的长度。

如明文为 against the virus,密钥为 hello,那么查询图 11-8 所示的维吉尼亚密码代换表可知,维吉尼亚加密的结果为 hkltbzx ess cmcfg。

3. 置换密码

置换密码就是不改变明文中的字母,仅仅将明文中的字母按照某种规则重新排列。

栅栏式密码是一种典型的置换密码,指把明文分为 n 个一组,然后取每组第一个字母连起来,再取每组第二个字母连起来,如此往复,最后连成整段密文。如加密 nice to meet you,且 $2=2$,则明文可写成

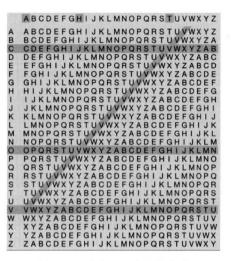

图 11-8 维吉尼亚密码代换表

```
n c t m e y u
  i e o e t o
```

得到的密文为 nctmeyuieoeto。

4. 乘积密码

单纯的代换或置换密码是不安全的,因此可以考虑连续使用若干这样的密码使其难以破解,如在一次代换之后跟一次置换,可以生成一种新的更难破解的密码,这就是乘积密码。

乘积密码是从古典密码通往现代密码的桥梁。

11.2.3 对称加密算法

对称加密算法的加解密使用相同的密钥,在 1976 年以前,密码学研究的都是对称加密算法。对称加密算法中最著名的是数据加密标准(Data Encryption Standard,DES)和先进加密标准(Advanced Encryption Standard,AES)。

DES 的出现是现代密码发展史上一个非常重要的事件。DES 是迄今为止应用最为广泛的一种分组密码算法,尽管 AES 已经取代它作为新的数据加密标准,但 DES 算法的设计依然对现在的密码算法有重要的参考价值。图 11-9 给出了 DES 算法总体框图。

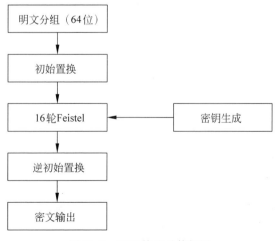

图 11-9 DES算法总体框图

DES 的分组长度是 64b,密钥长度是 56b,它的加解密使用的是同一种算法,安全性基本上依赖于密钥。DES 利用 Feistel 体制来进行混淆和扩散,其中混淆指掩盖明文与密文之间的关系,扩散指将明文冗余度分散到密文中。

$$L_i = R_{i-1} \tag{11-9}$$

$$R_i = L_{i-1} \oplus F(R_{i-1}, K_i) \tag{11-10}$$

DES 将明文分成以 64b 为一组的模块,对每个模块先进行初始置换,再进行 16 轮迭代,再经过逆初始置换形成密文。

DES 使用 Feistel 体制为主结构,实现了 F 函数(如图 11-10 所示)。F 函数主要由 E 置换、异或操作、S 盒代换和 P 盒置换组成,分组(32b)经过 E 置换扩展至 48b,与当前轮次密钥(48 比特)进行异或,经过 S 代换后再经过 P 置换,最后获得 F 函数的输出。

在 16 轮迭代中使用的 16 个子密钥,是通过一个密钥扩展算法将 64b 密钥扩展生成的 16 个子密钥。

密钥生成函数每轮的算法过程如图 11-11 所示,对于输入的 64b 密钥,首先经过一次置换选择 1 的变换,生成 2 个 28b 的密钥分组 C_1 和 D_1。假设当前处于第 i 轮,则输入为 C_{i-1} 和 D_{i-1},经过一系列过程获得 C_i 和 D_i,然后拼接 C_i 和 D_i,进行置换选择 2,形成子密钥 K_i。

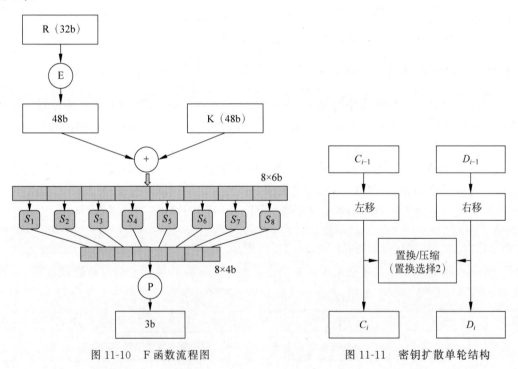

图 11-10　F 函数流程图　　　　　　图 11-11　密钥扩散单轮结构

11.2.4　非对称加密算法

非对称密码算法又叫公开密钥密码算法,在非对称密码算法中,接收方生成一对密钥(包括公钥和私钥)并将公钥公开,发送方使用接收方的公钥对明文进行加密,将加密后的明文发送给接收方,接收方使用私钥进行解密得到明文。非对称密码算法的加密和解密使用不同的密钥,加密密钥公开,解密密钥保密。非对称密码的密钥分配不必保持信道的保密性,其算法强度复杂、安全性高,可用来签名和抗抵赖。非对称密码加密速度慢,不便于硬件实现和大规模生产,其主要用于短消息和对称密钥的加密。非对称密码常用的算法有 D-H 算法、RSA 算法、背包算法、椭圆曲线等。

RSA 算法是第一个实用的、也是应用最广泛的公钥密码系统。RSA 的算法流程描述如下。

(1) 密钥生成。

选取两个大素数 p 和 q(例如,长度都接近 512 比特的两个素数);计算 $n=p\times q$,随机选择整数 e 满足 $\gcd(e,(p-1,q-1))=1$;计算私钥 d 满足 $d\times e\equiv1(\bmod(p-1)(q-1))$;得到的公钥为 e 和 n,私钥为 d(两个素数 p 和 q 可销毁,不能泄露)。

(2) 加密过程。

明文先转换为比特串分组,使每个分组对应的十进制数小于 n,即分组长度小于 $\log_2 n$,然后对每个明文分组做加密运算。首先获得接收公钥 (e,n),把消息 M 分成长度为 $L(L<\log_2 n)$ 的消息分组得到 $M=m_1 m_2\cdots m_t$;使用加密算法 $c_i=m_i^e\bmod n$,计算出密文 $c=c_1 c_2\cdots c_t$。

11.3 数字水印

11.3.1 数字水印的概念

数字水印技术是一种有效的数字产品版权保护和数据安全维护技术,是信息隐藏技术研究领域的一个重要分支,主要用于数字产品的版权保护与认证。数字水印是将具有确定性和保密性的信息即水印直接嵌入数字化媒体中,让其成为原始数据的一部分,因此,即使在解密之后,仍然可以对数据的复制和传播进行跟踪,从而实现身份识别、版权保护等功能。由此可见,一方面,数字水印可以用来证明原创作者对其作品的所有权,从而作为鉴定、起诉非法侵权的证据;另一方面,作者还可以通过对数字产品中的水印进行探测和分析来实现对作品的动态跟踪,从而保证其作品的完整性。

1. 数字水印系统构成

一个完整的数字水印系统应该包括水印的生成、嵌入和提取。

(1) 水印的生成。

数字水印本身可分为有意义水印和无意义水印。前者是包含了如作品完成日期、版权所有者等具体信息的数字水印,并且这些信息在水印遭受有损攻击后也不会丢失,这类水印非常直观,一般情况下,我们能直接判断出数字产品中是否含有有意义水印;后者采用无意义的伪随机序列作为水印,对它的检测只需要判断水印是否存在即可。在实际应用场景下采用哪一种水印结构,需要针对具体的需求来定。

从鲁棒性和安全性考虑,需要使得水印被恶意攻击者提取出来后,攻击者依然无法获得数字产品的原始数据,所以数字水印一般会先进行随机性和加密处理。

(2) 水印的嵌入。

在数字水印嵌入系统中,系统输入的是水印信号 W、载体数据 I 和一个可选的私钥或公钥 K。数字水印可以是任何形式的数据,如文本、图像等。密钥的作用是加强安全性,以避免未授权方或攻击者恢复或修改水印。数字水印嵌入时一般至少使用一个密钥,在安全性要求高的情况下,也会使用几个密钥的组合。图 11-12 给出了一个简单的数字水印嵌入模型。

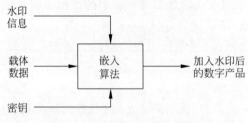

图 11-12　数字水印嵌入模型

在水印嵌入过程中,因嵌入水印而引起的变动应该低于可感知的门限。为了保证整体的鲁棒性,需要将水印信息冗余地分布在载体数据的许多样本中,这样,只利用小部分已嵌入水印的数据就可以恢复出水印。

(3) 水印的提取。

数字水印提取是用某种算法从待检测产品中提取出数字水印或者判断待检测产品是否含有数字水印,图 11-13 给出了一个简单的数字水印提取模型。在数字水印检测系统中,输入的是已嵌入水印的测试数据 $I*$、私钥或公钥 K 以及原始数据 I 或原始水印 W,输出的是水印 $W*$ 或者某种可信度的值。大多数的水印检测算法不需要原始数据的参与。

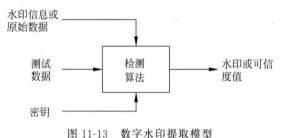

图 11-13　数字水印提取模型

2. 数字水印的特点

(1) 安全性。

在宿主数据中隐藏的数字水印必须是安全的,难以被发现、擦除、篡改或伪造,因为在数字水印系统中,水印一旦丢失,就失去了它的作用。一般来说,数字产品中的水印都有较低的虚警率,虚警指的是水印检测器从未加水印的作品中检测到水印,虚警率也可以叫误检测率。

(2) 可证明性。

数字水印能为数字产品的版权问题提供完全、可靠的证据。数字水印可以是已注册的用户 ID、产品标识等有意义的信息,它们被嵌入到宿主中,必要时再被提取出来,在完成这一系列过程后,可以通过水印判断数字产品是否受到保护、监视被保护数据的传播以及非法复制、鉴别数字产品版权所属等。一个好的水印算法能够提供没有争议的版权证明。

(3) 不可感知性。

在宿主数据中隐藏的数字水印应该是不能被感知的。不可感知包含两个方面,其一是指感官上的不可感知,就是通过人的视觉、听觉等无法察觉出宿主数据中因嵌入数字水印而产生的变化,也就是说从人类的感官角度看,嵌入水印的数据与原始数据之间完全一样;其二是指统计上的不可感知,指对大量的用同样方法经水印处理过的数据产品,即使采用统计方法也无法确定水印是否存在。

(4) 鲁棒性。

一个好的水印算法应该对恶意攻击具有鲁棒性。在不能得到水印的全部信息(如水印数据、嵌入位置、嵌入算法、嵌入密钥等)的情况下,任何试图破坏水印的操作将对水印载体的质量产生严重破坏,使得载体数据无法使用。在数据经历一些恶意攻击后,数字水印会做到保持部分完整性,并且这些部分数据能够被提取出来,也与完整水印一样保有鉴别的能力。

3. 数字水印的分类

加载数字水印的数字产品,可以是任何一种多媒体类型,根据载体类型的不同,数字水印可以被划分为图像水印、音频水印、视频水印、文本水印、用于三维网格模型的网格水印、软件水印及数据库水印等。随着网络技术、数字技术和多媒体技术的发展,还会有更多种类的宿主数字媒体出现,也会出现更多的数字水印技术。

(1) 图像水印。

数字图像是在网络上广泛流传的一种多媒体数据,也是经常引起版权纠纷的一类载体。静止图像水印主要利用图像中的冗余信息和人的视觉特点来加载水印。

(2) 视频水印。

为了保护视频产品和节目制作者的合法利益,视频水印技术在生活中被广泛应用。视频水印的研究分为两方面,一方面,视频数据可以看成由许多个静止图像帧组成,因此适用于图像的水印算法也可以用于视频水印;另一方面,可以直接从视频数据入手,找出视频数据中对人眼视觉不敏感的部位进行水印嵌入。

(3) 音频水印。

音频水印主要利用音频文件的冗余信息和人类听觉系统的特点来加载水印。加载在声音媒体上的水印可以保护声音数字产品,如 CD、广播电台的节目内容等。

(4) 软件水印。

软件水印是一种比较新的水印,它镶嵌在软件的一些模块或数据中,通过这些模块或数据,可以证明该软件的版权所有者和合法使用者等信息。软件水印根据水印的生成时机和存放的位置,可以分为静态水印和动态水印两类。静态水印不依赖于软件的运行状态,可以在软件编制时或编制完成后被直接加入。动态水印依赖于软件的运行状态,通常是在一类特殊的输入下才会产生,水印的验证也是在特定的时机才能完成。

(5) 文本水印。

文本水印基本上是利用文本所独有的特点,通过轻微调整文本中的行间距、字间距、文字特性(如字体、字号)等结构来完成水印信息嵌入。

4. 数字水印的应用

数字水印的提出是为了保护版权,然而随着数字水印技术的发展,人们发现它还可以有更多更广的应用,目前,数字水印技术有以下一些主要应用领域。

(1) 版权保护。

为了表明对数字产品内容的所有权,含有原创者或销售者版权信息的数字水印以不可见的方式嵌入所需保护的数字媒体中,成为保护对象内容的一部分,使得移去水印几乎不可能,而检测器根据所检测到的水印即可辨明数字产品的合法所有者。

当数字水印应用于版权保护时,其潜在的应用市场有电子商务、在线(或离线)分发多媒体内容以及大规模的广播服务。潜在的用户则有数字产品的创造者和提供者,电子商务和图像软件的供应商,数字图像、视频摄录机、数字照相机和 DVD 的制造者等。

(2)认证和完整性校验。

数字产品的认证如果利用数字水印来完成,那么认证同内容是密不可分的,也就简化了处理过程。当对嵌入了水印的数字内容进行检验时,必须用唯一的与数据内容相关的密钥提取出水印,然后通过检验提取出的水印的完整性来检验数字内容的完整性。数字水印在认证方面的应用主要集中在电子商务和多媒体产品分发至终端用户等领域。

(3)内容标识和隐藏标识。

此类应用中,插入的水印信息构成一个注释,提供有关数字产品内容的进一步的信息,如在图像上标注拍摄的时间和地点。数字水印可用于隐藏标识和标签,可在医学、制图、多媒体索引和基于内容的检索等领域得到应用。

(4)数字指纹。

为了避免数字产品被非法复制和散发,作者可在每个产品中分别嵌入不同的水印(称为数字指纹),如果发现了未经授权的复制,则通过检索指纹来追踪其来源。在此类应用中,水印必须是不可见的,而且能抵抗恶意的擦除、伪造以及合谋攻击等。

(5)数据库中嵌入水印。

数据库已经广泛应用于社会的各个行业,例如,那些提供信息服务(如气象信息、医疗信息、人才市场信息、股票交易信息、电子元器件参数信息等)的公司,因此,同多媒体数据一样,数据库也面临着版权保护的问题。数据库供应商通常都可以为用户提供付费的远程登录服务,虽然远程登录服务为终端用户提供了极大的方便,但数据供应商也同时面临着数据被窃取的危险。通过在关系型数据库中嵌入代表所有权的水印信息,可以将数据库与其拥有者联系起来,从而实现数据库的版权保护。

总之,针对不同的应用,采用的水印技术也不一样,一个水印方案很难满足所有应用的全部要求。

11.3.2　图像数字水印算法

数字水印的载体可以是任何一种多媒体类型,数字图像作为在网络上广泛流传的一种多媒体数据类型,也是最经常引起版权纠纷的一类载体,因此,以图像为载体的数字水印技术是当前水印技术研究的重点之一。DCT 域图像水印就是其中的典型代表。

DCT 变换是基于实数的正交变换,DCT 变换矩阵较好地体现了语音及图像信号的相关特性,DCT 常常被认为是非常适合于语音和图像信号的变换方法,同时,DCT 变换易于在数字信号处理器中快速实现,因此,它在图像编码中占有重要的地位,是一系列有关图像编码的国际标准(JPEG、MPEG、H.264 等)的主要环节。其中,二维 DCT 变换是目前使用最多的图像压缩标准 JPEG 的核心技术,JPEG 压缩是将图像分成 8×8 的像素块,对所有块进行 DCT 变换,然后对 DCT 系数进行量化处理及压缩。

基于 DCT 的数字水印算法有很多,其基本原理是在 DCT 变换的中频系数中嵌入水印。因为高频部分容易被各种信号处理方法所破坏,同时由于人的视觉对低频分量很敏感,对低频系数的改变易被察觉,所以选择对中频系数做出改变既可以保证水印的不可见性,又可以保证水印的鲁棒性。

DCT 域数字水印的嵌入可以选择对中频部分的 DCT 系数做出改变来实现,也可以通过比较两个(或多个)中频部分 DCT 系数的相对大小来实现。大多数嵌入算法是在中频区域选择 DCT 系数形成多个三元组(A_1,A_2,A_3),每一个三元组嵌入 1 比特信息。如果当前比特为 1,则将三个数中的最大值放在 A_2 位置;如当前比特为 0,则将三个数中的最小值放在 A_2 位置。这类算法通过调整三个系数之间的相对大小来对秘密信息进行编码,实现水印的嵌入。因为水印嵌入的位置在中频部分,这些系数值比较接近,对图像质量的影响较小,未经授权的人很难检测出水印。但是,水印的提取需要根据相应位置系数的大小关系来确定,如果三元组系数之间的差别太小,当图像受到干扰时,相应的系数关系有可能改变,检测时容易发生误判,鲁棒性较差,所以应当先对三元组系数进行预处理。当三个系数的最大值和最小值的差别小于某一阈值或过大时,则认为该三元组不适合嵌入水印。图 11-14 给出了嵌入水印前后的 Lena 图像对比,肉眼几乎看不出来两者的区别。

(a) Lena原图   (b) 含有水印的Lena图

图 11-14　嵌入水印前后的 Lena 图像

11.3.3　音频数字水印算法

随着数字多媒体技术及互联网技术的迅猛发展,数字音像制品和音乐制品在互联网上广泛传播,与此同时,音频数据的版权保护也显得越来越重要,通过在音频载体中嵌入水印信息,可以实现复制限制、使用跟踪、盗版确认等功能。在音频中加入水印,要考虑到音频载体信号在人类听觉系统、音频格式以及传送环境等方面的特点。与图像数字水印技术相比,音频水印有自己的特性。一是音频信号在每个时间间隔内采样的点数要少得多,这意味着音频信号中可嵌入的信息量要比可视媒体少得多;二是人耳听觉系统要比人眼视觉系统灵敏得多,因此听觉上的不可感知性实现起来要比视觉上困难得多;三是为了抵抗剪切攻击,嵌入的水印应该保持同步;四是由于音频信号一般都比较大,所以提取时难以使用原始音频信号;五是音频信号有特殊的攻击方式,如回声、时间缩放等。因此,与静止图像和视频水印相比,数字音频水印的嵌入和提取具有更大的挑战性。

按照嵌入域的位置不同,音频水印算法可以分为时域音频水印算法、变换域音频水印算法、压缩域音频水印算法等。时域音频水印算法在时间域上将水印直接隐藏于数字音频信号,与变换域水印算法相比,相对容易实现且需要较少的计算资源,但对一般信号处理如音频压缩和滤波等的抵抗能力较差;变换域音频水印算法具有较强的抵抗信号处理和恶意攻击的能力,但水印嵌入和提取过程相对复杂;压缩域音频水印算法是使用直接把水印信号加载在压缩音频上的方法,它可以避免算法编解码的复杂过程。

(1) DFT 域音频水印。

DFT 域音频水印算法对音频信息进行傅里叶变换,然后选择其中的某些 DF 系数进行水印的嵌入。在相关学者提出的 DFT 域音频水印嵌入算法中,选择频率范围为 $2\sim6kHz$ 的 DFT 系数进行水印嵌入,选择该频段使得水印被保存在音频信号中具有较强能量的部分,并用表示水印序列的频谱分量来替换相应的 DFT 系数。如果嵌入水印量不是很大并且其幅度相对于当前的音频信号比较小,则该技术对噪声、录音失真及磁带的颤动都具有一定鲁棒性。

(2) DCT 域音频水印。

由于频谱是实数,且具有较好的能量聚集性,DCT 变换是公认的适合于音频信号的变换。DCT 域音频水印算法对原始语音信号进行 DCT 变换,得到 DCT 系数序列,然后在嵌入水印时,给定一个阈值 T1,在 DCT 系数大于 T1 的位置嵌入水印数据。提取水印时,按照给定的阈值 T2,认为 DCT 系数大于 T2 的位置可能嵌入了水印数据。这种算法既增强了水印数据的隐蔽性,又具有较好的鲁棒性。图 11-15 给出了嵌入水印前后的音频波形对比,可以看到有一些细微的差别,但是音频的音质并没有什么变化。

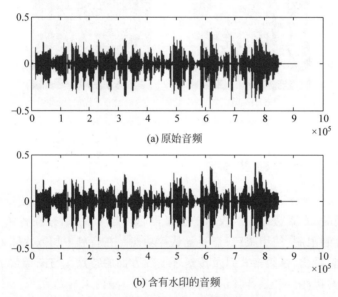

图 11-15　嵌入水印前后的音频波形对比

11.3.4　视频数字水印算法

视频数字水印最初是为了保护数字视频产品的版权,但因为其具有不可感知性、鲁棒性和安全性等特点,应用领域不断扩展。视频水印主要应用于复制控制、广播监视、标题和注释、数据认证、版权保护、视频指纹以及安全隐蔽通信等领域。数字视频水印技术可以理解为针对数字视频载体的主、客观的时间冗余和空间冗余加入可识别的数字信号或模式的水印技术,既不影响视频质量,又能达到版权保护和内容完整性检验的目的。

MPEG-4 在众多领域有着广泛的应用,从 MPEG-4 的视频流中的各个对象及其压缩合成方式来看,设计 MPEG-4 的数字水印方案时数据载体应当是对象,因为 MPEG-4 的扩展性除了空间扩展性还有对象的扩展性。MPEG-4 标准中静态纹理对象对空间上的可扩展性的支持采用了小波变换技术,所以可以采用基于小波变换的数字水印技术根据需要在静态纹理对象中嵌入水印。

对等待嵌入水印的对象进行小波分解,直到要求的级别,得到逼近子图和不同分辨率级别下的细节子图。在嵌入水印之前,首先对水印图像进行处理,我们希望待嵌入的水印类似白噪声,即均值为 0。在待嵌入对象的逼近子图中嵌入水印,按如下公式嵌入:

$$F_\varnothing(u,v) = F(u,v)(1 + \alpha x_i) \tag{11-11}$$

在待嵌入对象的细节子图中嵌入水印时,按如下公式嵌入:

$$F_\varnothing(u,v) = F(u,v) + \alpha x_i \tag{11-12}$$

其中,α 为拉伸因子,$F(u,v)$ 为小波系数,x_i 为水印信息。为了增强在细节子图中嵌入水印信息的稳健性和不可见性,算法利用图像多分辨率技术,相同分辨率层次的数字水印($N \times N$)被嵌入对应的相同分辨率层次之中,最后通过对嵌入水印后的系数进行小波反变换,获得加水印后的图像。

11.4 生物认证技术

11.4.1 生物认证概述

随着信息化网络的普及,保护身份信息安全已经成为一个人人都会面对的社会问题,而生物认证技术就为这一问题的解决提供了区别于传统身份认证的新型方法。传统的身份认证通过特定的标识或协议来鉴别用户的身份,如钥匙、身份证号、登录密码等,它们的缺点是容易被他人获取和易丢失等。传统的身份认证方法是凭借用户所拥有的物品、知识等识别用户身份,也就是说只要获取了能够被认证的用户所有物,便能成功伪装身份,行使与身份被盗用者相同的权力。而生物认证技术利用的是人的生物特征,如脸像、指纹、虹膜、声纹、笔迹、DNA 等,这些特征都是人体所固有且难以复制的,因此比起传统的认证方法有非常突出的优势。

以指纹识别与人脸识别为代表的生物认证技术目前已经被应用在很多领域,如电子护照、人脸识别门禁、电子商务、手机支付、搜索罪犯等。我们在生活中已经可以见到许多生物认证技术。

(1) 人脸识别。

人脸识别是一项基于人的面部特征来进行身份识别的技术,主要分析人面部的眼睛、鼻子和嘴的相对位置。静止面部识别与热成像面部识别是主流的两种人脸识别技术,静止面部识别分析的是普通光学摄像头拍摄的人脸图像,热成像面部识别分析的是通过面部毛细血管中血液产生的热丝形成的人脸图像,其中热成像面部识别可以在黑暗情况下使用。图 11-16 展示了一个简单的人脸识别场景。

一般来说,人脸识别技术包括人脸图像采集、人脸图像处理和人脸识别。不同角度、不同表情、不同位置下的人脸图像都可以作为被采集的模板素材。通常情况下的人脸识别系统会自动拍摄、识别、记录出现在拍摄范围内的用户面部图像,采集到的面部图像一般会由

图 11-16　人脸识别

系统即时处理,如确定出人脸的位置和大小,确定眼睛、鼻子、嘴的形状和相对位置等特征,并将这些特征转换成数据。人脸的识别、匹配是基于特征数据进行的,将被拍摄者的人脸特征数据与人脸数据库中的特征数据搜索比较,当相似度超过一定值后,就能判断出被拍摄者的身份。

　　人脸识别技术的应用十分便利,只需依靠最普通的摄像头和人脸识别算法,并且用户只需要在摄像头面前展示自己的面部,综合来说,成本低、识别快、安全卫生,所以很受推广。

　　(2) 指纹识别。

　　指纹是手指末端正面皮肤上凹凸的纹路,这一小块皮肤上隐藏着大量的信息。指纹识别技术历史悠久,早在古时候,人们便意识到了指纹的唯一性,并对它的这一特性加以了利用,如在审讯犯人后让其在证词后印上指纹。这一技术发展至今,已经成为一项趋于成熟的、高度可靠的识别技术,对比其他技术,它可以说是性价比最高的生物认证技术。图 11-17 展示了一个简单的指纹识别场景。

图 11-17　指纹识别

　　每个人的指纹都是不同的,通过解析纹路的谷、峰、分岔点等局部特征点以及纹路图案、纹数等全局特征点,可以实现身份认证的目的。一般来说,指纹识别技术涉及三个过程:采集指纹图案、处理、对比匹配。指纹可通过专门的指纹采集设备或采集系统来采集和预处理,之后便对处理后的指纹图案进行特征提取,这一环节通常是使用指纹辨识软件经过相关算法建立特征数据,每个人的指纹由于自身图案的独特性都会得到唯一的特征数据,最后,通过计算机的模糊比较,就能计算出当前所识别指纹与指纹库中指纹的匹配程度,达到鉴别身份的效果。

　　指纹识别目前被广泛应用于手机支付、门禁、考勤、防盗等领域。

　　(3) 虹膜识别。

　　虹膜识别技术是基于个体虹膜多样性、不变性来认证个体身份的技术,如图 11-18 所

示。虹膜是位于黑色瞳孔与白色巩膜之间的圆环
状部分,有着非常丰富的纹理结构,包含着许多交
错的斑点、细丝、冠状、条纹、隐窝等细节特征,这些
特征使得每个虹膜都是独特的。虹膜的整体形状
是由基因与环境共同决定的,通过自然手段基本不
可能复制出虹膜,而且虹膜从婴儿胚胎期的第三个
月开始发育,到第八个月基本成型,除非经历复杂
的眼部手术,虹膜一生都不会变化。比起人脸识
别、指纹识别,虹膜识别的准确率是最高的,即使全
人类的双眼的虹膜都被记录,也几乎不会有样本重
复或相似度极高的可能性。

图 11-18 虹膜识别

虹膜识别通过对虹膜图像之间的比对、匹配来确定身份,将虹膜采集设备采集到的虹膜
图案进行处理后,获得该虹膜的特征数据,再与相应的虹膜数据库中的虹膜数据进行搜索比
对,最后确定虹膜所有者的身份。

虹膜作为"光学指纹",应用在身份认证领域是非常可靠的,且虹膜识别与人脸识别一
样,不需要和设备产生物理接触。虹膜识别目前广泛应用于银行、监狱等部门,但是,由于虹
膜识别技术相关设备的成本高,要大面积推广该技术还存在一定的难度。

生物认证技术自问世来,就受到了国际社会的广泛关注,各国都投入了巨大的精力去研
究推广,也取得了不小的成效。在国内,2008年在北京举办的奥运会中便使用了由中国科学
院自动化研究所研发的人脸识别系统进行门票查验,总计约36万人通过该系统的检验后进入
到奥运会开闭幕式现场。生物认证技术是最方便、最安全的识别技术,有十分良好的发展前
景,随着社会对身份认证技术的要求越来越高,生物特征识别的重要性也将越来越突出。

11.4.2 生物认证特点

生物认证是通过用户自身的生物特征来进行身份认证,指纹、掌纹、步态、脸、虹膜、静
脉、DNA、视网膜等都是常见的人类所共有的生物特征。在生物特征中,生理特征是与生俱
来的,行为特征是后天的长期积累所形成的习惯,利用这些每个人都有却都不相同的生理与
行为特征来鉴别其所有者的身份,会让身份认证更加便利、准确、安全。无论是先天的生理
特征还是后天的行为特征,它们能够用于身份认证,都一定有使得识别的精度和速度能够满
足实际使用需求的优点。一般来说,生物特征具有唯一性、普遍性、稳定性、可采集性等特
点,如表 11-1 所示。

表 11-1 不同类型生物特征的性能比较

生物特征	唯一性	普遍性	稳定性	可采集性
人脸	低	高	中	高
指纹	高	中	高	中
虹膜	高	高	高	中
静脉	中	中	中	中
DNA	高	高	高	低

基于生物特征识别的身份认证技术有以下的特点。

（1）安全性高。

由于生物特征是人体所固有、不可复制的，所以说这一认证的密钥没有被遗忘、丢失、盗窃的风险，比起传统的身份认证方法，安全性有了很大的提升。

（2）准确率高。

生物认证所选用的生物特征在每个个体上都不相同，并且有许多细节，生物认证系统处理后得到的特征数据通常非常复杂，而生物认证技术是在采集样品特征数据与数据库中模板数据的相似度达到某一阈值后才会认证其是同一人的生物特征，所以特征数据越复杂，生物认证的准确率也就越高。

（3）成本低。

指纹识别、人脸识别等生物认证技术都已经进入了大范围应用的阶段，相关技术的研究也比较成熟，因此购买设备以及平时的维护费用一般在用户可接受的范围之内，而且，生物认证技术产品能使用的年限也较长，性价比很高。

（4）便捷性。

生物认证技术通过各计算机系统之间的配合来实现自动化运行，基本不需要人工的参与，而且识别的速度只需数秒，效率非常高。对用户来说，我们的生物特征是随身的，不需要再携带钥匙、证件，不需要再记忆密码，只要站在机器前，就可以认证自己的身份。

11.4.3　生物认证算法

典型的生物认证系统的框图如图 11-19 所示。

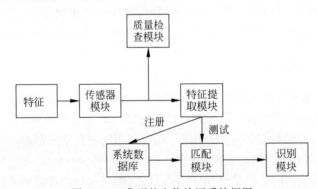

图 11-19　典型的生物认证系统框图

指纹认证是非常典型的生物认证方法，指纹匹配的主要方法可以分为三类：基于相关的匹配方法、基于细节的匹配方法和基于脊线特征的匹配方法。在基于相关的匹配方法中，重叠两幅指纹图像，计算对应像素之间的相关性以达到指纹匹配的目的；在基于细节的匹配方法中，从两幅指纹图像中提取细节集，然后在二维平面上进行比较以达到指纹匹配的目的；基于脊线特征的匹配方法是以包含方向信息的脊线几何为基础的。细节匹配一直是最常用的方法之一，可以产生非常好的匹配结果。

为了提高生物特征认证的准确度，可以把附加特征和细节相结合，还可以将多种生物特征相结合进行多模态识别，这都是生物认证未来的研究方向。

本 章 小 结

一旦互联网病毒或黑客攻击、入侵到融媒体平台中的媒体采编系统、报道指挥系统、安全出版系统、资源管理系统等，将很可能严重影响融媒体的正常运行。本章首先介绍了融媒体的安全播出需求，并梳理了相关的标准及政策，提出了融媒体安全播出机制；然后，对密码学的相关知识进行了总结，具体内容包括古典加密算法、对称和非对称加密算法；接着，基于不同媒体类型分别介绍了相应的数字水印技术，如图像数字水印、音频数字水印和视频数字水印；最后，介绍了近年来发展起来的生物认证技术，内容包括生物认证的概念和特点，并对主要的生物认证算法进行了简单介绍。

本 章 习 题

1. 调研并总结融媒体安全主要包括哪些方面的内容。

2. 简述融媒体安全播出体系框架的主要组成部分。

3. 简述古典加密算法的种类。

4. 如果明文为"China"，它的凯撒密码对应的密文是什么？

5. 如果明文为"welcome to CUC"，$k_1 = 9$，$k_2 = 7$，用仿射密码求密文，对应的密文是什么？

6. 简述对称加密算法的主要特点，并列举典型的对称加密算法。

7. 简述非对称密码算法和对称密码算法的区别。

8. 简述数字水印的概念及其主要用途。

9. 简述音频水印算法分为哪几种。

10. 简述生物认证技术的概念，并列举常见的生物认证技术。

第 12 章 人机交互技术

毫无疑问,计算机技术是当今人类最伟大的一项发明,它的功能已经由科学的计算手段快速地发展到了一种信息处理与信息交互的工具。人机交互技术对于计算机技术的发展有主导意义。以窗口操作系统和鼠标为主要设计标志的图形用户界面的出现,彻底改变了普通人与计算机交互命令行界面的模式,降低了非专业人员使用计算机的门槛,让计算机从实验室逐步走进了千家万户。随着触屏技术的改进与发展,手指触摸取代了图形化的用户界面中的手指或鼠标点击。智能手机的出现解决了个人计算机携带和使用不方便的痛点。人机交互的研究主要追求更少地依赖操控工具,发展和使用成本更小的自然交互技术。随着计算机技术和感知技术的进步,自然交互技术创新也层出不穷,并迅速应用于新型产品中。因此,人机交互技术是数字媒体技术中的一个重要领域。

12.1 人机交互概述

12.1.1 人机交互定义

人机交互(Human-Computer Interaction,HCI)是指人与计算机之间使用某种对话语言,以一定的交互方式,为完成确定任务的人与计算机之间的信息交换过程。美国计算机协会将人机交互定义为一门与计算机交互计算系统的设计、评估和实现相关的学科,并研究其周围的主要现象。人机交互的一个重要方面是用户满意度。因为人机交互研究的是人和机器之间的通信,所以它从机器和人两方面的支持性知识中获取信息。在机器方面,计算机图形、操作系统、编程语言和开发环境中的技术是相关的。在人的方面,传播理论、图形和工业设计学科、语言学、社会科学、认知心理学、社会心理学以及计算机用户满意度等人为因素都是相关的。

人类以多种方式与计算机进行交互,而两者之间的接口对于促进这种交互至关重要。桌面应用程序、互联网浏览器和掌上电脑等利用的是当今流行的图形用户界面(Graphical User Interface,GUI)。语音用户界面用于语音识别和合成系统,而新兴的多模式和图形用户界面允许人类以其他界面范例无法实现的方式参与具体的角色代理。人机交互领域的发展导致了交互质量的提高,并带来了许多新的研究领域。

人机界面可以描述为人类用户和计算机之间的通信点,图 12-1 为计算机显示器提供的机器和用户之间的可视交互界面。人机之间的信息流被定义为交互循环。交互循环包含以下几个方面。

(1) 基于视觉:基于视觉的人机交互可能是最广泛的人机交互研究领域。

(2) 基于音频:计算机和人之间基于音频的交互是 HCI 系统的另一个重要领域。该领域处理通过不同音频信号获取的信息。

图 12-1　计算机显示器提供的机器和用户之间的可视交互界面

（3）任务环境：为用户设定的条件和目标。

（4）机器环境：计算机的环境。例如，连接到大学生宿舍中的个人计算机。

（5）界面区域：非重叠区域涉及人和计算机的过程，而不是它们的交互。同时，重叠区域只关注它们相互作用的过程。

（6）输入：当用户有一些任务需要使用他们的计算机时，信息流开始处于任务环境。

（7）输出：源自机器环境的信息流。

（8）反馈：循环通过界面来评估、调节和确认过程，从人类通过界面传递到计算机并返回。

12.1.2　人机交互的研究内容

（1）人机交互界面表示模型与设计方法。

交互式界面质量的高低会直接关系软件开发工作的成败，而且开发出良好的人机交互界面就离不开良好的交互式模型和设计。因此，研究基于人机交互的用户界面表示和设计模式的技术，是人机交互的主要研究内容。

（2）可用性分析与评估。

可用性是整个人机交互系统的重要组成部分，它直接关系着如何使得人机交互，人机交互能否真正地达到使用者所希望的目标以及其实现该目标的工作效率和使用的方便性。人机交互系统中的可用性分析和评价研究主要包括了支持可用性的设计原理和可用性评估方法。

（3）多通道交互技术。

在多通道交互技术中，用户可以使用语音交互、手势交互、眼神交互、表情交互等自然的人机交互方式与计算机系统进行通信。通道界面的表示模型、多通道界面的评估方法、多通道信息融合是多通道交互的三大主要研究领域。其中的重点和难点是多通道信息整合。

（4）认知与智能用户界面。

让人机交互就像是人与人之间的交互那么方便和自然，这才是实现智能用户接口设计的最终意图。上下文感知、眼动跟踪、手势识别、三维输入、语音识别、表情识别、手写识别、自然语言理解等都是认知与智能用户界面需要解决的重要问题。

243

（5）群件。

群件是指帮助群组协同工作的计算机支持的协作环境，主要涉及个人或群组间的信息传递、群组中的信息共享、业务过程自动化与协调以及人和过程之间的交互活动等。目前与人机交互技术相关的研究主要包括群件系统的体系结构、计算机支持交流与共享的方式、交流中的决策支持工具、应用程序共享以及同步实现方法等内容。

（6）网页设计。

网页设计重点研究网页界面的信息交互模型和结构，网页界面设计的基本思想和原则，网页界面设计的工具和技术以及网页界面设计的可用性分析与评估方法等内容。

（7）移动界面设计。

移动计算及无处不在计算等对人机交互技术提出了更高的要求，面向移动应用的界面设计问题已经成为人机交互技术研究的一个重要应用领域。针对移动设备的便携性、位置不固定性和计算能力有限性以及无线网络的低带宽高延迟等诸多的限制，研究移动界面的设计方法，移动界面的可用性与评估原则，移动界面导航技术以及移动界面的实现技术和开发工具，是当前的人机交互技术的研究热点之一。

12.1.3 人机交互的发展

20世纪五六十年代，随着计算机的发明和大范围应用，人们开始思考如何减轻人在使用计算机时产生的疲劳感，并发表了第一篇关于人机交互的文章。从此人机交互这个领域进入了大众的视野。研究人机交互的目的是使人和计算机的沟通更直接、更自然、更舒适。从概念被提出到现在60多年里，人机交互大体上经历了命令行界面、图形用户界面、触摸交互界面、三维交互界面4个阶段。

（1）命令行界面。

如果你的计算机出现了图12-2中这样满屏英文字符的画面，你一定觉得是自己的计算机出现故障了。但是在20世纪六七十年代，人们开启计算机之后的界面就是这样的，这就是命令行界面，是人机交互的第一个阶段。

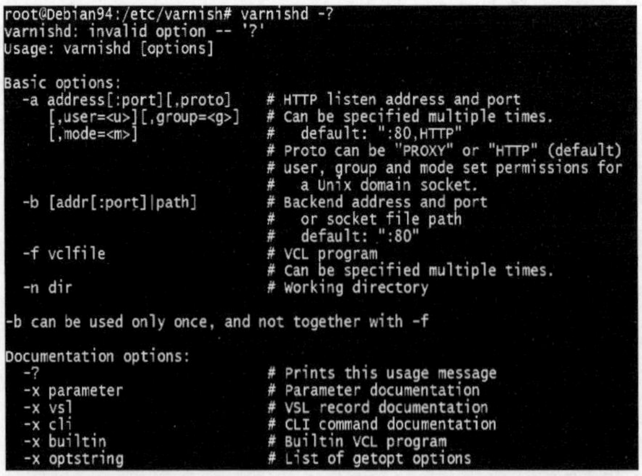

图 12-2　命令行界面

从打字机演变而来的键盘成为了这一阶段唯一的交互设备。交互方式是，用户从键盘输入执行操作的相应命令然后按 Enter 键，计算机接收到命令之后进行相应的计算处理，计算完成后再将处理的结果输出到显示器呈现给用户,实现一个交互过程。命令行界面有一个最大的缺点就是用户需要记忆各种各样的命令语句才能与计算机进行交互,即使语句中有个别字母打错,计算机也识别不出来,只能重新输入,而且不常用的命令用户往往还需要查阅资料或手册才能与计算机进行交互。计算机发明的初衷是为了减轻人类的负担,但是命令行这种交互方式不但增加了普通用户使用计算机辅助自己进行工作的门槛,还大大加重了用户记忆命令行的负担。随着时间的推移和技术的进步,命令行界面逐渐退出了计算机的舞台中央,图形用户界面逐渐进入大众视野。

但是命令行界面并没有完全消亡,在程序员写代码过程中,高级的程序员常常采用命令行界面的形式与计算机进行交互,因为键盘输入有着相对较高的准确率,熟练掌握命令行的用户可以达到非常高的交互效率。还有在服务器端,常采用命令行界面的形式,增加非专业技术人员误操作服务器的门槛,降低服务器设置变动造成损失的风险。

(2)图形用户界面。

为了改进命令行界面的交互困难的问题,人们提出了一种全新的交互方式,即图形用户界面,该界面将命令和数据转化为图形的方式呈现给用户,用户通过所见即所得、单击按钮即命令的方式,通过直接与显示的界面元素进行交互,从而实现与计算机的直接交互。

图形用户界面通常包括4类主要交互元素,它们分别是窗口、图标、菜单和指针。美国施乐公司发明了第一个带有图形用户界面的操作系统,它将系统资源比作工作的桌面,一个个系统应用变成了一个个桌面上的图标,用户只需拖动鼠标单击图形用户界面中的图标、菜单、按钮等各种显示元素即可完成与计算机的交互,如图 12-3 所示。

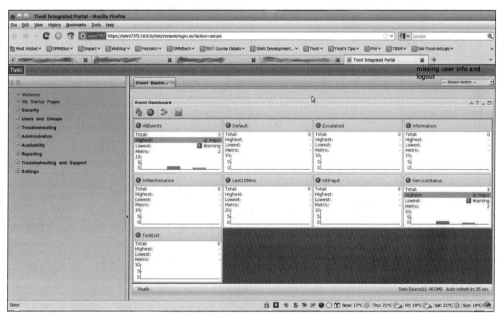

图 12-3　图形用户界面

广义上,图形用户界面泛指一切用图形表征程序命令和数据的界面系统。在狭义上,图形用户界面一般指个人计算机上的二维窗口图标菜单指针界面。此时用户与界面交互的设备一般是键盘和鼠标。图形用户界面的一大优势是摆脱了抽象的、难以记忆的命令行语句,

246

通过利用人们与真实的物理世界交互的经验来实现与计算机的交互,从而明显降低了用户学习和认知计算机的门槛。然而,由于图形用户界面的基本操作是用指针进行选择并单击需要进行交互的目标,因而其对用户指点操作的精度有着较高的要求。此外,由于鼠标设备所在的控制域与界面显现的显示域是分离的,因而用户需要对目标进行间接的交互操作,从而增加了交互的难度。

(3)触摸交互界面。

在触摸交互界面上,用户通过手指在屏幕上直接操作显示的交互内容,如图 12-4 所示。触摸交互界面一般包括页面、控件、图标和手势这 4 类主要的交互元素。用户通过触摸、长按、拖拽等方式直接操控手指接触的目标,或者通过绘制手势的方式触发交互指令。目前,触摸界面主要存在于智能手机和可穿戴设备(如智能手表)等设备上。

图 12-4　触摸交互界面

触摸交互界面的优势是将间接的交互操作转化为直接的交互操作,充分保留了人们用触觉感受物理世界物体的一贯经验,在保留一部分触觉反馈的同时,进一步降低了用户学习和认知的成本。然而触摸交互界面也有其自身的一些缺点,如由于手指本身柔软以及手指点击时对屏幕显示内容的遮挡,在触屏上点击往往难以精确地控制落点的位置,输入信号的粒度远远低于交互元素的响应粒度,这被称为"胖手指问题"。与此同时,由于触摸交互界面的形态仍然为二维界面,所以这限制了人们与一些三维交互元素的交互操作。

(4)三维交互界面。

三维交互界面的出现进一步提升了人机界面的自然性。在三维交互界面中,用户一般通过身体(如手部或身体关节)做出一些动作(如空中的指点行为,或者肢体的运动轨迹等),以与三维空间中的界面元素进行交互。计算机通过捕捉用户的动作并进行意图推理,以触发对应的交互功能,如图 12-5 所示。目前,三维交互界面主要存在于体感交互、虚拟现实、增强现实等交互场景中。三维交互界面的优势是进一步突破了二维交互界面的限制,将交互扩展到三维空间中。因此,用户可以按照与物理世界中相同的交互方式,与虚拟的三维物体进行交互,从而进一步提升交互自然度,降低学习成本。不过,三维交互的挑战在于由于完全缺乏触觉反馈,所以用户动作行为中的噪声相对较大,而且交互动作与身体的自然运动较难区分,因而输入信号的信噪比相对较低,较难进行交互意图的准确推理,限制了交互输入的准确度。此外,由于相对于图形用户界面和触摸交互界面,三维交互界面的动作交互幅度一般较大,所以交互的效率也较低,同时更容易让用户感到疲劳。

图 12-5 三维交互界面

不同交互方式的特征对比如表 12-1 所示。

表 12-1 各种人机交互界面的特征比较

交互界面	交互接口尺寸	触觉反馈	输入精度	交互效率	自然性
命令行界面	大	有	高	高	低
图形用户界面	大	有	中	中	中
触摸交互界面	小	部分	较低	较低	较高
三维交互界面	大	无	低	低	高

12.2 自然人机交互技术

12.2.1 自然人机交互技术的概念

人们对当前的人机交互方式并不满足,因为平常人与人之间的自然交互,主要不是通过手指点击来实现的,而是通过综合听觉、视觉、神态、表情、手势等来进行的。所以人们寄希望于下一代人机交互能像人与人之间交互那样自然,从而进一步降低人们的学习成本。20世纪 90 年代以来,人机交互进入了多模态的阶段,这被称为自然人机交互。

自然人机交互的主要功能如下。

(1)识别交互对象。知道在与谁交互,可以根据视觉、听觉、体态等信息获取的知识进行识别和判断。

(2)理解对话的内容,并做出响应。这主要由听觉通道获取知识,但由于语言本身是双模态的,由视觉通道获取唇动知识及表情知识对某些语言识别也是非常重要的。

(3)理解对方的手势和体势。这主要由视觉通道处理,同时对话的上下文对理解手势和体势也是有益的。

(4)理解对方的情感状态,以便更好地理解对方的对话内容、思想、意图。这主要通过对面部表情和语音语调的识别来判断。

(5) 能对说话人进行定位和跟踪,仿佛人与人进行交流,需要注视对方,看对方眼神。能够与多人对话,还会区分正在与计算机本身说话的人。

自然人机交互的特征主要有以下几方面。

(1) 交互方式上,输入输出都是多模态的,至少是听觉和视觉双模态。

(2) 交互内容上,不仅表达语义还表达情感。

(3) 交互界面上,采用智能代理界面,以完成人机交互的多模态交互,且界面应该是开放、协调、分布式和人性化的。

(4) 交互环境上,能营造逼真的 2D 或 3D 虚拟环境,使人机交互和人人交互类似,达到自然和谐的状态。

12.2.2 自然人机交互技术分类

自然人机交互主要分为语音交互、动作交互、眼动交互、多模态交互。

1. 语音交互

区别于以往的交互方式,语音交互在输入和输出方式上发生了质的变化,"听"和"说"成为人们与产品之间信息交互的主要方式。语音交互可以解放人们的双手和双眼,降低产品的使用门槛。但目前语音交互仍不够自然,会受诸多条件限制,例如,要在安静环境下、先唤醒然后发出指令、使用普通话交流等,这些并不符合人们日常对话的习惯。未来随着语音技术的不断完善,语音交互的自然度将进一步提升,并愈加趋向人类自然对话的体验。

目前语音交互多以"一问一答"的单轮对话为主,每次对话时人们都需要先唤醒智能体,并且智能体在对话过程中不能理解上下文的信息。随着语音交互技术的不断发展,智能体将根据上下文语境判断并推测用户下一步的语音指令,免去中间的唤醒环节,实现生成回应并控制对话节奏、自然流畅的多轮对话等功能。

目前合成语音的自然度基本满足人们的需求,但相比人类的语音,合成语音仍然比较冰冷和机械。随着合成语音自然度和表现力的提升,智能体输出声音的音调、语速、韵律、语气、断句将更加自然,接近真人水平,且言语的表达更加自然和口语化,让人感觉就像在与真人对话一样。

人类的听觉具有选择性,能够在众多声音中选择性地听取自己需要的或者感兴趣的声音。随着 AI 语音分离技术难题的攻克,智能体也将具备听觉选择能力,在多人对话场景下,也可以区别不同人的声音指令,并进行个性化的反馈,提升多人对话体验。

一方面,语音交互将支持多种方言,尽管智能体在普通话交互方面已取得较大进步,但面对方言时仍会遇到较大挑战;未来智能体通过收集大量的方言语料,训练优化语音模型,可以用多种方言与人类对话,与习惯说方言的群体交流互动。另一方面,语音交互将针对特定群体进行差异化设计,根据特定群体的语音特点及语言模式,设计个性化的语音交互模型,使智能体和不同群体的互动更友好。

2. 动作交互

目标获取是人机交互过程中最基本的交互任务,用户向计算机指明想要交互的目标,其他的交互命令均在此基础上完成。随着交互界面的发展,在很多自然交互界面(如远距离大屏幕、虚拟现实和增强现实设备等)上,传统的交互设备(如鼠标、键盘)无法继续用来完成目标获取任务。因此，在这些界面上，研究者探索使用动作交互完成目标获取任务的可能方式。主要的输入方式分为直接和间接两种。直接的动作选取要求用户通过接触目标位置的方式对其进行选取，例如，在增强现实应用中，用户通过以手部接触的方式完成虚拟物体的选取。间接的目标选取方式则需要用户通过身体部分的位置和姿态来控制和移动光标，再借助光标指示的目标位置进行选取。其中，一个被广泛应用的光标控制方法是光线投射法，用户通过控制一束虚拟光线来选取与之相交的目标。多种控制方式已被广泛研究，包括通过手指延伸方向、头部朝向方向和手眼连线等方式控制光线的起始位置和指向方向，进而控制光线指向想要选取的目标。在通过直接或者间接的指点方式指明要选取的目标后，目标选取技术还需要用户完成一个选取确认的过程。该过程用于避免用户无交互意识的动作被误识别为目标选取动作而引起误触发问题。因此，基于动作的目标选取方法一般需要用户做一个确认动作来完成选取过程。例如，想要在目前商用的增强现实头显设备（如微软HoloLens）完成一次目标选取，在用户移动光标指向目标后，还要完成一个空中手势作为确认。除确认动作外，相关技术也尝试使用光标暂留和基于光标轨迹的确认方式。光标暂留方式要求用户将光标移动到目标位置后维持在目标内部一段时间直到超过选取确认的时间阈值。基于光标轨迹的确认方法需要特殊设计目标的外形，同时要求额外的模式切换功能，用户切换到选取模式后控制光标穿过目标的边界将完成目标获取的确认过程。

在向计算机指明想要交互的目标对象基础上，用户需要进一步传达想要对交互目标完成的交互意图。动作输入技术可以支持这一交互意图传达过程，方法为将一系列交互动作映射到对应的交互指令上，当用户完成其中之一的交互动作时，计算机利用预设的映射关系解码交互动作，执行对应的交互指令。而如何实现从自然的动作到指令的映射关系则决定着输入技术和交互动作的可用性、可发现性等影响用户体验的因素。在以往的动作输入技术中，动作命令的映射关系由开发者或者设计师决定。这种基于经验的定义方法往往存在自然性和识别准确率难以衡量的矛盾。设计师会更加注重自然性，系统开发者更注重保证交互动作的识别效果。因此，这些动作输入技术面临着动作交互可发现性低和学习成本高的问题，这也是动作交互未能更加广泛被应用的重要原因。为了解决映射关系的自然性问题，研究者提出用户参与式的动作输入设计方法，让使用输入技术的用户本身参与到映射关系的确定过程中。该方法最早被应用于为可交互桌面设计交互动作完成界面控制的研究中，它首先向用户展示交互动作将会引发的交互效果，随后要求用户去定义该交互动作的具体形式，最后统计不同用户的定义结果，选取最高频率的交互动作对应到指定交互效果上。这样设计出的交互动作往往与用户的日常经验相关，因而有更高的可记忆性，也被用户所偏好。该研究方法被成功应用到移动设备交互、智能电视交互、虚拟现实和增强现实等应用领域中。

在计算机将交互动作解码为用户的交互意图之前，首先要对用户完成的交互动作进行感知和识别。计算机需要借助传感器将用户的交互动作转换为可以计算和分析的信号数据，随后对信号数据进行分割、特征提取和分类。常用的传感信号包括图像、声音和惯性传感器信号等。基于图像的用户身体姿态感知已被广泛应用于远距离大屏幕交互中。通过使用深度摄像头（如微软 Kinect 摄像头）作为传感设备，算法可以提取出用户当前的骨架信息，通过感知一段时间窗口内的骨架信息变化来识别用户的交互动作。基于声音信号的事件检测也已被深入研究。用户日常活动（如开门）和紧急事件的检测（如鸣枪、尖叫等）均可通过单个或者多个麦克风采集到的音频信号来识别和分类。将交互动作感知为连续的传感器信号后,计算机还要对信号进行分析和特征提取,以便进行最终的分类。常用的分类算法包括基于逻辑启发、基于数据模板和基于机器学习的分类方法。基于逻辑启发的分类方法是通过设定逻辑规则来识别不同交互动作,对比典型工作设定的动作幅度和方向的阈值,当用户的交互动作超出这些阈值时会被识别为对应的动作类别。基于数据模板的分类方法是通过采集不同类别交互动作的信号数据,比较用户当前的动作信号与模板数据的相似程度来判断该动作的类型。基于机器学习的分类方法是通过机器学习提取特征来表征交互动作,并构建不同模型分类器对交互动作进行分类。

3. 眼动交互

眼动交互利用眼动跟踪技术记录人的眼球运动数据及其对应的视觉注意行为,获取用户当前的视觉注意焦点等时空参数,对用户视觉感知和认知活动进行分析推理,进而为人机交互提供数据输入和控制输出。

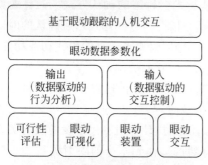

图 12-6　基于眼动跟踪的人机交互研究框架

为了开展基于眼动跟踪的人机交互研究,首先需要对眼动行为进行特征分析与参数化,常用的参数包括注视点数目、注视点持续时间、眼动长度及其衍生的其他各种度量参数。如图 12-6 所示,在此基础上利用各种参数实现基于数据驱动的行为分析和交互控制,前者主要包括针对用户界面的可用性评估、眼动数据可视化与可视分析;后者主要包括眼动跟踪算法及相应眼动仪等装置的研发以及具体的交互技术和应用。

近年来,随着人工智能技术的发展,眼动跟踪作为感知和理解用户的关键环节,更加引起相关领域学者的关注。人工智能技术可以提高眼动计算的精度和效率,深入理解人的感知和认知状态,构建"人在回路"的智能人机交互框架,实现用户主导的自动化系统、基于人机共生的 AI 系统。下面介绍几个主要的研究工作。

(1) 基于群智感知的眼动计算与分析。

基于群智感知的眼动计算与分析利用人的短时记忆特性建立注视点回忆和自我报告机制,通过众包技术在群智环境下实现用户注视点回忆任务的发布和大量数据的快速获取,进而基于大数据技术实现上下文感知的任务推荐和误差校正,有效提高注视点计算精度。在此基础上开展视觉显著性模型性能的高效优化以及视觉设计和用户界面的在线评估等应用,不仅可以保证和实际眼动装置相当的计算精度,还能显著提高效率、降低软硬件和人力成本。

(2) 基于大数据学习的眼动跟踪。

传统的眼动跟踪算法主要基于眼部图像特征建立与坐标空间的映射模型,但这种算法依赖人工经验进行显式特征提取,且对外部光照条件、用户头部运动等外在因素敏感,计算复杂度高、稳定性低。为此,研究人员提出基于外观模型的计算方法,通过搜集大量不同用户及外在因素下的眼部图片,利用卷积神经网络等机器学习算法自动提取隐式特征,并建立与外在坐标空间之间的映射模型,虽然计算精度还有待提高,但计算过程简单、计算效率高,易于在互联网、移动端等环境进行轻量级的部署,实现面向电子阅读、手机游戏、广告推送等方面的便捷智能交互应用。

（3）眼动数据与脑电数据融合的智能交互。

在交互任务执行过程中,眼动数据与脑电数据融合的智能交互记录由视觉注意行为引起的眼动和脑电数据,提取这些数据的特征并进行参数化。在此基础上,进行数据降噪处理和插补遗失数据,并挖掘视觉分布的模式和知识,生成高层的交互语义,以此对眼动和脑电数据进行时空同步处理和序列分析。通过训练人工神经网络,研究眼动和脑电数据与心理认知负荷之间的量化映射关系,进而依托隐式的自适应用户界面,降低用户认知负荷,提高交互效率,在网上课堂、汽车安全驾驶、医疗影像分析等方面提供智能辅助支撑,促进相关产业的创新实践。

4．多模态交互

这种不同形式的输入组合(例如,语音、手势、触摸、凝视等)被称为多模态交互模式,其目标是向用户提供与计算机进行交互的多种选择方式,以支持自然的用户选择。

相比于传统的单一界面,多模态界面可以被定义为多个输入模态的组合,这些组合可以分为 6 种基本类型。

（1）互补型：当两个或多个输入模态联合发布一个命令时,它们便会相得益彰。例如,为了实例化一个虚拟形象,用户做出指示手势,然后说话。语音和手势相得益彰,因为手势提供了在哪里放置对象的信息,而语音命令则提供了放置什么类型的对象信息。

（2）重复型：当两个或多个输入模态同时向某个应用程序发送信息时,它们的输入模态是冗余的。通过让每个模态发出相同的命令,多重的信息可以帮助解决识别错误的问题,并加强系统需要执行的操作。例如,用户发出一个语音命令来创建一个可视化工具,同时也做一个手势表示该工具的创建。当提供多于一个的输入流时,该系统便有更好的机会来识别用户的预期行为。

（3）等价型：当用户具有使用多个模态的选择时,两个或多个输入模态是等价的。例如,用户可以通过发出一个语音命令,或从一个虚拟的调色板中选择对象来创建一个虚拟对象。这两种模态呈现的是等效的交互,且最终的结果是相同的。用户也可以根据自己的偏好(他们只喜欢在虚拟调色板上使用语音输入)或规避(语音识别不够准确,因此他们改用调色板)来选择使用的方式。

（4）专业型：当某一个模态总是用于一个特定的任务时它就成了专业的模态,因为它是比较适合该任务的,或者说对于该任务来说它是当仁不让的。例如,用户希望在虚拟环境中创建和放置一个对象。对于这个特定的任务,做出一个指向的手势确定物体的位置是极具意义的,因为对于放置物体可能使用的语音命令范围太广,并且一个语音命令无法达到对象放置任务的特定性。

（5）并发型：当两个或多个以上的输入模态在同一时间发出不同的命令时,它们是并发的。例如,用户在虚拟环境用手势来导航,与此同时使用语音命令在该环境中询问关于对象的问题。并发型让用户可以发出命令并执行命令,其具体体现为在做晚餐的同时也可以打电话的真实世界的任务。

（6）转化型：当两个输入模态分别从对方获取到信息时它们就会将信息转化,并使用此信息来完成一个给定的任务。多模态交互转化的最佳例子之一是在一键通话界面里,语音模态从一个手势动作获得信息,告诉它应激活通话。

12.2.3　典型示例

（1）智能手机。

手机人机交互一直都是影响用机体验的重要因素,手机的交互方式也在不断进化。从最初的实体按键到屏幕触控,人机交互进行了全面升级。虽然屏幕触控仍旧是目前主流且重要的交互方式,但手机厂商仍旧在不断进行创新和尝试,给用户带来更优秀的使用体验。智能手机如图 12-7 所示。

图 12-7　智能手机

在功能机时代,用户与手机的交互基本都是通过实体按键。智能手机时代的到来,让人机交互思路有了非常大的改变,朝着触屏控制的方向发展,手机上剩下的实体按键变得越来越少。虚拟导航键的出现取代了实体导航键,它直接以画面的形式显示在屏幕上,可以实现与实体导航键同样的功能。这种导航键的设计不会占用机身的空间,使用起来也很方便,但会占用屏幕的显示空间。在手机上加入指纹识别、人脸识别等可以简化操作步骤,原本需要输入密码才能解锁,现在只需指纹按压识别就能直接实现解锁,这些变化都让日常使用变得更加方便。为了提升交互效率,许多手机还内置了智能语音助手,通过简单的语音指令便能代替以往复杂的操作,甚至还有很多厂商给手机加上了独立的 AI 语音按键,可以一键直达语音助手。虽然目前对于很多人来说智能语音交互只是个辅助的方式,但这也是一种非常重要的交互方式。相信未来语音交互将变得更好用,通过语音助手所能实现的功能也会更多。

（2）智能单兵终端。

现代战争正由机械化向信息化转变,数字化战场逐渐形成。单兵系统作为其中的关键因素,是把单兵作为整个作战系统的一个武器平台,从人—机—环境整体考虑,统筹规划与设计的一个完善集成的人机系统。士兵作为单兵系统的载体,其与计算机的智能结合是通过人机交互作用实现的,人机交互技术在该领域发挥着越来越重要的作用。

在资源信息理解和整合方面,单兵终端对各种输入设备提供的不同格式、不同意义的数据进行处理,通过采用图像处理技术对士兵的位置、手势等进行跟踪和识别,采用语音识别、自然语言理解技术对士兵的命令进行解释等。例如,在英国“未来一体化士兵技术”计划中的“电子个人武器”系统,这种电子控制模块化武器带有语音传感器和液晶显示器,传感器用于监视武器装弹和枪管温度,液晶显示器用于提示过热和低电警告,并提醒步兵武器里面还剩下多少弹药和可调射速。士兵对着语音传感器说的话可进入计算机菜单,菜单中有打开保险、开火等程序,代替了以往士兵扣动扳机的操作,可避免误伤。

在任务处理的智能化方面,单兵终端可以进行更复杂、更智能的处理工作,通过多维信息的高效分析计算,为士兵提供智能化决策辅助,提高作战任务处理能力。例如,美国为"陆地勇士"开发的"目标单兵武器系统"通过其火控系统实现了对目标的智能化处理。在使用榴弹发射器射击时,士兵首先利用激光测距仪/数字罗盘并结合全球定位系统,了解到观测物的方位、高度和距离,瞄准目标,然后采用弹道计算器确定弹道方案,并通过扳机护圈上的操作键选择战斗模式对目标参数进行修正。

(3)智能穿戴。

人机交互技术是可穿戴移动终端系统及相关应用的核心技术,也是近年来国内外的研究热点。可穿戴移动终端在军事、工业、医疗、航天航空等领域有着广泛的应用前景,近年来涌现了大量可穿戴移动终端的人机交互理论、技术、应用研究,为计算系统小型化、普适化、智能化起到了巨大的推动作用。

2001年法国学者Robles-De-La-Torre等在《自然》(Nature)上发表的论文,为可穿戴移动终端实现裸指触觉再现提供了重要的理论依据。近年来,美国、芬兰、日本等国家都验证了多媒体终端裸指触觉再现的可行性。截至2017年,触觉再现渲染方法研究主要集中在机械力触觉再现设备上,触觉交互界面的研究则刚刚起步。

头盔显示器从1966年问世以来,首先在军事上发挥着重要作用,如美国Honeywell公司的IHADSS头盔显示器。近几年,面向消费市场的民用头盔显示技术逐步发展起来,出现了很多商业化的产品,如2013年Oculus VR公司推出的Oculus Rift,具有高分辨率、大视场角、轻质量的特点。在透视显示方面,微软公司在2015年发布了HoloLens,具有良好的显示性能,可以准确地实时跟踪用户的头部运动,提供即时的交互体验。

近年来使用机器学习进行手势识别和分类成为了主流解决方案,如2014年微软研究院的Krupka等提出的判别式分类器,在深度图像和红外图像上实现了手势的快速准确分类。但是目前的算法大多仅面向室内的桌面型应用,同时训练速度较慢,尚未出现针对可穿戴增强现实应用的实时手势识别方法。

在自然语言识别方面,目前国际上也启动了多个研究项目,如美国IBM公司长期经营的"Watson"计算机系统项目,日本的"Todai"机器人项目,DARPA的"Big Mechanism"研究项目。

近年来,生理计算已逐渐引起学术界和产业界的共同关注。ACM SIGCHI年会在2010年和2011年分别举办了关于生理计算的研讨会。国际上许多著名的大学和研究机构,目前也逐步在开展生理计算方面的研究。生理信号的采集已逐渐从传统传感器采集向纳米织物采集过渡,即通过设计新型纳米材料,在长期舒适的穿戴中智能化地采集心电、肌电等生理信号。

(4)智能家居。

目前各类智能家居产品在生活中越来越多,而人们对智能家居人机交互便捷性、高效性的要求也越来越高,人机交互成为了科学研究的重中之重。

手机交互是目前最常见的智能家居交互方式。手机App相比传统的手动交互,实现了远程控制和定时开关,如苹果、海尔、嘟嘟 E 家等品牌的手机 App,不仅拥有这两种功能,还能设置情景模式,实现一键多控,非常便捷,此外,通过手机摄像功能还可以远程监控室内环境。

手机交互可能会存在一个问题,即用户没带手机,或者手机在包里不便拿出,这时就可以通过跨屏幕交互来解决。跨屏幕控制,即通过平板电脑、室内机、电视机、计算机、手表等设备进行控制,这些设备未必都能成为智能终端,尤其是手表,但它们至少能让用户及时了解各类情况,让用户不会错过关键信息。

目前智能家居的语音交互主要有两种形式:直接语音与间接语音。直接语音,即直接对设备说话,发出语音指令,代表产品有国外的亚马逊 Echo、谷歌 Home、国内的叮咚智能音箱与嘟嘟智能语音管家;间接语音,即通过一款中间设备和其他设备展开交互,代表产品为各类智能手机的语音助手。

手势交互,即智能家居设备通过感应用户体感,或通过摄像头识别手势来接收和实现用户发出的指令,如挥手关灯。这种交互方式有一定的局限性,不能广泛适用于整个家庭场景,但在某些方面,它甚至比语音交互更方便。

12.3 交 互 设 计

12.3.1 概念

交互设计定义了两个或多个互动的个体之间交流的内容和结构,使之互相配合,共同达成某种目的。交互设计努力去创造和建立的是人与产品及服务之间有意义的关系,以"在充满社会复杂性的物质世界中嵌入信息技术"为中心。交互系统设计的目标可以从"可用性"和"用户体验"两个层面上进行分析,关注以人为本的用户需求。

交互设计的思维方法建构于工业设计以用户为中心的方法,同时加以发展,更多地面向行为和过程,把产品看作一个事件,强调过程性思考的能力。流程图与状态转换图和故事板等成为重要设计表现手段,更重要的是掌握软件和硬件的原型实现的技巧方法和评估技术。

12.3.2 研究背景及研究内容

在用户使用网站、软件、消费产品和各种服务时,使用过程中的感觉就是一种交互体验。随着网络和新技术的发展,各种新产品和交互方式越来越多,人们也越来越重视对交互的体验。当大型计算机刚刚研制出来时,因为当初的使用者本身就是该行业的专家,没有人去关注使用者的感觉,反而一切都围绕机器的需要来组织。程序员通过打孔卡片来输入机器语言,输出的结果也是机器语言,那个时候同计算机交互的重心是机器本身。当计算机系统的用户越来越面向大众群体时,对交互体验和以人为主体的关注也越来越迫切了。

因此交互设计作为一门关注交互体验的新学科在 20 世纪 80 年代产生了,它由 IDEO 的一位创始人比尔·莫格里奇在 1984 年的一次设计会议上提出,莫格里奇一开始给它命名为"软面"(Soft Face),后来更名为"Interaction Design"——交互设计。

从用户角度来说,交互设计是一种让产品易用、有效且让人愉悦的技术,它致力于了解目标用户和他们的期望,了解用户在同产品交互时彼此的行为,了解"人"本身的心理和行为特点,同时,还包括了解各种有效的交互方式,并对它们进行增强和扩充。交互设计还涉及多个学科以及和多领域多背景人员的沟通。通过对产品的界面和行为进行交互设计,让产品和它的使用者之间建立一种有机关系,从而可以有效达到使用者的目标,这就是交互设计的目的。

交互设计的研究内容主要包括定义产品的行为和使用密切相关的产品形式;预测产品的使用如何影响产品与用户的关系以及用户对产品的理解;探索产品、人和物质、文化、历史之间的对话。

12.3.3 设计流程

(1) 用户调研。

通过用户调研的手段(介入观察、非介入观察、采访等),交互设计师调查了解用户及其相关使用的场景,以便对其有深刻的认识,主要包括用户使用时的心理模式和行为模式,从而为后继设计提供良好的基础,找出可能的契机点与方案的方向。

(2) 概念设计。

通过综合考虑用户调研的结果、技术可行性以及商业机会,交互设计师为设计的目标创建概念(目标可能是新的软件、产品、服务或者系统)。整个过程可能来回迭代进行多次,每个过程可能包含头脑风暴、交谈(无保留的交谈)、细化概念模型等活动。

(3) 创建用户模型。

基于用户调研得到的用户行为模式,设计师创建场景或者根据用户故事来描绘设计中产品将来可能的形态。通常,设计师会设计人物志作为创建场景的基础。

(4) 创建界面流程。

交互设计师通常采用线框图来描述设计对象的功能和行为。在线框图中,采用分页或者分屏的方式来描述系统的细节。界面流图主要用于描述系统的操作流程,如图 12-8 所示。

(5) 开发原型以及用户测试。

交互设计师通过设计原型来测试设计方案。原型大致可分为三类:功能测试原型、感官测试原型以及实现测试原型。总之,这些原型用于测试用户和设计系统之间交互的质量。原型可以是实物的,也可以是计算机模拟的;可以是高度仿真的,也可以是大致相似的。

12.3.4 谷歌眼镜介绍

谷歌眼镜是一款配有光学头戴式显示器的可穿戴式计算机,由谷歌公司于 2012 年发布,其目标是希望能制造出供给大众消费市场的普适计算设备,其外观如图 12-9 所示。谷歌眼镜以免手持、与智能手机类似的方式显示各种信息。穿戴者透过自然语言语音指令与互联网服务联系沟通。它的主要结构包括在眼镜前方悬置的一台摄像头和一个位于镜框右侧的宽条状的计算机处理器装置,配备的摄像头为 500 万像素,可拍摄 720p 视频。镜片上配备了一个头戴式微型显示屏,它可以将数据投射到用户右眼上方的小屏幕上。显示效果如同 2.4 米以外的 25 英寸高清屏幕。还有一条可横置于鼻梁上方的平行鼻托和鼻垫感应器,鼻托可调整,以适应不同脸型。在鼻托里植入了电容,它能够辨识眼镜是否被佩戴。谷歌眼镜是根据环境声音在屏幕上显示的距离和方向,在两块目镜上分别显示地图和导航信息技术的产品。

谷歌公司提供 4 种处方镜片用镜框款式选择,也与拥有 Ray-Ban、Oakley 等品牌的眼

图 12-8　界面流图

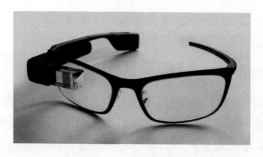

图 12-9　谷歌眼镜

镜商 Luxottica 合作,推出其他的镜框设计款式。谷歌公司于 2014 年 4 月 15 日于美国限时贩售谷歌眼镜,售价为 1500 美元。2014 年 5 月 13 日,谷歌公司宣布在美国市场公开发售谷歌眼镜。谷歌眼镜是由谷歌公司的 X 团队开发的,该团队专门负责研究自动驾驶汽车等先进科技,目前谷歌眼镜已有协助自闭症儿童学习社交技巧的案例。

2022 年 5 月,在首次发布智能眼镜 10 年后,谷歌公司再次发布了一款智能眼镜。该款眼镜利用 AR 技术在镜片上投射出文字,使用者戴着它与人面对面交流时,即使听不懂对方所说的语言,也能通过翻译出来的文字理解对方所说的话。由于带有摄像头功能的智能眼镜可能引起隐私等方面的担忧,目前谷歌公司尚未公布该款眼镜是否配置摄像头。

谷歌眼镜就像是可佩戴式智能手机,让用户可以通过语音指令拍摄照片、发送信息以及实施其他功能。如果用户对着谷歌眼镜的麦克风说"OK,Glass",一个菜单即在用户右眼上方的屏幕上出现,显示多个图标如拍照片、录像、使用谷歌地图或打电话。这款设备在多个方面的性能异常突出,用它可以轻松拍摄照片或视频,省去了从裤兜里掏出智能手机的麻烦。当信息出现在眼镜前方时,虽然让人有些分不清方向,但丝毫没有不适感。

12.3.5 网络电视

网络电视基于宽带高速 IP 网,以网络视频资源为主体,将电视机、个人计算机及手持设备作为显示终端,通过机顶盒或计算机接入宽带网络,实现数字电视、时移电视、互动电视等服务,如图 12-10 所示。网络电视的出现给人们带来了一种全新的电视观看方法,它改变了以往被动的电视观看模式,实现了电视以网络为基础按需观看、随看随停的便捷方式。

图 12-10　网络电视

网络电视包括 IPTV、互联网电视,它利用互联网整合多种内容资源对电视节目进行直播或点播。它是近些年较流行的视频节目传输形态,依靠宽带网络等相关技术并使用交互式的形式,向用户提供各类视频节目,同时还提供相关的增值业务。客户端通过专业设备或安装相应的视频播放软件收看电视节目,同时向客户端提供数字电视等多种内容的交互式网络电视的传输服务。

互联网电视是经国家广播电视总局审核批准的厂商所搭建的一个集成性平台,然后利用电视端通过公共互联网连接这个平台,互联网电视不能提供电视频道的直播服务,如乐视电视、小米盒子及其他智能电视,但互联网电视能够实现电视节目内容的点播,且电视节目资源较传统有线电视节目更为丰富。

IPTV 利用宽带有线电视网的基础设施,以用户家中的电视机作为主要设备,由国家广播电视总局提供内容,通过和电信运营商合作提供渠道,使用电信专线连接,不与公共互联网互相连接。用户业务一般通过电信运营商办理,例如,联通开展的 IPTV 业务等。

网络电视具有以下主要特点。

(1) 无局限性。

受众可以在不同的地点、不同的时间、不同的环境,不受限制地收看电视节目,在最短时间内找到感兴趣的节目进行观看,不用再担心传统电视固定的播出时间及节目内容的限制,可以随看随停,任意切换。

（2）智能化及分享。

网络电视的智能化体现在用户可以通过节目表预览各台播出的节目内容，不用再依靠调台翻找。同时，网络电视可以将手机上的照片传送到电视，与家人一起分享美好瞬间，也可以将自己喜欢的电视节目分享给家人及朋友观看。

（3）节目内容多样化。

网络电视不仅可以使用户观看电影、新闻节目等，还可以同时将用户喜欢的电视节目录制下来，进行回放观看。

本 章 小 结

以网络视频为代表的互联网新兴媒体得到了快速发展，在融媒体中运用交互式设计能够给其使用带来更大的优势。本章首先介绍了人机交互的基本知识，包括人机交互的定义、研究内容以及发展情况；接着，介绍了自然人机交互技术的相关知识，通过对自然人机交互技术进行分类和典型示例分析加深对它的了解；最后，重点介绍了交互设计的相关知识，在介绍基本概念和相关背景的基础上，展示交互设计的主要流程，并通过谷歌眼镜和网络电视两个案例加深读者对交互技术的理解。

本 章 习 题

1. 简述人机交互的概念。
2. 简述人机交互技术的发展历史和现状。
3. 简述人机交互的主要研究内容有哪些。
4. 人机交互的发展主要经历了哪几个阶段？
5. 简述自然人机交互的概念及其特征。
6. 自然人机交互主要分为哪几种？
7. 简述多模态交互的概念。
8. 简述人机界面的概念。
9. 简述不同类型人机交互界面的特征差异。
10. 简述交互设计的主要流程。
11. 调研谷歌眼镜的主要交互功能。
12. 从人机交互的角度简述网络电视的特点。

参 考 文 献

[1] 温怀疆,何光威,史惠.融媒体技术[M].北京:清华大学出版社,2016.

[2] 刘晔,徐创义.基于虚拟机技术的融媒体共享平台构建[J].有线电视技术,2015,000(009):18-20.

[3] 童清艳.智媒时代我国媒体融合创新发展研究[J].人民论坛·学术前沿,2019(03):60-65.

[4] 中国网信网.第 47 次《中国互联网络发展状况统计报告》[EB/OL].(2021-02-03)[2021-10-17]. http://www.cac.gov.cn/2021/02/03/c_1613923423079314.htm.

[5] 人民网.传媒蓝皮书:短视频用户数量进一步增长,中老年群体渐成重度用户[EB/OL].(2021-08-24)[2021-10-17].http://ent.people.com.cn/n1/2021/0824/c1012-32205738.html.

[6] 北京日报客户端.2019 年中国传媒产业总规模达 2.26 万亿[EB/OL].(2021-08-28)[2021-10-17]. https://baijiahao.baidu.com/s?id=1676241873069218571&wfr=spider&for=pc.

[7] 广电网.5G 新媒体平台"央视频"下载量 2.7 亿次,日活用户超千万[EB/OL].(2021-06-04)[2021-10-17].http://www.dvbcn.com/p/123742.html.

[8] 李海军.5G 时代媒体融合发展对策研究[J].中国广播电视学刊,2019(05):49-52.

[9] 沈浩,袁璐.人工智能:重塑媒体融合新生态[J].现代传播(中国传媒大学学报),2018,40(07):8-11.

[10] Sparviero S,Peil C and Balbi G. Media convergence and deconvergence[M]. London:Palgrave Macmillan,2017.

[11] Fadilla Q Y,Sukmono F G. Transformation of print media in the digital era:media convergence of Kedaulatan Rakyat[J]. International Journal of Communication and Society,2021,3(1):27-38.

[12] 冈萨雷斯,伍兹.数字图像处理[M].英文版.北京:电子工业出版社,2010.

[13] 张征.视频图像处理的四大技术和两种方法[J].中国公共安全,2017(08):113-115.

[14] 丁刚毅,王崇文,罗霄,等.数字媒体技术[M].北京:北京理工大学出版社,2015.

[15] 江华俊.视频图像运动特征的分析与提取[D].长春:吉林大学,2004.

[16] 金红,周源华.基于内容检索的视频处理技术[J].中国图像图形学报,2000,5(4):276-283.

[17] 彭宇新,Ngo Chong-Wah,郭宗明,等.基于内容的视频检索关键技术[J].计算机工程,2004,30(001):14-16.

[18] 新华网.北京实现国内自动驾驶管理政策创新突破 无人配送车获准"持证上路"[EB/OL].(2021-05-26)[2021-10-17].http://www.bj.xinhuanet.com/2021/05/26/c_1127491642.htm.

[19] 人民网.无人车助力抗疫[EB/OL].(2021-06-09)[2021-10-17].http://health.people.com.cn/n1/2021/0609/c14739-32126108.html.

[20] Fine T. The dawn of commercial digital recording[J].ARSC Journal,2015,46(2):289-293.

[21] 管恩京.数字音频技术[M].北京:清华大学出版社,2017.

[22] GB/T 3238—1982.声学量的级及其基准值[S/OL].[2022-12-30].http://scjgj.yangzhou.gov.cn/bzpt/BzInfoDetail/54c4cac2-18ef-4251-b322-7e5ea26a344d.

[23] 朱丽,郭从良.心理声学模型在数字音频中的应用[J].电声技术,2002(08):11-14.

[24] 要强.基于心理声学模型的 AVS 音频水印法研究[D].天津:天津大学,2009.

[25] Painter T,Spanias A. Perceptual coding of digital audio[J]. Proceedings of the IEEE,2000,88(4):451-515.

[26] Fastl H,Zwicker E. Psychoacoustics[M]. Berlin,Heidelberg:Springer,2007:23-60.

[27] 张建荣.一种基于哈斯效应的立体声混音技法探析[J].电声技术,2015,39(01):80-82+90.

[28] 许志强,李庚欣,王云丽,等.一种数字语音通信噪音消除和语音恢复方法设计及实现[J].通信技

术,2020,53(08):1888-1891.

[29] 朱霜霜.面向数字语音通信的音质增强算法研究[D].南京:东南大学,2019.

[30] Davis K H,Biddulph R,Balashek S. Automatic recognition of spoken digits[J]. The Journal of the Acoustical Society of America,1952,24(6):637-642.

[31] 吕坤儒.融合语言模型的端到端语音识别算法研究[D].长春:吉林大学,2020.

[32] 唐文凯.基于云服务的智能语音技术在智能家居中的应用[D].南京:南京邮电大学,2020.

[33] 新华网.未来十年,科大讯飞多语种智能语音语言技术系统布局及进展[EB/OL].(2021-06-07)[2021-10-17]. http://www.zj.xinhuanet.com/2021-06/07/c_1127537792.htm.

[34] 人民网."她"来了! 全球首位 3D 版 AI 合成主播精彩亮相[EB/OL].(2020-05-21)[2021-10-17]. http://media.people.com.cn/n1/2020/0521/c40606-31717010.html.

[35] 吴朝晖,杨莹春.说话人识别模型与方法[M].北京:清华大学出版社,2009.

[36] 胡霞.基于匹配追踪的语音编码算法研究[D].武汉:武汉大学,2017.

[37] 刘勇.二值图像压缩编码算法的若干研究[D].济南:山东大学,2009.

[38] 王秋月.视频编码的帧间预测及率失真优化技术研究[D].成都:电子科技大学,2020.

[39] 蒋三新.混合音频信号的压缩与重建方法研究[D].上海:上海交通大学,2015.

[40] 李永军.图像与视频低复杂度压缩算法研究[D].西安:西安电子科技大学,2017.

[41] 孟宪伟,晏磊.图像压缩编码方法综述[J].影像技术,2007(01):6-8.

[42] Sikora T. MPEG digital video-coding standards[J]. IEEE signal processing magazine,1997,14(5):82-100.

[43] Davidson G A,Isnardi M A,Fielder L D,et al. ATSC video and audio coding[J]. Proceedings of the IEEE,2006,94(1):60-76.

[44] Brookshear G J,Brylow D. Computer Science:An Overview[M]. 12th Edition.北京:人民邮电出版社,2017.

[45] 徐文鹏.计算机图形学基础[M].OpenGL 版.北京:清华大学出版社,2014.

[46] 郭启全.计算机图形学教程[M].北京:机械工业出版社,2003.

[47] 金小刚,鲍虎军.计算机动画技术综述[J].软件学报,1997,008(004):241-251.

[48] 赵沁平.虚拟现实综述[J].中国科学:信息科学,2009,39(001):2.

[49] 石教英.虚拟现实基础及实用算法[M].北京:科学出版社,2002.

[50] 邹湘军,孙健,何汉武,等.虚拟现实技术的演变发展与展望[J].系统仿真学报,2004,016(009):1905-1909.

[51] 徐素宁,韦中亚,杨景春.虚拟现实技术在虚拟旅游中的应用[J].地理学与国土研究,2001,17(003):92-96.

[52] 巩树伟,刘爱峰,郎爽,等.虚拟现实技术对慢性疼痛治疗的应用进展[J].中国疼痛医学杂志,2020,26(06):44-48.

[53] 顾君忠.VR,AR 和 MR——挑战与机遇[J].计算机应用与软件,2018(3):1-7.

[54] 王丽丽,陈金鹰,冯光男.VR/AR 技术的机遇与挑战[J].通信与信息技术,2016,000(006):64-65.

[55] Shah M,Mehta P,Katre N. A review of new Technologies:AR,VR,MR[J]. International Journal of Computer Applications,2017,171(7):40-44.

[56] 曹鹃.基于轻量级 J2EE 的网络游戏虚拟物品交易系统的设计与实现[D].北京:北京邮电大学,2007.

[57] 韩红雷,柳有权.游戏引擎原理及应用[M].北京:高等教育出版社,2012.

[58] 张金钊,张金锐,张金镝.互联网 3D 动画游戏开发设计[M].北京:清华大学出版社,2014.

[59] 刘贤梅,刘俊,贾迪.Unity 引擎下多人在线网络游戏的设计与开发[J].计算机系统应用,2020,029(005):103-109.

[60] 刘祎玮,张引,叶修梓.3D 游戏引擎渲染内核架构及其技术[J].计算机应用研究,2006,23(008):45-48.

[61] 江峰.3D 游戏引擎研究与实现[D].杭州：浙江大学,2005.

[62] Gregory J,叶劲峰.游戏引擎架构[M].北京：电子工业出版社,2014.

[63] Solari S J.数字技术：数字视频和音频压缩[M].陈河南,等译.北京：电子工业出版社,2000.

[64] 胡瑞敏,艾浩军,张勇.数字音频压缩技术和 AVS 音频标准的研究[J].电视技术,2005,000(007)：21-23.

[65] 张旭东,卢国栋,冯键.图像编码基础和小波压缩技术：原理,算法和标准[M].北京：清华大学出版社,2004.

[66] 刘峰.视频图像编码技术及国际标准[M].北京：北京邮电大学出版社,2005.

[67] 姚庆栋.图像编码基础[M].北京：清华大学出版社,2006.

[68] 余兆明.图像编码标准 H.264 技术[M].北京：人民邮电出版社,2006.

[69] 张春田,苏育挺,张静.数字图像压缩编码[M].北京：清华大学出版社,2006.

[70] 毕厚杰,王健.新一代视频压缩编码标准：H.264/AVC[M].北京：人民邮电出版社,2009.

[71] 霍丽峰,桂志国.数字视频压缩标准 MPEG4 的研究[J].中北大学学报(自然科学版),2007,28(S1)：131-134.

[72] Iain E,Richardson G.H.264 和 MPEG-4 视频压缩[M].长沙：国防科技大学出版社,2004.

[73] 方健.新一代视频压缩标准算法和应用研究[D].杭州：浙江大学,2008.

[74] 冯镔,肖非,朱光喜,等.一种基于 H.264/AVC 的压缩域运动对象分割方法[J].中国图象图形学报,2009,14(07)：1327-1333.

[75] 王国胤,刘群,于洪,等.大数据挖掘及应用[M].北京：清华大学出版社,2017.

[76] 周苏,王文.大数据可视化[M].北京：清华大学出版社,2016.

[77] Han J W,Kamber M,Pei J,等.数据挖掘概念与技术[M].北京：机械工业出版社,2012.

[78] 刘红岩,陈剑,陈国青.数据挖掘中的数据分类算法综述[J].清华大学学报(自然科学版),2002,42(006)：727-730.

[79] 王光宏,蒋平.数据挖掘综述[J].同济大学学报(自然科学版),2004(02)：112-118.

[80] Oussous A,Benjelloun F Z,Lahcen A A,et al.Big data technologies：A survey[J].Journal of King Saud University-Computer and Information Sciences,2018,30(4)：431-448.

[81] Zhu L,Yu F R,Wang Y,et al.Big data analytics in intelligent transportation systems：A survey[J].IEEE Transactions on Intelligent Transportation Systems,2018,20(1)：383-398.

[82] Allam Z,Dhunny Z A.On big data,artificial intelligence and smart cities[J].Cities,2019,89：80-91.

[83] 周苏,等.大数据技术与应用[M].北京：机械工业出版社,2016.

[84] Spence R.Information visualization[M].New York：Addison-Wesley,2001.

[85] Matthew W,Georges G,Daniel K.Interactive data visualization：Foundations,techniques,and applications[M].A K Peters Press,2010.

[86] Mazza R.Introduction to information visualization[M].Berlin：Springer Science & Business Media,2009.

[87] Ware C.Information visualization：perception for design[M].San Francisco：CA,Morgan Kaufmann,2019.

[88] Chen C.Information visualization[J].Wiley Interdisciplinary Reviews：Computational Statistics,2010,2(4)：387-403.

[89] 谢剑斌,刘通,闫玮,等.视觉大数据基础与应用[M].北京：清华大学出版社,2015.

[90] 刘芳.信息可视化技术及应用研究[D].杭州：浙江大学,2013.

[91] 陈为,沈则潜,陶煜波.数据可视化[M].北京：电子工业出版社,2019.

[92] 王晴.数据中心存储技术研究综述[J].信息与电脑(理论版),2019(04)：190-191.

[93] Hunt J D,et al.Buoyancy energy storage technology：An energy storage solution for islands,coastal regions,offshore wind power and hydrogen compression[J].Journal of Energy Storage,2021,40.

[94] 穆志纯.浅谈分布式存储系统架构设计[J].电子世界,2020(22):146-147.

[95] 韦柳融.数据中心未来将向"四高"演进[J].通信世界,2021(12):26-28.

[96] 李磊.多媒体数据库技术综述[J].中国科技信息,2011(17):87.

[97] 赵勇刚.基于云计算的融媒体行业应用研究[J].品位经典,2020(04):41-44.

[98] 孙宗军,张国圆.基于云计算的融媒体建设探讨[J].广播电视信息,2020,338(06):21-23.

[99] 齐彦丽,周一青,刘玲,等.融合移动边缘计算的未来5G移动通信网络[J].计算机研究与发展,2018,55(3):478-486.

[100] 吕华章,陈丹,范斌,等.边缘计算标准化进展与案例分析[J].计算机研究与发展,2018,55(03):43-67.

[101] 项弘禹,肖扬文,张贤,等.5G边缘计算和网络切片技术[J].电信科学,2017,33(06):54-63.

[102] Qubeb Shaik,Mohammed Penukonda,Ilango Paramasivam. Design and analysis of behaviour based DDoS detection algorithm for data centres in cloud[J]. Evolutionary Intelligence,2021,14(2):395-404.

[103] 古忠光.基于有线电视网络的数字电视传输技术探讨分析[J].中国新通信,2020,22(14):64.

[104] 何连奎.卫星广播电视技术综述[J].信息通信,2013(07):274.

[105] 金辉.5G移动通信网络关键技术综述[J].通讯世界,2019,26(06):109-110.

[106] 钟磊.超高清视频新闻:5G应用背景下媒体融合的趋势——以《人民日报》、中央电视台、新华社为例的实证研究[J].新闻界,2021(05):33-39+67.

[107] 赵贵华.中央广播电视总台8K超高清电视制播技术及春晚应用[J].演艺科技,2021(03):18-22.

[108] Noella Richman,et al. A novel wellness intervention:A virtual hangout from coast to coast using video conferencing platforms to increase physician wellness during the COVID-19 pandemic[J]. AEM Education and Training,2021,5(3):e10579-e10579.

[109] 李多.三网融合下传统电视台的困境和发展对策[J].西部广播电视,2020(14):51-52+55.

[110] 袁超伟,张金波,姚建波.三网融合的现状与发展[J].北京邮电大学学报,2010,33(006):1-8.

[111] 郝文江,武捷.三网融合中的安全风险及防范技术研究[J].信息网络安全,2012(01):5-9+13.

[112] 韦乐平.三网融合的发展与挑战[J].现代电信科技,2010,40(z1):1-5.

[113] 马晓瑛.浅议融媒体制播技术安全体系的设计要点[J].信息通信,2017,09(177):279-280.

[114] 贾宝刚.媒体融合趋势下的安全播出保障能力提升探索[J].广播电视信息,2021,28(04):12-15.

[115] 谷利泽,郑世慧,杨义先.现代密码学教程[M].北京:北京邮电大学出版社,2015.

[116] 杨波.现代密码学[M].北京:清华大学出版社,2017.

[117] 全必胜,李斌.基于声卡和MATLAB的数据采集与分析系统[J].计算机仿真,2003(08):148-150.

[118] 陈明奇,钮心忻,杨义先.数字水印的研究进展和应用[J].通信学报,2001,22(5):71-79.

[119] 曾贝塞,佩蒂科勒斯.信息隐藏技术:隐写术与数字水印[M].北京:人民邮电出版社,2001.

[120] 王颖,肖俊,王蕴红.数字水印原理与技术[M].北京:科学出版社,2007.

[121] 钟桦,张小华,焦李成.数字水印与图像认证[M].西安:西安电子科技大学出版社,2006.

[122] 尹浩,林闯,邱锋,等.数字水印技术综述[J].计算机研究与发展,2005,42(007):1093-1099.

[123] 龚翔,李曾妍,陈刚.数字水印技术及应用[J].计算机与信息技术,2010(10):91-93.

[124] 李春花,卢正鼎.一种基于支持向量机的图像数字水印算法[J].中国图象图形学报,2006(09):1322-1326.

[125] 王向阳,孟岚,杨红颖.一种基于多尺度特征的彩色图像数字水印算法[J].中国科学,2009,39(009):966.

[126] 黄晓峰.音频水印技术在播控系统的设计与应用[J].广播电视网络,2020,27(11):107-109.

[127] 朱仲杰,蒋刚毅,郁梅,等.MPEG-2压缩域的视频数字水印新算法[J].电子学报,2004,32(1):21-24.

[128] 刘连山,李人厚,高琦.视频数字水印技术综述[J].计算机辅助设计与图形学学报,2005(03):379-386.

[129] 胡德明,杨杰,王明照.基于DCT的视频数字水印技术研究[J].武汉理工大学学报(交通科学与工程版),2004,28(4):600-603.

[130] 刘少峰.视频数字水印的研究与应用[D].北京:北京邮电大学,2007.

[131] Chhaya S,Gosavi C S,Warnekar. Study of multimedia watermarking techniques[J]. International Journal of Computer Science and Information Security,2010,8(5).

[132] Zhao Feng. Biometric identification technology and development trend of physiological characteristics[J]. Journal of Physics:Conference Series,2018,1060(1).

[133] 田捷,杨鑫.生物特征识别理论与应用[M].北京:清华大学出版社,2009.

[134] 杨俊,景疆.浅谈生物认证技术——指纹识别[J].计算机时代,2004(03):3-4.

[135] 陈梓毅.基于掌纹和手背静脉的多模态生物认证系统的设计与实现[D].广州:华南理工大学,2011.

[136] 李彦明.多通道生物认证关键技术的研究[D].兰州:兰州理工大学,2014.

[137] 董建明,傅利民,沙尔文迪.人机交互:以用户为中心的设计和评估[M].北京:清华大学出版社,2010.

[138] 傅耀威,孟宪佳,王涌天.可穿戴移动终端的多感官人机交互技术发展现状与趋势[J].科技中国,2017(07):12-15.

[139] Preece J,Rogers Y,Sharp H.交互设计:超越人机交互[M].刘晓晖,等译.北京:电子工业出版社,2003.

[140] 孟祥旭,李学庆.人机交互技术:原理与应用[M].北京:清华大学出版社,2004.

[141] 陈一民,张云华.基于手势识别的机器人人机交互技术研究[J].机器人,2009(04):351-356.

[142] 薛雨丽,毛峡,郭叶,吕善伟.人机交互中的人脸表情识别研究进展[J].中国图象图形学报,2009,14(05):764-772.

[143] 朱诗生,张惠珍.人机交互软件界面设计[J].信息技术,2009(05):43-46.

[144] 肖志勇,秦华标.基于视线跟踪和手势识别的人机交互[J].计算机工程,2009,35(15):198-200.

[145] 杨弃.基于机器视觉与脑电的人机交互信息物理系统研究[D].北京:北京信息科技大学,2019.

[146] 王宏安,戴国忠.自然人机交互技术[J].中国图象图形学报,2010,15(7):2.

[147] 田丰,喻纯.自然人机交互新进展专题前言[J].软件学报,2019(10):2925-2926.

[148] 马风力.基于Kinect的自然人机交互系统的设计与实现[D].杭州:浙江大学,2016.

[149] 黄超.自然人机交互相关技术研究与系统实现[D].上海:上海交通大学,2010.

[150] 库帕等.交互设计之路:让高科技产品回归人性[M].北京:电子工业出版社,2006.

[151] 李四达.交互设计概论[M].北京:清华大学出版社,2009.

[152] Saffer D.交互设计指南(原书第2版)[M].陈军亮,等译.北京:机械工业出版社,2010.

附 录 A　缩略词

◀◀◀▶

2D：2 Dimensional，二维

3D：3 Dimensional，三维

3DoF：3 Degrees of Freedom，三自由度

5G：5th Generation Mobile Communication Technology，第五代移动通信技术

6DoF：6 Degrees of Freedom，六自由度

A/D：Analog to Digital，模拟数字转换

AAC：Advanced Audio Coding，高级音频编码

ACM：Association for Computing Machinery，美国计算机协会

AES：Advanced Encryption Standard，先进加密标准

AI：Artificial Intelligence，人工智能

AIFF：Audio Interchange File Format，音频交换文件格式

AP：Average Precision，平均正确率

API：Application Programming Interface，应用程序接口

App：Application，应用程序

AR：Augmented Reality，增强现实

ASCII：American Standard Code for Information Interchange，美国信息交换标准码

AVS：Audio Video Standard，数字音视频编解码技术标准

BMP：Bitmap，位图

bps：bit per second，比特每秒

CAD：Computer-Aided Design，计算机辅助设计

CATV：Community Antenna Television，有线电视

CCD：Charge Coupled Device，电荷耦合器件

CCITT：International Telephone and Telegraph Consultative Committee，国际电报电话咨询委员会

CD：Compact Disc，光盘

CG：Computer Graphics，计算机图形学

CGI：Computer-Generated Imagery，计算机生成图像

CIE：Commission Internationale de lEclairage，国际照明委员会

CNN：Convolutional Neural Network，卷积神经网络

CPL：Cyberathelete Professional League，电子职业联赛

CPU：Central Processing Unit，中央处理器

CRT：Cathode Ray Tube，阴极射线管

CT：Computed Tomography，计算机断层扫描

CTU：Coding Tree Unit，编码树单元

D/A：Digital to Analog，数字模拟转换

DASH：Digital Audio Stationary Head，数字音频固定磁头

DAT：Digital Audio Tape，数字录音带

DBMS：Data Base Management System，数据库管理系统

DBN：Deep Belief Network，深度信念网络

DCT：Discrete Cosine Transformation，离散余弦转换

DES：Data Encryption Standard，数据加密标准

DNN：Deep Neural Networks，深度神经网络

DPCM：Differential Pulse Code Modulation，差分脉冲编码调制

DPM：Deformable Parts Model，可变形零件模型

DRAM：Dynamic Random Access Memory，动态随机存取存储器

DRM：Data Rights Management，数字版权管理

DSIS：Double Stimulus Impairment Scale，双刺激减损量表

DSTS：Dismounted Solider Training System，美国陆军步兵训练系统

DVB：Digital Video Broadcasting，数字视频广播

DVD：Digital Video Disk，数字化视频光盘

EDSAC：Electronic Delay Storage Automatic Computer，电子延时存储自动计算机

EDTV：Extended Definition Television，扩展清晰度电视

ESWC：Electronic Sports World Cup，电子竞技世界杯

ETL：Extract Transform and Load，提取转换加载

FCN：Fully Convolutional Network，全卷积网络

FFT：Fast Fourier Transform，快速傅里叶变换

FLAC：Free Lossless Audio Codec，无损音频编解码器

FWIoU：Frequency Weighted Intersection over Union，频权交并比

GIF：Graphics Interchange Format，图形交换格式

GMM：Gaussian Mixture Model，高斯混合模型

GOP：Group of Picture，图片组

GPS：Global Position System，全球定位系统

GPU：Graphic Processing Unit，图形处理单元

GUI：Graphical User Interface，图形用户界面

HCI：Human-Computer Interaction，人机交互

HDD：Hard Disk Drive，机械硬盘

HDTV：High-Definition TV，高清晰度电视

HEVC：High Efficiency Video Coding，高效视频编码

HFC：Hpa Hybrid Fiber Coaxial，光纤同轴电缆混合网

HIS：Hue Intensity Saturation，色调、饱和度、亮度

HMD：Helmet-Mounted Displays，头盔显示器

HMM：Hidden Markov Model，隐马尔可夫模型

HPU：Holographic Processing Unit，全息处理单元

I/O：Input/Output，输入/输出

IaaS：Infrastructure as a Service，基础设施即服务

IEC：International Electrotechnical Commission，国际电工技术委员会

IEEE：Institute of Electrical and Electronic Engineers，电气与电子工程师协会

IOPS：Input/Output Operations Per Second，每秒输入输出程序设计系统

IoU：Intersection over Union，交并比

IP：Internet Protocol，互联网协议

IPTV：Internet Protocol Television，互联协议电视

ISDN：Integrated Services Digital Network，综合业务数字网

ISO：International Organization for Standardization，国际标准化组织

IT：Information Technology，信息技术

ITU：International Telecommunication Union，国际电信联盟

ITU-T：Telecommunication Standardization Sector of ITU，远程通信标准化组

JPEG：Joint Photographic Experts Group，联合图像专家组

JPG：Joint Picture Group，联合图像组

JVT：Joint Video Team，联合视频组

KB：Kilo Byte，千字节

KNIME：Konstanz Information Miner，康斯坦茨信息挖掘工具

LCD：Liquid Crystal Display，液晶显示器

LED：Light Emitting Diode，发光二极管

LPC：Linear Predictive Coding，线性预测编码

LTE：Long Term Evolution，长期演进

mAP：mean Average Precision，平均准确率

MB：Mega Byte，兆字节

MCU：Multipoint Control Unit，多点控制单元

MIDI：Musical Instrument Digital Interface，音乐设备数字接口

MIMO：Multiple Input Multiple Output，多输入多输出

MIoU：Mean Intersection over Union，均交并比

MIT：Massachusetts Institute of Technology，麻省理工学院

MMC：Multi Media Card，多媒体存储卡

MOS：Metal Oxide Semiconductor，金属氧化物半导体

MPA：Mean Pixel Accuracy，均像素精度

MPEG：Moving Picture Experts Group，运动图像专家组

MR：Mixed Reality，混合现实

MSE：Mean Square Error，均方误差

MV：Motion Vector，运动矢量

NAS：Network Attached Storage，网络附加存储

NASA：National Aeronautics and Space Administration，美国国家航空航天局

NHK：Nippon Hoso Kyokai，日本广播协会

NLTK：Natural Language Toolkit，自然语言工具包

NTSC：National Television System Committee，美国国家电视系统委员会

OCR：Optical Character Recognition，光学字符识别

OFDM：Orthogonal Frequency Division Multiplexing，正交频分多路复用技术

PA：Pixel Accuracy，像素精度

PaaS：Platform as a Service，平台即服务

PAL：Phase Alternating Line，逐行倒相

PB：Peta Byte，拍字节

PCM：Pulse Code Modulation，脉冲编码调制

PDM：Pulse Density Modulation，脉冲密度调制

POS：Point Of Sales，销售点

PSNR：Peak Signal to Noise Ratio，峰值信噪比

RCA：Radio Corporation of America，美国无线电公司

RGB：Red Green Blue，红、绿、蓝

RLC：Run-Length Coding，游程长度编码

RNN：Recurrent Neural Network，循环神经网络

ROI：Regions of Interest，感兴趣区域

RP：Region Proposal，候选区域

RPN：Region Proposal Network，区域生成网络

R-CNN：Region-CNN，局部卷积神经网络

SaaS：Software as a Service，软件即服务

SAD：Sum of Absolute Differences，绝对误差和

SAGE：Semi-Automatic Ground Environment，半自动地面防空

SAN：Storage Area Networking，存储区域网络

SAS：Statistics Analysis System，统计分析系统

SD：Secure Digital，存储卡

SDI：Standard Data Interface，标准数据接口

SDTV：Standard Definition TV，标准清晰度电视

SECAM：Sequential Colour and Memory，顺序存储彩电制式

SIFT：Scale-Invariant Feature Transform，尺度不变特征变换

SLAM：Simultaneous Localization And Mapping，即时定位与地图构建

SQL：Structured Query Language，结构化查询语言

SS：Selective Search，选择性搜索

SSD：Solid State Drive，固态硬盘

SVM：Support Vector Machine，支持向量机

TB：Tera Byte，太字节

TIFF：Tag Image File Format，标签图像文件格式

UI：User Interface，用户界面

UMD：Ultra Mobile Devices，便携数字智能产品

VCD：Video Compact Disc，视频高密光盘

VCR：Video Cassette Recorder，录像机

VLSI：Very Large Scale Integration，超大规模集成电路

VoIP：Voice over Internet Protocol，互联网协议电话

VR：Virtual Reality，虚拟现实

VRL：Virtual Reality Laboratory，虚拟现实实验室

VTR：Videotape Recorder，磁带录像机

WBAN：Wireless Body Area Network，无线体域网

WCG：World Cyber Games，世界电子竞技大赛

WEKA：Waikato Environment for Knowledge Analysis，怀卡托智能分析环境

WLAN：Wireless Local Area Network，无线局域网

WMA：Windows Media Audio，视窗媒体音频

WMAN：Wireless Metropolitan Area Network，无线城域网

WPAN：Wireless Personal Area Network，无线个人局域网

WSN：Wireless Sensor Network，无线传感器网络

WWAN：Wireless Wide Area Network，无线广域网

参考文献

[1] 王琦 . Autodesk Maya 2015 标准培训教材 [M]. 北京：人民邮电出版社，2014.

[2] 杨桂民，张义键 . Maya 材质灯光渲染的艺术 [M]. 北京：清华大学出版社，2016.

[3] CGWANG 动漫教育 . Maya 影视动画高级模型制作全解析 [M]. 北京：人民邮电出版社，2017.

[4] 胡新辰，钟菁琳，王岩 . Maya 2018 中文全彩案例教程 [M]. 北京：中国青年出版社，2019.